彩图 1　秦川牛（陕西秦申金牛育种有限公司提供）

彩图 2　南阳牛（南阳昌盛牛业有限公司提供）

彩图 3　鲁西牛（山东省种公牛站有限责任公司提供）

彩图 4　晋南牛（山西省畜牧遗传育种中心提供）

彩图 5　延边牛（延边东兴种牛科技有限公司提供）

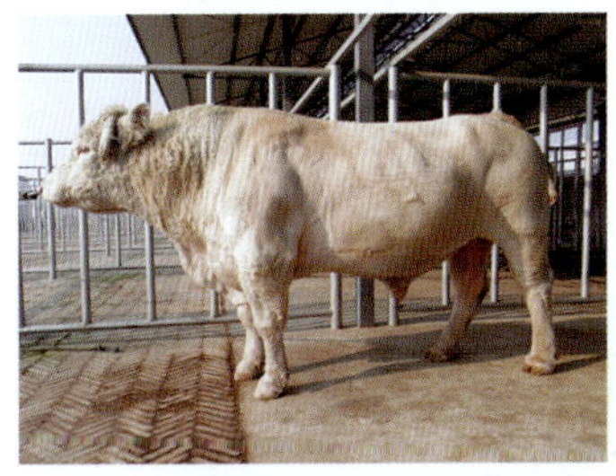

彩图 6　夏洛莱（武汉兴牧生物科技有限公司提供）

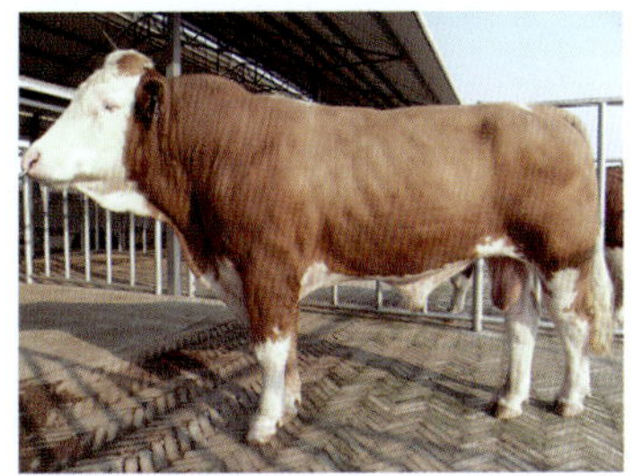

彩图 7　西门塔尔（武汉兴牧生物科技有限公司提供）

彩图 8　安格斯（武汉兴牧生物科技有限公司提供）

彩图 9　单栏饲养

彩图 10　干草棚

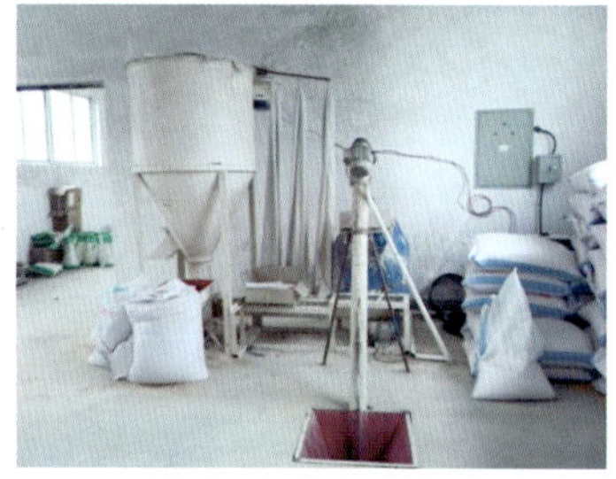

彩图 11　精料加工车间

彩图 12　全封闭式肉牛舍（带运动场）

彩图 13　全封闭式恒温牛舍

彩图 14　半开放式牛舍

彩图 15　开放式牛舍

彩图 16　挡风板式肉牛养殖场

彩图 17　双列式牛舍

彩图 18　水泥漏缝牛床

彩图 19　水泥牛床

彩图 20　沥青牛床

彩图 21　橡胶漏缝牛床

彩图 22　饲喂通道

彩图 23　犊牛塑料饮水槽

彩图 24　运动场

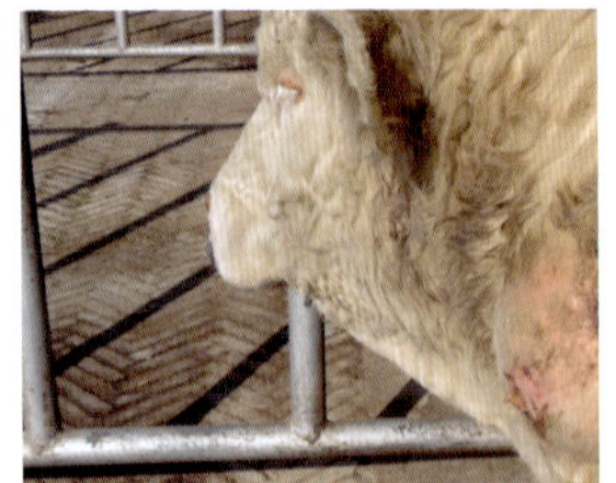

彩图 25　疫苗注射消毒不当造成的局部感染

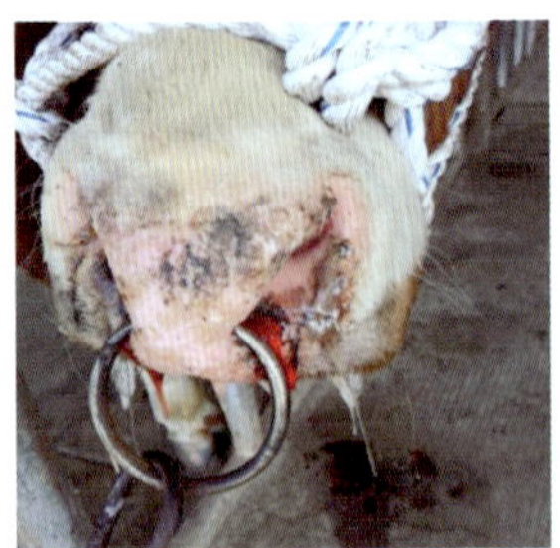

彩图 26　线状鼻涕和泡沫状涎液

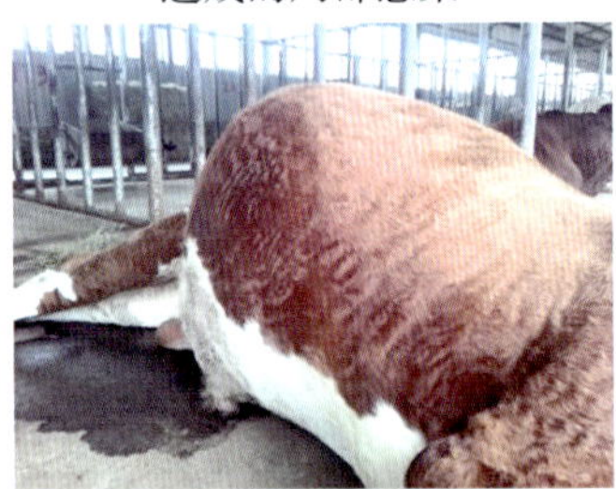

彩图 27　瘤胃臌气

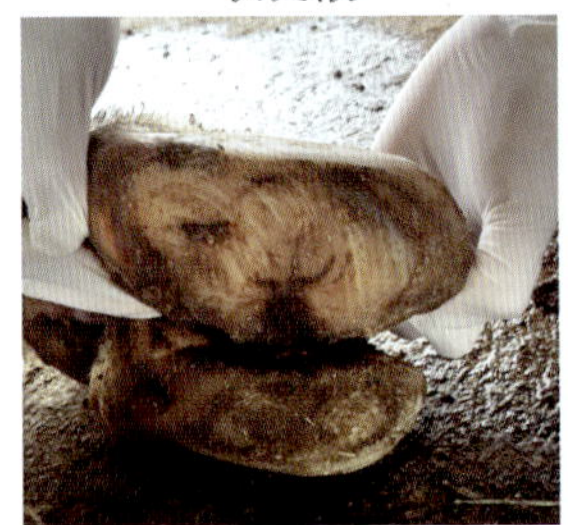

彩图 28　蹄部组织坏死

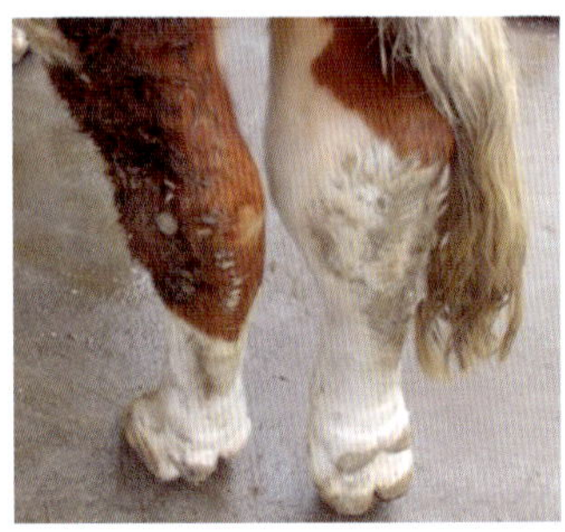

彩图 29　后肢关节肿胀

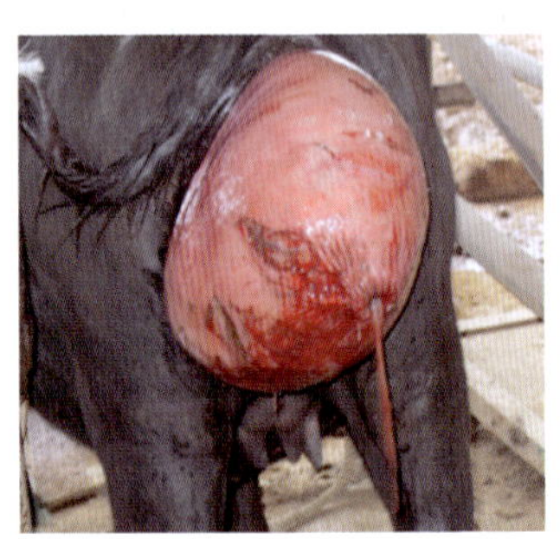

彩图 30　子宫脱出

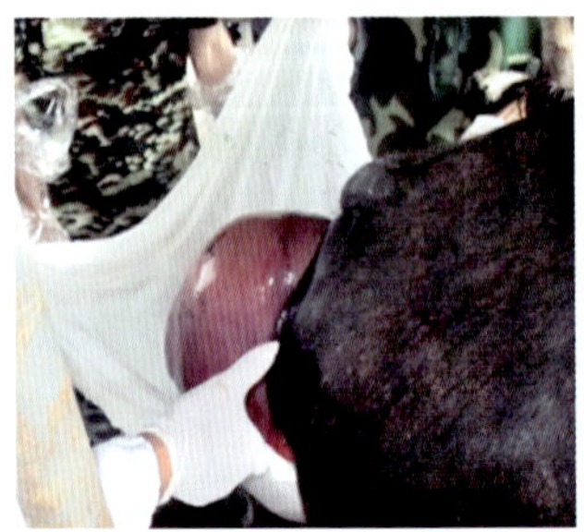

彩图 31　子宫推送

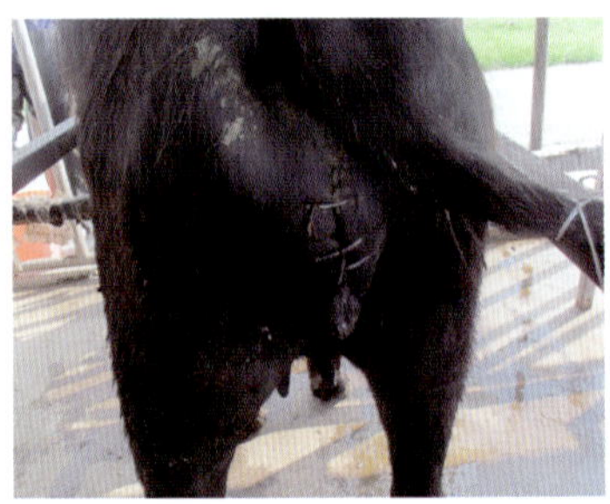

彩图 32　阴门固定术

# 肉牛快速育肥与疾病防治

主　编　郭妮妮　熊家军

副主编　张国庆　李育林

参　编　梁爱心　滑国华　杨菲菲　王贵波
　　　　付　平　全凡凡　郝海龙

机械工业出版社

本书通过深入浅出的文字和图片资料，介绍了肉牛高效养殖的关键技术环节，并针对肉牛常发的疾病，结合临床实践，提出了相应的预防及诊疗方案。

本书分为两部分。第一部分主要介绍了牛的生物学特性、肉牛品种、肉牛场的场址选择与建设，详细介绍了肉牛的饲料、肉牛繁育技术、肉牛的饲养管理与育肥技术及高档牛肉的生产技术；第二部分主要从肉牛的疾病诊断与防治入手，把肉牛养殖过程中较易出现的疾病进行分类，并结合临床实践提出了具体诊断方法和防治措施。

本书实用性强，是肉牛养殖场（户）管理者和技术人员的实用参考书。

**图书在版编目（CIP）数据**

肉牛快速育肥与疾病防治/郭妮妮，熊家军主编. —北京：机械工业出版社，2017.6（2022.10 重印）
（经典实用技术丛书）
ISBN 978-7-111-56963-3

Ⅰ.①肉… Ⅱ.①郭… ②熊… Ⅲ.①肉牛-快速肥育 ②肉牛-牛病-防治 Ⅳ.①S823.96②S858.23

中国版本图书馆 CIP 数据核字（2017）第 119130 号

机械工业出版社（北京市百万庄大街 22 号 邮政编码 100037）
策划编辑：周晓伟 郎 峰 责任编辑：周晓伟 陈 洁
责任校对：王 欣 封面设计：马精明
责任印制：张 博
保定市中画美凯印刷有限公司印刷
2022 年 10 月第 1 版第 8 次印刷
140mm×203mm · 8.125 印张 · 2 插页 · 225 千字
标准书号：ISBN 978-7-111-56963-3
定价：39.80 元

电话服务
客服电话：010-88361066
010-88379833
010-68326294

网络服务
机 工 官 网：www.cmpbook.com
机 工 官 博：weibo.com/cmp1952
金 书 网：www.golden-book.com
机工教育服务网：www.cmpedu.com

# 前　言

我国是养牛大国，也是牛肉消费大国，养牛业是我国畜牧业的重要组成部分，在国民经济中占有重要地位。发展养牛业对调整我国畜牧业结构、促进畜牧业发展、改善人民的肉食组成、提高人民的生活质量等，都发挥着重要作用。2015 年，我国牛存栏总数为 1.08 亿头，比上年增长 2.2%；牛肉产量总体增速（1.4%）。牛肉是一种高蛋白质、低脂肪、味道鲜美、营养丰富的肉类食品。随着人们生活水平的提高，人们对牛肉制品的需求量将不断增加。

我国肉牛产业近年来虽然发展较快，但是发展起步晚，无论品种、规模化程度还是饲养水平，与发达国家相比都存在巨大差距。我国肉牛屠宰胴体重比世界平均水平低约 100 千克，而养殖成本却高出 1 倍以上，严重影响了我国肉牛产品的竞争力。我国肉牛的出栏率、头均胴体重、饲料转化效率及人均消费牛肉水平均低于世界平均水平，多数肉牛场设施简陋，养殖环境差，饲料加工与育肥技术落后，良种繁育建设体系不健全，疾病防控技术不过关，影响了肉牛产业的健康发展。

为了适应现代肉牛业发展的需求，我们收集整理了国内外最新的技术资料，结合多年养殖实践与临床诊断经验，精心编写了本书。本书的编写得到了相关农业研究部门、肉牛养殖企业和农业推广部门的大力支持。编者们都是具有丰富理论知识和实践经验的专业人员。

另外，考虑到本书的读者对象主要是农业生产第一线从事养殖工作的朋友们，在编写本书时，编者不仅注重知识的科学性、先进性，而且强调其实用性、通俗性和可操作性。本书通过图示及标注的关键技术点，力求使广大读者一读就懂、一看就会。文中配有关于养殖技术的二维码视频，建议读者在 Wi-Fi 环境下扫描观看。

需要特别说明的是，本书所用药物及其使用剂量仅供读者参考，不可照搬。在实际生产中，所用药物学名、常用名与实际商品名称有差异，药物浓度也有所不同，建议读者在使用每一种药物之前，参阅厂家提供的产品说明以确认药物用量、用药方法、用药时间及禁忌等。购买兽药时，执业兽医有责任根据经验和对患病动物的了解决定用药量及选择最佳治疗方案。

由于时间仓促和编者水平所限，书中的缺点、不足及谬误之处在所难免，恳请读者批评指正。

编　者

# 目 录


前言

## 第一章　牛的生物学特性

第一节　牛的生理特点 ········ 1

一、牛的基本生理常数 ······ 1

二、牛对环境的适应性 ······ 1

第二节　牛的采食行为与特点 ········ 2

一、牛嘴巴的特点 ········ 2

二、牛的采食特点 ········ 2

三、影响牛采食的因素 ······ 3

第三节　反刍和嗳气 ········ 5

一、反刍 ········ 5

二、嗳气 ········ 6

第四节　牛的消化特点 ········ 6

一、牛消化器官的特征 ······ 6

二、牛的瘤胃消化 ········ 7

三、影响瘤胃消化的因素 ········ 8

## 第二章　肉牛品种

第一节　国内品种 ········ 10

一、秦川牛 ········ 10

二、南阳牛 ········ 11

三、鲁西牛 ········ 11

四、晋南牛 ········ 12

五、延边牛 ········ 13

六、蒙古牛 ········ 13

第二节　从国外引进的肉牛品种 ········ 14

一、夏洛莱牛 ········ 14

二、西门塔尔牛 ········ 15

三、利木赞牛 ········ 15

四、海福特牛 ········ 16

五、安格斯牛 ········ 17

六、皮埃蒙特牛 ········ 17

七、短角牛 ········ 18

## 第三章 肉牛场的场址选择与建设


第一节 肉牛场的场址选择 …… 19
一、地势地形 …… 19
二、肉牛场面积 …… 19
三、肉牛场的选址与卫生防疫 …… 20
第二节 肉牛舍的建筑布局 …… 20
一、管理区 …… 21
二、生活区 …… 21
三、生产区 …… 21
四、隔离区 …… 22
五、粪污处理区 …… 22
六、区域设置与合并 …… 22
第三节 肉牛舍建筑 …… 22
一、肉牛舍的分类 …… 22
二、肉牛舍建筑结构及其参数要求 …… 23
三、辅助性建筑 …… 26
四、肉牛场常用的设施设备 …… 29
五、肉牛场设计的主要技术参数 …… 30


## 第四章 肉牛的饲料


第一节 各种营养成分及其功能 …… 33
一、水 …… 33
二、蛋白质和能量 …… 33
三、肉牛对粗纤维的需要 …… 33
四、肉牛对矿物质的需要 …… 34
五、肉牛对维生素的需要 …… 39
第二节 肉牛饲料的分类与配合原则 …… 39
一、饲料分类 …… 39
二、日粮配合原则 …… 41
第三节 青干草的制作与储藏 …… 41
一、青干草的种类和特点 …… 41
二、青干草的饲养价值 …… 42
三、青干草的制备方法 …… 43
四、降低牧草干燥过程中营养损失的方法与措施 …… 45
五、青干草的品质鉴定 …… 46
六、青干草的储藏与管理 …… 47
第四节 青贮饲料的制作与储藏 …… 50
一、饲草青贮的特点 …… 50
二、饲草青贮的生物学原理 …… 52
三、青贮的种类 …… 52
四、青贮原料应具备的条件 …… 54
五、青贮设施的建筑要求 …… 55
六、常见青贮设施的类型 …… 56
七、青贮设施的要求 …… 59
八、青贮方法 …… 61

九、青贮饲料的品质鉴定 …… 66
十、青贮饲料的利用 …… 68
**第五节　肉牛的浓缩饲料配制技术** …… 69
一、浓缩饲料配制的基本原则 …… 69
二、浓缩饲料配方的设计方法 …… 70
三、浓缩饲料配方设计实例 …… 71
**第六节　肉牛的精料补充料使用技术** …… 73
一、精料补充料配制的基本原则 …… 73
二、精料补充料配方的设计方法 …… 75
三、精料补充料配方设计实例 …… 75
**第七节　肉牛全混合日粮（TMR）饲养技术** …… 78
一、TMR 的配合原则 …… 78
二、TMR 的制作 …… 78
三、TMR 的投喂方法 …… 79

## 第五章　肉牛繁育技术

**第一节　母牛的发情及发情鉴定** …… 80
一、性成熟 …… 80
二、母牛的发情和排卵概述 …… 81
三、母牛发情和排卵的检查方法 …… 82
四、发情母牛的外部表现和阴道检查 …… 83
五、发情母牛的性欲表现 …… 84
**第二节　肉牛配种方法** …… 85
一、配种方法 …… 85
二、人工授精 …… 86
**第三节　人工授精技术** …… 86
一、牛冷冻精液和人工授精简介 …… 86
二、采精 …… 86
三、精液品质的检查 …… 88
四、精液的稀释 …… 92
五、精液的液态保存 …… 95
六、精液的冷冻保存 …… 96
七、冷冻精液的运输和储存 …… 101
八、人工授精的技术操作规程 …… 101
九、牛冷冻精液输精站的基本建设 …… 105
**第四节　妊娠与分娩** …… 106
一、妊娠期 …… 106
二、妊娠诊断 …… 106
三、分娩与助产 …… 110
**第五节　繁殖障碍** …… 113
一、种公牛的繁殖障碍 …… 113
二、母牛的繁殖障碍 …… 115

## 第六章　肉牛的饲养管理与育肥技术


第一节　犊牛的饲养管理 …… 117

一、犊牛的饲养 ………… 117

二、犊牛的管理 ………… 119

第二节　育成母牛的饲养管理 ……………… 121

一、育成母牛的饲养 …… 122

二、育成母牛的管理 …… 125

第三节　繁殖母牛的饲养管理 ……………… 126

一、妊娠母牛的饲养管理 … 126

二、带犊母牛的饲养管理 ………………… 127

第四节　肉用架子牛的饲养管理 ………… 128

一、肉用架子牛的饲养…… 128

二、肉用架子牛的管理…… 129

第五节　肉用牛的育肥……… 130

一、犊牛的育肥 ………… 130

二、育成牛的育肥 ……… 132

三、成年牛的育肥 ……… 138

四、育肥肉牛的管理 …… 139

五、提高肉牛育肥效果的措施 ……………… 140


## 第七章　高档牛肉的生产技术


第一节　高档牛肉的概念…… 142

第二节　高档牛肉生产体系 … 142

一、品种 ………………… 142

二、饲养管理 …………… 143

三、屠宰加工 …………… 144

四、排酸与嫩化 ………… 146

五、质量标准与等级评定 … 146

第三节　高档牛肉生产的经济效益评价 ………… 148

一、决定牛肉经济价值的因素 ……………… 148

二、屠宰产品的构成 …… 148

三、胴体的构成 ………… 149


## 第八章　肉牛的疾病防控


第一节　肉牛的日常保健…… 150

一、肉牛的防疫 ………… 150

二、蹄部保健 …………… 153

第二节　牛病常用的诊断技术 ……………… 154

一、检查方法 …………… 154

二、临床诊断程序 ……… 156

第三节　牛病常用的治疗技术 ……………… 157

一、保定方法 …………… 157

二、给药方法 …………… 159

## 第九章 肉牛常见的寄生虫病


一、吸虫病 …… 165
二、绦虫病 …… 168
三、线虫病 …… 172
四、原虫病 …… 176


## 第十章 肉牛常见的传染病


一、牛流行热 …… 179
二、结核病 …… 180
三、布鲁氏菌病 …… 183
四、牛瘟 …… 185
五、口蹄疫 …… 186


## 第十一章 肉牛常见的内科病


一、瘤胃积食 …… 189
二、瘤胃臌气 …… 190
三、瓣胃阻塞 …… 192
四、真胃变位 …… 193
五、创伤性网胃腹膜炎 …… 195


## 第十二章 肉牛常见的外科病


一、损伤 …… 197
二、脐疝 …… 199
三、直肠脱出 …… 200
四、常见的牛蹄病 …… 201
五、风湿病 …… 206


## 第十三章 肉牛常见的产科病


一、不孕症 …… 208
二、妊娠期疾病 …… 210
三、分娩期疾病 …… 214
四、产后疾病 …… 216
五、乳房疾病 …… 221


## 第十四章 肉牛的营养代谢性疾病


一、酮病 …… 225
二、佝偻病 …… 226
三、骨软病 …… 227
四、维生素 A 缺乏症 …… 228
五、硒及维生素 E 缺乏症 …… 229

## 第十五章　肉牛常见的中毒病


一、硝酸盐及亚硝酸盐中毒 …………………… 231

二、尿素中毒 …………… 232

三、棉籽饼中毒 ………… 233

四、有机磷农药中毒 …… 234

五、霉变饲料中毒 ……… 235

六、甘薯黑斑病中毒 …… 235


## 附录


附录 A　肉牛饲养标准（NY/T 815—2004）…… 237

附录 B　常见计量单位名称与符号对照表 ……… 245


## 参考文献

# 第一章
# 牛的生物学特性

## 第一节　牛的生理特点

### 一　牛的基本生理常数

牛的正常体温范围为37.5～39.1℃，并且不随年龄变化。一天内上午、下午体温变化幅度有时可达0.4℃。牛的脉搏变化有如下特点：初生牛犊最高，70～80次/分钟，以后则减少，2岁时为40～60次/分钟。牛正常呼吸次数为20～28次/分钟，其变化规律与脉搏的变化基本相同。牛的汗腺不发达，热天调节体温主要靠辐射、增加脉搏及多饮水来调节。牛血液中血红蛋白的含量偏高，红细胞数以初生牛犊为最高，为$9.24\times10^6$个/毫升，成年牛稳定在$6.42\times10^6$个/毫升。成年牛血液pH偏低。

### 二　牛对环境的适应性

#### 1. 温度

牛对高温的适应能力比较差，一般认为牛最适宜的外界温度为10～20℃（有认为是13～18℃），温度上升到21.1～23.9℃即会对牛的体温产生影响，达到25℃时牛的呼吸频率开始增加，27℃时牛的采食习性开始改变且饮水量明显增加，30℃以上易发生炎热应激。不同品种牛的耐热性有较大差别，水牛和瘤牛最耐热，可适应32℃以上气温，其次为娟姗品种乳牛。牛喜低温，对低温适应性较佳，

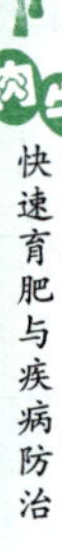



一般成年牛 -13℃不影响采食，低于 -15℃不影响体温，初生牛犊也能耐 -2~0℃低温，牦牛耐低温的能力更强。

### 2. 湿度

一般牛对湿度的适应范围较广，在 -11℃以下，湿度为47%~91%时对牛没有影响；但温度在24℃以上时，随温度上升，高湿会明显加剧牛的热应激，严重影响采食、消化和繁殖。水牛对湿度敏感，相对湿度低于70%即感不适，相对湿度长时间处于70%以下时，会造成皮肤皲裂。

## 第二节　牛的采食行为与特点

### 一　牛嘴巴的特点

#### 1. 牛的嘴唇

牛的嘴唇特别肥厚且不灵活，嘴叉浅，嘴张不大。但当采食鲜嫩的青草和小颗粒饲料时，唇就成了重要的采食器官。牛鼻唇镜上有汗腺，经常排出汗液，若鼻唇镜无汗或汗不成汗珠，反刍时间少或不反刍，则表明牛的代谢机能紊乱。

#### 2. 牛的门齿

牛无上切齿，上门齿的位置是一块角质化的硬组织——齿板，所以，把草截断的能力不如骡、马和兔。牛的臼齿发达，磨面宽。

#### 3. 牛的舌头

舌头是牛采食时把食物卷入嘴中的主要器官。牛舌头肥厚，肌肉发达，有力而灵活。牛舌头上表面长有角质化尖端朝里的小刺，上腭有横向角质化硬皮突起，游离端朝里，舌头与上腭的结构相辅相成，使进了口的食物难以吐出口外。

### 二　牛的采食特点

#### 1. 粗糙性

由于牛嘴巴结构的特点，牛采食时十分粗糙，对进嘴的食物并不细嚼即行咽下，加上舌头表面的倒刺状乳头使进入嘴的东西难以吐出，所以经常会把不能吃的金属丝、金属块、钉子、碎玻璃等咽入胃中，从而导致创伤性网胃炎和心包炎；也会把塑料薄膜、食品袋等食入，造成瘤胃堵塞、网瓣口梗阻等严重疾病，甚至致死；半大不小的植物块根块茎和落果，牛也常不嚼碎就咽下，造成食道梗阻。针对这些特点，必须及时清除精饲料和粗饲料中的异物，把块根块茎和落果等切碎，并防止塑料膜、塑料袋、合成织物落入牛圈和运动场，对于上述提到的疾病做到有效的预防。

### 2. 多次性

通常牛一天采食10余次，但一般有4个采食高峰期，分别为：日出前不久、上午的中段时间、下午的早期和近黄昏时。牛采食的总时间约为6小时/昼夜。所以，在牛的饲养管理中采取定时上槽时，给牛的采食时间应不少于6小时。

### 3. 厌食性

牛的鼻唇镜（俗称鼻头黏液腺）十分发达，持续地分泌黏液，这是牛健康的标志之一。采食时黏液的分泌量较大，饲料粘上这种黏液过多，牛就不爱吃，所以，饲喂时应少添、勤添饲料，以减少饲料的浪费。

## 三 影响牛采食的因素

### 1. 牛本身

牛的采食量与年龄有关，按每天采食干物质数量与其体重做比较，一般犊牛的采食量为其体重的2.5%~3%，育成牛的采食量为其体重的2.2%~2.5%，成年牛的采食量为其体重的2%~2.2%，老牛则为2%以下。疾病会使牛的采食量严重下降，甚至废食。

### 2. 饲料

适口性好、易于消化的饲料可使牛的采食量增大。例如，相同饲草，鲜草料的干物质采食量较干草料多20%。日粮精料比例也明显地影响牛的采食量。例如，日粮全部为秸秆，采食量很少，随着精料量的增加，采食量增加，当精料约占日粮总量的60%时，达到最大干物质采食量，若再增加精料比例，则采食量随再增加的程度下降（但按净能摄入量，则精料增加到85%时，净能摄入量最大，因此，粮食富裕的国家为了加快牛的育肥速度和提高牛肉的品质，

育肥牛日粮精料用到日粮总量的85%）。

牛不喜欢吃粉状草料，用粉状草料饲喂会使采食量下降；牛喜吃1厘米$^2$的颗粒料或草块，这类日粮牛吃得快而多，可增加采食量30%～50%。

当日粮的蛋白质含量低时，采食量低，提高日粮的蛋白质含量会增加采食量。

谷实熟化（蒸煮）、压扁可使采食量增加，饲料的酸度高会使采食量下降。例如，相同生长期的牧草，制作成青贮饲料，会使干物质采食量下降17%。含水量过高（80%以上）的饲料、含脂肪过高的日粮均会使采食量下降。

长草会使牛的采食速度和采食量下降，切短后会有明显改善。放牧牛在草长为30～45厘米时采食最快，过长或过短均使其采食速度变慢。

饮水是否充足，明显地影响牛的采食度和采食量，尤其干草束或秸秆日粮，最为明显。在饲槽旁设有水槽（自动饮水器），牛能边吃边喝，可得到高的采食量。

### 3. 管理

日喂次数增加能使牛的采食量增加。例如，日喂3次较日喂2次可增加近18%的采食量，以全天自由采食的采食量为最大。小围栏和统槽饲喂，因牛的竞食性，使采食量增大，较之单槽饲喂平均多吃15%～18%的日粮。少添、勤添，以及饲槽保持清洁等，会获得较高的采食量。另外，殴打使牛受惊，以及牛转群调槽、饲牧人员更换、饲牧人员脾气暴躁等都会对牛的采食量产生负面影响。

### 4. 环境

气温升高会改变牛的采食习惯和降低采食量。例如，当气温低于20℃时，牛自由采食时间的68%在白天；当气温升高到27℃时，白天的采食时间下降到37%；当气温高于30℃时，白天的采食量仅为11%。阴雨天的前夕，牛的采食量增加。夏天到秋天，从长日照变为短日照时，牛的采食时间会延长，采食速度加快，使干物质采食量增加。另外，环境中的噪声会使牛的采食量下降。

## 第三节　反刍和嗳气

### 一　反刍

牛的食道有横纹肌，能自主地把瘤胃中体积较大的青粗饲料通过食道送回嘴内，重新嚼细后下咽，这种现象叫反刍，只有牛、羊、鹿、骆驼等反刍动物才有此行为。反刍是反刍动物正常的消化活动之一，也是判断动物是否健康的标志之一。牛正常反刍出现在采食之后，每天反刍6~10次，每次30~50分钟，总耗时7~8小时。牛反刍次数减少或停止均是其患病的征兆之一。

**1. 反刍出现和停止**

在第四胃（皱胃）空虚，瘤胃壁受漂浮在瘤胃内容物上层、体积较大的饲料的机械刺激下，瘤胃前部与网胃共同强烈收缩，使贲门口的饲料进入食道，在食道横纹肌逆向收缩的配合下，把饲料送回口腔，经咀嚼，臼齿把饲料再研碎后咽回。牛每次反刍咀嚼40~50次（在正常日粮下，咀嚼次数减少，也是患病的征兆）。在瘤胃前部与网胃协同强烈收缩时，也把网胃底层已经嚼细和发酵的饲料经网瓣孔挤入瓣胃，把瓣胃瓣膜之间水分已经部分吸收的草料挤到第四胃。经过多个食团的反刍，造成第四胃充满草料时，反刍动作被抑制而停止，则这个反刍周期结束。

**2. 影响反刍的因素**

首先是饲料的机械刺激，青粗饲料长度超过3厘米和坚硬的颗粒饲料才能满足引起反刍反射的需要。若把粗饲料粉碎，则引起反刍的条件不足，使反刍次数大幅度减少。根据一些试验结果显示，草粉喂牛可使反刍时间缩短到1小时左右，造成食物从瘤胃向后消化道转移大幅度减慢，严重降低牛的采食量和消化吸收到的营养物数量，饲喂效果降低。影响反刍的因素之二是环境，安静的环境有利于反刍的正常出现和进行，杂乱的环境和噪声、陌生人的接近，以及牛受惊吓、殴打等均会抑制其反刍的出现。第三个因素是饮水，饮水不足，会使瘤胃中“悬浊液状态”难以保持，妨碍反刍过程，使食物往后消化道转移缓慢，致使饲喂效果不佳。

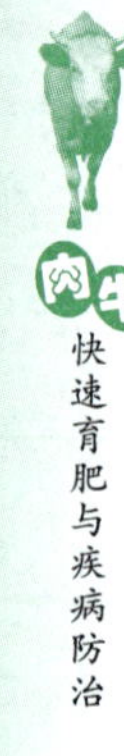



## 二 嗳气

牛将瘤胃中的气体经食道、口腔排出的现象叫嗳气。牛瘤胃在消化活动过程中产生大量的二氧化碳气体，并有甲烷、氨和硫化氢等气体，必须及时排出，否则这些气体累积，使瘤胃内压力上升，妨碍瘤胃壁的血液循环，使瘤胃变迟钝。嗳气困难，气不能嗳出又加剧瘤胃内压上升，形成慢性腹胀和严重鼓胀，轻者干扰牛的采食和消化，严重时造成牛死亡。牛一般每分钟嗳气3~5次，在饲喂后0.5~3小时后嗳气次数增加。被殴打、惊吓、运输应激、过度劳役等，均会抑制嗳气进行。另外，突然从干草秸秆日粮改为容易发酵的青草日粮时，或者猛然喂大量豆腐渣、甜菜渣、根、茎、瓜、果类等易发酵的饲料时，均会导致异常发酵，气体生成量超过嗳气速度，或者新加喂的青绿饲料含有易成泡沫的蛋白质（如苜蓿草）时，均会引起严重鼓胀，危及牛的生命。若缓慢逐渐地变更喂牛的草料，则可以有效地避免鼓胀的发生。

# 第四节 牛的消化特点

牛是反刍动物，其消化器官结构与一般单胃动物不同，对饲料的消化分两个阶段进行，首先是瘤胃消化，随后残渣到第四胃及小肠等进行化学消化。

## 一 牛消化器官的特征

牛消化器官的最大特点是有4个胃，胃壁结构各不相同。第一胃为瘤胃，瘤胃内壁呈绒毛状（乳头状绒毛），容积最大。第二胃为网胃（或称蜂巢胃），胃内壁上皮突起，形成似蜂巢状花纹。实际上，第一胃、第二胃共同组成一个大囊，网胃在前下方，小瘤胃在后上方。第三胃较第二胃还小，位于瘤胃与网胃的右侧偏下，有直径5厘米（成年牛）的孔洞与网胃相通。从食道进入瘤胃处起，沿右侧瘤胃与网胃交界处延续到第三胃入口有一唇状突起物，这是食管沟。初生犊牛此组织很发达，在哺乳时，食管沟闭合成管状，把奶直接送到第四胃而不落入瘤胃，断奶之后退化；成年时只留下痕迹。第三胃内壁结构很特别，从胃壁向胃腔内生长高低不一的皮膜，所以称为瓣胃或百叶。第四胃为真胃，也称皱胃，在第三胃的后方。第四胃具有黏膜上皮，有消化腺分泌胃酸和各种胃蛋白酶，其功能与单胃动物的胃一样。

牛的小肠较细长，盲肠较单胃动物不发达，结肠也不发达。牛的消化腺分泌物缺少淀粉酶、蔗糖酶和麦芽糖酶。少量的淀粉酶和蔗糖酶均活性较差，所以，牛小肠消化淀粉和蔗糖的能力十分低。有试验证明，500 千克体重阉牛，在日喂 2 次情况下，每天进入小肠的淀粉超过 450 克就会引起消化不良。牛小肠中麦芽糖酶的活性优于上述两种酶，所以，淀粉经糊化后到达小肠的消化效率较佳。

## 二 牛的瘤胃消化

牛消化的最大特点是瘤胃消化。大约 85% 的饲料中的营养物质在瘤胃中被消化或改造。瘤胃消化是靠与牛共生的瘤胃微生物来完成的。90% 以上的纤维素、半纤维素与果胶类物质等（牛的消化器官不能消化的物质）被瘤胃微生物分泌的纤维水解酶所酶解，最终产物是以乙酸为主的挥发性有机酸，作为牛的营养来源被吸收；90% 以上的淀粉类也在瘤胃中被瘤胃做生物降解，终产物也是挥发性有机酸，不过淀粉所生成的有机酸中，丙酸比例增大，而乙酸比例减少。

饲料中所含的蛋白质可分为两部分：一部分在瘤胃中溶解，被微生物重新合成蛋白质，形成生物体，随饲料残渣到第四胃和小肠，被牛作为营养物质消化吸收；另一部分在瘤胃中不溶解，随植物残渣到第四胃才开始被消化。

饲料中所含的脂肪在瘤胃中被瘤胃微生物把其中所含的不饱和脂肪酸氢化为饱和脂肪酸，随食物残渣到第四胃被消化吸收。所以，离开瘤胃的脂肪与草料所含的脂肪不同，牛体脂肪成分很少受饲料脂肪的影响。在瘤胃微生物对草料进行消化的过程中，还形成 B 族维生素及维生素 K。

综上所述，可知牛的瘤胃消化是其最大的特点，消化是靠瘤胃微生物来完成的。所以，一些专家说，要把牛养好首先要养好瘤胃，即把瘤胃微生物维护好。

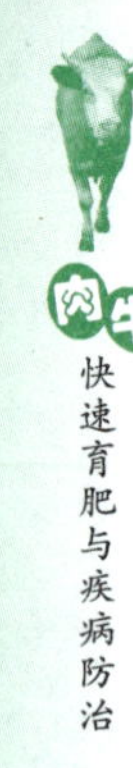


## 三 影响瘤胃消化的因素

影响瘤胃消化的因素实际上就是影响瘤胃微生物的因素。

1）牛的日粮（每天喂的饲料）中蛋白质的含量（主要是瘤胃可溶蛋白质的含量）是影响瘤胃微生物数量及活力的最重要因素。例如，纯麦秸日粮中的粗蛋白质仅有3%～4%，会使瘤胃微生物数量下降到正常量的1/10，这样会造成对粗纤维、淀粉等的消化能力下降。

2）日粮中的可发酵物质是瘤胃微生物繁殖和消化活动的能量来源，是把瘤胃中可以溶解的蛋白质转化为微生物蛋白质所必需的条件，也是牛能把尿素等含氮物质合成为微生物蛋白质的必需条件。最好的是可溶糖、淀粉与纤维合理配套时，微生物效率最高。

3）日粮中含有瘤胃微生物所必需的其他物质，如硫、钴、锌等，否则瘤胃微生物的活性下降，数量减少，不能合成含硫的氨基酸和维生素 $B_{12}$ 等。

4）不同组成的日粮由不同的瘤胃微生物组合消化，当日粮组成成分改变时，瘤胃微生物也随之改变。但微生物组合改变不能马上完成，一般认为要最少经过7天。所以，日粮稳定，瘤胃消化率高；日粮大幅度改变，要有不少于7天的过渡期，即每天改动一小部分，7天以上变更完，这样可避免突然改变导致瘤胃消化异常甚至鼓胀等，造成严重损失。

5）瘤胃微生物对温度要求较严格，其最适宜的温度是39～39.5℃。高于或低于此区间，均会造成瘤胃消化能力下降。所以，夏天必须注意牛的防暑降温，并减少使用易发酵、产热量大的饲料（如玉米、高粱、大麦等），而用发酵、产热量少或不产热的饲料（如饼粕、少量油脂等）代替，以免瘤胃温度过高；冬天则应增加发酵产热量大的饲料比例，饮温水，不饮冰水，不喂冰冻饲料，以保持瘤胃温度不低于39℃，维持瘤胃较高的消化能力。

6）瘤胃的酸度处于中性，是瘤胃消化粗饲料的必要条件。因为能把粗饲料中纤维素等消化为乙酸、丙酸和丁酸的瘤胃微生物对瘤胃酸度十分敏感，一旦偏酸，瘤胃微生物便失去消化粗饲料的能力。精饲料，特别是含淀粉和糖较多的饲料（如谷实、块根块茎、糖蜜

等），在瘤胃内发酵快，产生大量酸，超过瘤胃吸收酸的速度和唾液中和酸的能力，瘤胃会明显偏酸（pH 低于6.6）。尤其是青贮饲料等含酸量高的草料，更会使情况恶化。精料喂量达到日粮的 50% 以上时，必须在精料中加入 0.5%～1.5% 的缓冲剂。较好的缓冲剂是用 3～5份小苏打（碳酸氢钠）与 1 份氧化镁组成。

7）饮水要充足，缺水时会造成瘤胃内水分降低，草料翻动转移难，反刍难，使牛的采食量与瘤胃草料的流通量下降。

8）慎用抑菌类药物，瘤胃微生物中的细菌会被抑菌药杀死。而瘤胃细菌是完成瘤胃消化的主角，若全部被杀死，则瘤胃消化不能进行，全部草料均转到第四胃及小肠消化，以致远超出其消化的可能性而造成消化紊乱。给牛长期使用抑菌药物，会导致牛极度消瘦，患乳腺炎及拉稀等，重者死亡。

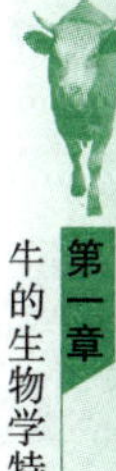

# 第二章
# 肉牛品种

## 第一节　国内品种

我国肉牛的主要品种可分为三大类：第一类是地方良种黄牛，第二类是国外引进的肉牛品种，第三类是自主选育的肉牛品种。

我国主要的肉牛地方品种如下：

### 一、秦川牛

秦川牛（见彩图1）产于陕西省关中地区，与南阳牛、鲁西牛、晋南牛、延边牛共为我国黄牛五大品种，以渭南、临潼、蒲城、富平、大荔、咸阳、兴平、乾县、礼泉、泾阳、三原、高陵、武功、扶风、岐山15个县、市为主产区。陕西省的渭北高原和甘肃省的庆阳地区也有少量分布。

秦川牛属大型役肉兼用品种。毛色有紫红色、红色、黄色3种，以紫红色和红色者居多。鼻唇镜多呈肉红色。体格大，各部位发育匀称，骨骼粗壮，肌肉丰满，体质健壮，头部方正，肩长而斜，胸部宽深，肋长而开张，背腰平直宽广、长短适中，荐骨部稍隆起。后躯发育稍差。四肢粗壮结实，两前肢间距较宽，有外弧现象，蹄叉紧。

在15头6月龄牛的育肥试验中，于中等饲养水平下，饲养325天，平均日增重为：公牛700克，母牛550克，阉牛590克。9头18

月龄牛的平均屠宰率为58.3%，净肉率为50.5%，胴体产肉率为86.3%，骨肉比为1∶6，眼肌面积为97.0厘米$^2$。秦川牛的肉质细嫩，柔软多汁，大理石状纹理明显。

## 二 南阳牛

南阳牛（见彩图2）产于河南省南阳地区白河和唐河流域的广大平原，以南阳市郊区、唐河、邓州、新野、镇平、社旗、方城等8个县、市为主要产区。许昌、周口、驻马店等地区分布也较多。此外，开封和洛阳等地区有少量分布。

南阳牛属大型役肉兼用品种。体格高大，肌肉发达，结构紧凑，体质结实，皮薄毛细，行动迅速。鼻唇镜宽，口大方正，角形较多。公牛颈侧多有皱襞，肩峰隆起8~9厘米。南阳牛的毛色有黄色、红色、草白色3种，以深浅不等的黄色为最多。一般南阳牛的面部、腹下和四肢下部毛色较浅。鼻唇镜多为肉红色，其中部分带有黑点，黏膜多数为浅红色。蹄壳以黄蜡色、琥珀色带血筋者较多。南阳牛四肢健壮，性情温驯，役用性能强。

南阳牛生长快，育肥效果好，肌肉丰满，肉质细嫩，颜色鲜红，大理石状纹理明显，味道鲜美，肉用性能良好。

南阳地区多年来已向全国22个省市提供良种南阳牛4550头，向全国提供种牛17000多头。杂交效果较好，杂种牛体格大，结构紧凑，体质结实，生长发育快，采食能力强，耐粗饲，适应本地生态环境，鬐甲较高，四肢较长，行动迅速，役用能力好，毛色多为黄色，具有父本的明显特征。

## 三 鲁西牛

鲁西牛（见彩图3）主要产于山东省西南部的菏泽、济宁地区，即北至黄河，南至黄河故道，东至运河两岸的三角地带。产于聊城市南部和泰安地区西南部的鲁西牛，品质略差。

鲁西牛体躯结构匀称，细致紧凑，具有较好的肉役兼用体型。公牛多为平角或龙门角，母牛角形多样，以龙门角较多。垂皮较发达，后躯发育较差。被毛从浅黄色到棕红色都有，一般牛前躯毛色较后躯为深，多数牛有完全或不完全的三粉特征，即眼圈、口轮、

腹下到四肢内侧色浅，鼻唇镜与皮肤多为浅肉红色。多数牛尾帚毛与体毛颜色一致，少数牛在尾帚长毛中混生白毛或黑毛。鲁西牛体型高大，体躯较短，胸部发育好，骨骼细致，管围指数小，屠宰率较高。

鲁西牛体成熟较晚，当地有“牛发齐口”之说，一般牛多在齐口后才停止发育。其性情温驯，易管理。在加少量麦秸、每天补喂2千克精料（豆饼40%、麸皮60%）的条件下，对1.0～1.5岁牛进行育肥，平均日增重610克。一般鲁西牛的屠宰率为53%～55%，净肉率为47%。据菏泽地区对14头育肥牛的屠宰测定，18月龄4头公牛和3头母牛的平均屠宰率为57.2%，净肉率为49.0%，骨肉比为1∶6，脂肉比为1∶42.3，眼肌面积为89.1厘米$^2$。成年牛（4头公，3头母）的平均屠宰率为58.1%，净肉率为50.7%，骨肉比为1∶6.9，脂肉比为1∶37，眼肌面积为94.2厘米$^2$。肉用性能良好。皮薄骨细，产肉率较高，肌纤维细，脂肪分布均匀，呈明显的大理石状花纹。鲁西牛远销其他国家，很受国内外市场的欢迎。

鲁西牛繁殖能力较强。母牛性成熟早，公牛性成熟较母牛稍晚，一般1岁左右可产生成熟精子，2.0～2.5岁开始配种。自有记载以来，鲁西牛从未流行过犁形虫病，有较强的抗犁形虫病能力。鲁西牛对高温的适应能力较强，对低温的适应能力则较差。

## 四 晋南牛

晋南牛（见彩图4）产于山西省西南部汾河下游的晋南盆地，包括万荣、河津、临猗、永济、运城、夏县、闻喜、芮城、新绛、侯马、曲沃、襄汾等县、市。其中以万荣、河津和临猗的数量最多、质量最好。

晋南牛属大型役肉兼用品种。毛色以枣红色为主，鼻唇镜和蹄趾多呈粉红色。晋南牛体格粗壮，胸围较大，体较长，胸部及背腰宽阔，成年牛前躯较后躯发达。

晋南牛属于晚熟品种，6月龄以内的哺乳犊牛生长发育较快，6月龄至1岁生长发育减慢，日增重明显降低。晋南牛的产肉性能良好，平均屠宰率为52.3%，净肉率为43.4%。

晋南牛用于改良我国一般黄牛，效果较好。从对山西本省其他黄牛改良的情况看，改良牛的体尺和体重都大于当地牛，体型和毛色也酷似晋南牛，这表明晋南牛的遗传相当稳定。

## 五 延边牛

延边牛（见彩图5）主要产于吉林省延边朝鲜族自治州的延吉、和龙、汪清、珲春及毗邻的各县，分布于黑龙江省的牡丹江、松花江、合江流域的宁安、海林、东宁、林口、汤原、桦南、桦川、依兰、勃利、五常、尚志、延寿和通河等地及辽宁省宽甸县沿鸭绿江一带朝鲜族聚居的水田地区。

延边牛属寒温带山区的役肉兼用品种。体质结实，适应性强。胸部深宽，骨骼坚实，被毛长而密，皮厚而有弹力。毛色多呈深浅不同的黄色，鼻唇镜一般呈浅褐色，带有黑斑点。成年牛的体尺、体重较大，是我国的大型牛之一。

延边牛在较好的饲料条件下，18月龄公牛经180天育肥，宰前体重为460.7千克，胴体重265.8千克，屠宰率为57.7%，净肉率为47.2%，平均日增重813克，眼肌面积为75.8厘米$^2$。延边牛的肉质柔嫩多汁，鲜美适口，大理石状斑纹明显。

## 六 蒙古牛

蒙古牛原产于蒙古高原，分布于内蒙古、黑龙江、新疆、河北、山西、陕西、宁夏、甘肃、青海、吉林和辽宁等省和自治区。

蒙古牛既是种植业的主要动力，又是部分地区汉族、蒙古族等民族乳和肉食的重要来源，在长期不断地进行人工选择和自然选择的情况下，形成现在的品种。蒙古牛短宽而粗重，角长，向上前方弯曲，呈蜡黄色或青紫色，角质致密有光泽。肉垂不发达。鬐甲低下，胸扁而深，背腰平直，后躯短窄，尻部倾斜。四肢短，蹄质坚实。从整体看，前躯发育比后躯好。皮肤较厚，皮下结缔组织发达。毛色多为黑色或黄色。由于蒙古牛生活在寒冷风大的环境条件下，故使其形成了胸深、体矮、胸围大、体躯长、结构紧凑的肉乳兼用体型。

蒙古牛的产肉性能受营养的影响很大。中等营养水平的阉牛平

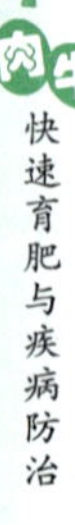


均宰前体重376.9千克，屠宰率为53.0%，净肉率为44.6%，骨肉比为1∶5.2，眼肌面积为56.9厘米$^2$。

蒙古牛有两个优良类群。一个类群是乌珠穆沁牛，是在锡林郭勒盟乌珠穆泌草原肥美的水草条件下，蒙古族牧民长期人工选择形成的，具有体质结实、适应性强等特点，以肉质好、乳脂率高等性状而著称。乌珠穆沁牛的肉用性能：2.5岁阉牛育肥69天，宰前体重为326千克，屠宰率为57.8%，净肉率为49.6%，眼肌面积为40.5厘米$^2$；3.5岁阉牛育肥71天，宰前体重为345.5千克，屠宰率为56.5%，净肉率为47.0%，眼肌面积为52.9厘米$^2$。另一类群是安西牛，长期繁衍在素有“世界风库”之称的甘肃省瓜州县，未经育肥的10岁安西阉牛，屠宰率为41.2%，净肉率为35.6%。

## 第二节　从国外引进的肉牛品种

### 一　夏洛莱牛

夏洛莱牛（见彩图6）原产于法国的夏洛莱省，最早为役用牛。该牛以生长快、肉量多、体型大、耐粗放而受到国际市场的欢迎，早已输往世界许多国家参与新型肉牛品种的育成、杂交繁育，或者在引入国进行纯种繁殖。该牛是经过长期严格的本品种选育育成的专门化大型肉用品种，骨骼粗壮，体力强大，后躯、背腰和肩胛部的肌肉发达。我国1965年开始从法国引进，至1980年年初共引入270多头种牛，分布在13个省、自治区、市，现已发展到400多头，用来改良当地黄牛，效果良好。

夏洛莱牛的最大特点是生长快。在我国的饲养条件下，初生犊牛中公犊的平均体重为48.2千克，母犊为46.0千克，初生到6月龄平均日增重1.168千克，18月龄公犊的平均体重为734.7千克。增重快，瘦肉多，平均屠宰率可达65%~68%，肉质好，无过多的脂肪。

夏洛莱牛有良好的适应能力，耐寒抗热，冬季严寒不夹尾、不弓腰、不拘缩，盛夏不热喘流涎，采食正常。夏季全日放牧时，采食快，觅食能力强，全日纯采食时间达78.3%，采食量为48.5千克。在不额外补饲的条件下，也能增重上膘。

夏杂一代具有父系品种特色，毛色多为乳白色或草黄色，体格略大，四肢坚实，骨骼粗壮，胸宽尻平，肌肉丰满，性情温驯，耐粗饲，易于饲养管理。夏杂一代牛生长快，初生重、大，公牛为29.7千克，母牛为27.5千克。在较好的饲养条件下，24月龄时体重可达494千克。

## 二 西门塔尔牛

西门塔尔牛（见彩图7）原产于瑞士，是大型乳、肉、役三用品种。自1957年起，我国分别从瑞士、德国引入西门塔尔牛，分布于黑龙江、内蒙古、河北、山东、浙江、湖南、四川、青海、新疆和西藏等26个省、自治区。西门塔尔牛耐粗放，适应性很强。

西门塔尔牛属宽额牛，角为左右平出、向前扭转、向上外侧挑出。西门塔尔牛属欧洲大陆型肉用体型，体表肌肉群明显易见，臀部肌肉充实，股部肌肉深，多呈圆形。毛色为黄白花或红白花，身躯常有白色胸带，腹部、尾梢、四肢在飞节和膝关节以下为白色。

西门塔尔牛在培育阶段生长良好，13~18月龄青年牛平均日增重达505克，青年公牛在此阶段的平均日增重为974克。杂种牛的适应性明显优于纯种牛。1982年年初对西门塔尔杂种牛进行育肥试验，用一代和二代阉牛做45天育肥对比，于1.5岁时屠宰，平均日增重：一代牛为864.8克，二代牛为1134.3克。另外，从6月初至9月末的4个月放牧试验表明，一代西门塔尔杂种牛阉牛平均日增重为1085克。

## 三 利木赞牛

利木赞牛又称利木辛牛，原产于法国，是大型肉用品种。其毛色多为一致的黄褐色，角和蹄为白色。被毛浓厚而粗硬，有助于抗拒严酷的放牧条件。利木赞牛全身肌肉发达，骨骼比夏洛莱牛略细。成年公牛活重900~1100千克，母牛700~800千克，一般较夏洛莱牛小。

利木赞牛最引人注目的特点是产肉性能高，胴体质量好，眼肌面积大，前后肢肌肉丰满，出肉率高，在肉牛市场上很有竞争力。在集约饲养条件下，犊牛断奶后生长很快，10月龄时体重达408千克，12月龄时为480千克左右。育肥牛屠宰率在65%左右，胴体瘦肉率为80%~85%。胴体中脂肪少（10.5%），骨量也较小(12%~13%)。该牛肉风味好，市场售价高。8月龄小牛肉就具有良好的大理石纹。

同其他大型肉牛品种相比，利木赞牛的竞争优势在于犊牛初生体格较小、生后的快速生长能力及良好的体躯长度和令人满意的肌肉量（出肉率）。利木赞牛适应性强，体质结实，明显早熟，补偿生长能力强，难产率低，很适宜生产小牛肉，因而在欧美不少国家的肉牛业中受到关注，并且被广泛用于经济杂交来生产小牛肉。

1974年和1993年，我国数次从法国引入利木赞牛，在河南、山西、内蒙古、山东等地改良当地黄牛。利杂牛体型有改善，肉用特征明显，生长强度增大，杂种优势明显。

## 四 海福特牛

海福特牛原产于英国，是英国最古老的早熟中型肉牛品种之一。其特点是生长快、早熟易肥、肉品质好、饲料利用率高。我国1965年后陆续从英国引进，据17个省、自治区、直辖市统计，现有312头。

海福特牛体格较小，骨骼纤细，具有典型的肉用体型。头短，额宽，角向两侧平展，并且微向前下方弯曲，躯干呈矩形，四肢短，毛色主要为深浅不同的红色，并具有“六白”（即头、四肢下部、腹下部、颈下、鬐甲和尾帚出现白色）的品种特征。

海福特牛育肥年龄早，增重较快，饲料利用率高。7~12月龄育成期的平均日增重，公牛为0.98千克，母牛为0.85千克，每千克增重耗混合精料1.23千克、干草4.13千克。肉用性能良好，一般屠宰率可达67%，净肉率为60%，脂肪主要沉积于内脏，皮下结缔组织和肌肉间脂肪较少，肉质柔嫩多汁，味美可口。海福特牛性情温顺，合群性强，耐热性较差，抗寒性强。

海福特牛具有结实的体质，耐粗饲，不挑食，放牧时连续采食，很少游走。全日纯采食时间可达79.3%，而一般牛仅为67%；日采食量达35千克，而本地牛仅为21.2千克。海福特牛很少患病，但易患裂蹄病和蹄角质增生病。

海福特牛与我国黄牛杂交，所生一代杂种牛父性遗传表现明显，为红白花或褐白花，半数一代杂种牛还具有“六白”特征，杂种牛四肢较短，身低躯广，呈圆筒形，结构良好，肌肉发达，偏于肉用型。杂种牛生长发育快，杂交效果显著，一代杂种阉牛平均日增重988克，18~19月龄屠宰率为56.4%，净肉率为45.3%。

## 五 安格斯牛

安格斯牛（见彩图8）原产于英国苏格兰北部，为英国三大无角品种牛之一，是世界著名的小型早熟肉牛品种。

安格斯牛体型小，为早熟体型，无角，头小额宽，头部清秀；体躯宽深，背腰平直，呈圆筒状，侧望呈长方形；全身肌肉丰满，骨骼细致。四肢粗短，蹄质结实。被毛富有光泽而均匀，毛色为黑色；红色安格斯牛毛色为暗红色或橙红色，犊牛被毛呈油亮红色。成年公牛体重为800~900千克，母牛为500~600千克。红色安格斯牛的成年体重略低于黑色安格斯牛。

安格斯牛通常在12月龄可达到性成熟，18~20月龄可初次交配，连产性好。母牛乳房较大，泌乳量为639~717千克。

该牛对环境适应性好，抗寒，耐粗饲，但在粗饲料利用能力上不如海伏特牛。母牛稍有神经质，易于受惊，但是红色安格斯牛这方面的缺点不太严重。利用黑色安格斯与我国黄牛杂交，杂种一代牛被毛为黑色，无角的遗传性很强。杂种一代牛体型不大，结实紧凑，头小额宽，背腰平直，肌肉丰满。初生重和2岁重比本地牛分别提高38.71%和76.06%。杂种一代在山地放牧，动作敏捷，爬坡能力强，步伐轻快，吃草快，但较神经质，易受惊。在一般营养水平下饲养，其屠宰率为50%，精肉率为36.91%。

## 六 皮埃蒙特牛

皮埃蒙特牛原产于意大利波河平原的皮埃蒙特地区。

皮埃蒙特牛属中型肉牛，是瘤牛的变种。全身毛色为灰白色，鼻唇镜、眼圈、耳尖、肛门、阴门周围、尾帚为黑色毛。犊牛被毛为乳黄色，以后逐渐变为灰白色。牛体躯呈圆筒形，全身肌肉丰满，颈短粗，复背复腰，臀部肌肉凸出，双臀。成年公牛体高140~150

厘米，体重 800～1000 千克；母牛体高 130 厘米，体重 500～600 千克；犊牛初生重，公牛 42 千克，母牛 40 千克。

皮埃蒙特牛早期增重快，皮下脂肪少，屠宰率和瘦肉率高、饲料报酬高、肉嫩、色红、皮张弹性度极高。0～4 月龄日增重 1.3～1.4 千克，周岁体重达 400～500 千克，屠宰率为 65%～72.8%，净肉率为 66.2%，胴体瘦肉率为 84.1%，骨重占胴体重的 13.6%，脂肪占 1.5%。平均每增重 1 千克耗精料 3.1～3.5 千克，皮埃蒙特牛 280 天产奶量为 2000～3000 千克。

皮埃蒙特牛不仅肉用性能好，而且抗体外寄生虫，耐体内寄生虫，耐热，皮张质量好，但易发生难产。

## 七 短角牛

短角牛原产于英国，有肉用和乳肉兼用两种类型。我国自 1920—1974 年以来引入 100 余头，主要分布于内蒙古自治区、吉林省的西部和河北省的张家口等地区。

短角牛四肢较短，躯干长，被毛卷曲，多数呈紫红色。大部分都有角，角外伸、稍向内弯、大小不一。颈短粗厚。胸宽而深，胸围大，垂皮发达。

由于短角牛性情温顺，不爱活动，尤其放牧吃饱后常卧地休息，因此，上膘快，如喂精料，则易育肥，肉质较好。对 18 月龄育肥牛屠宰测定，平均日增重 614 克，宰前体重为 396.12 千克，胴体重 206.35 千克，屠宰率为 55.9%，净肉重 174.25 千克，净肉率为 46.4%，骨重占胴体重的 9.51%。眼肌面积为 82 厘米$^2$。

短角牛对不同的风土、气候较易适应，耐粗饲，发育较快，成熟较早，抗病力强，繁殖率高。

利用短角牛公牛与吉林、内蒙古、河北和辽宁等省、自治区的蒙古母牛杂交，在产肉性能及体格增大方面都已得到显著效果，并在杂交的基础上培育成草原红牛新品种。

# 第三章 肉牛场的场址选择与建设

## 第一节 肉牛场的场址选择

### 一 地势地形

肉牛场的场址选择，是在牛舍建筑设计之前首先要考虑的事情。牛场应建在地势高燥的地方，若牛场地势过低，地下水位太高，极易造成环境潮湿，影响牛的健康。建肉牛场还应尽量靠近农田、饲料地，以便就近取得青绿饲料、青贮原料，也便于粪污的无害化处理。

**1. 地势高度**

肉牛场的地势以高于地面20~30厘米为宜。如果不能高于地面则应考虑在牛舍周围开挖排水沟，排水沟以宽50~60厘米，深60~70厘米为宜。

**2. 牛场坡度**

适当的坡度有利于通风和排水，最好选择北高南低的地方，一般坡度以1%~3%为宜，最大不要超过15%。

**3. 牛场形状**

长方形或正方形的规则形状更利于规划设计，利用率较高。

### 二 肉牛场面积

肉牛场的面积应根据牛的用途，确定每头牛所需面积，并结合

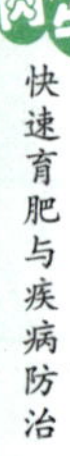



牛场的整体规划计算确定。

### 1. 种公牛

人工授精技术的普及在很大程度上减少了种公牛的饲养量，很多肉牛场已不再饲养种公牛。如果需要饲养种公牛，为保证其种用价值得到充分发挥，种公牛应单栏饲养（见彩图9），牛舍加运动场的面积不低于30米$^2$，并且公牛舍应远离母牛舍。

### 2. 繁殖母牛

繁殖母牛舍在规划时，面积应占牛舍总面积的30%~40%，每头牛平均占地面积为8~10米$^2$。

### 3. 育肥牛

每头育肥牛平均占地面积不低于5米$^2$，育肥牛舍占牛场总面积的50%~60%。

## 三 肉牛场的选址与卫生防疫

### 1. 肉牛场的选址

肉牛场选址时应结合饲养规模，确定牛场与居民区及主干路的位置。存栏500头以上的肉牛场距离道路100米以上，距离居民区和交通主干道路2000米以上，距离铁路干线和高速公路3000米以上。

### 2. 防疫隔离带

肉牛场周边应有不低于1.5米以上的实体墙或宽2米以上的隔离防疫沟，周边可栽种绿化隔离带。

> ⚠【注意】 肉牛场选址前，应先了解当地的总体规划，如当地是否属于限养区，或者对个别畜种是否有限养政策。

## 第二节 肉牛舍的建筑布局

肉牛场场址选定后，需按照生产需要进行合理的布局与设计。肉牛场的建筑布局要根据牛场的规模、地区风向、地形地势等综合考虑确定。肉牛场布局要综合考虑兽医防疫、夏季通风、日常采光、冬季保暖，还要考虑消防安全和机械作业通道的设计。肉牛场布局直接影响土地的利用率、基建投资、使用效率等，因此应尽量把功能相近的建筑，如精料区、草料区、牛舍，尽量集中在同一区域。这样可以保证不同分区及同一分区内的不同建筑使用方便，确保水路和电路最短化，以减少投资。大型规模化肉牛场建设前必须通过环保部门的环境评价，并向建筑规划部门申报，获得建筑规划许可证方可动工。在基建完成，牛进场后三个月内，肉牛场应向当地环保部门申请环保验收，验收合格后方能开展正常生产。

肉牛舍建筑的功能分区如下：

## 一 管理区

管理区是肉牛场工作人员进行办公的场所。管理区可设置办公区、接待区、会议区等功能区。此外，管理区也是对外联系的主要场所，因此应尽量靠近肉牛场的大门。

## 二 生活区

生活区是肉牛场工作人员生活的场所。生活区应设置宿舍、食堂、运动场等基本设施。生活区应保持和生产区的隔离，对于小型养殖场，即使没有完整的功能分区，也严禁在生产区做饭。

## 三 生产区

生产区是肉牛场的核心区域。生产区除了牛舍之外，还应具备独立的人员消毒室、更衣室、车辆消毒池（见图3-1）、干草棚（见彩图10）、精料储存库和精料加工车间（见彩图11）、机械设备库。生产区内各类建筑要根据功能和需要合理布局。消毒池和消毒室应建在生产区的各个通道及大门处。肉牛舍应靠近生产区的中央，肉牛舍间距保持在10米以上。精料库、精料加工车间和干草棚应尽量靠近，以方便取用。

图3-1 车辆消毒池

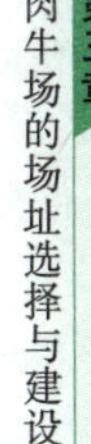

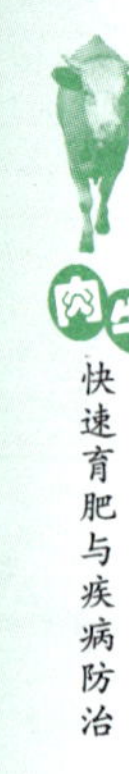


## 四 隔离区

隔离区应有下牛台、新进牛隔离区和兽医诊疗室，隔离舍应处于远离生产区的下风向，但在粪污处理区的上风向。

## 五 粪污处理区

粪污处理区是存放处理粪污、病死牛等废弃物的场所，应位于牛场的下风向。日常应加强牛场的卫生管理力度，配备专门的粪污处理设施，做到粪污的无害化处理。

## 六 区域设置与合并

1）千头以上的大型肉牛场应明确划分功能区：管理区、生活区、生产区、隔离舍、粪污处理区。

2）中等规模（500头以上）的肉牛场，可将管理区和生活区合并，划分管理生活区、生产区、隔离区和粪污处理区。

3）小型肉牛场很难进行明确分区，但仍应将管理生活区与生产区相对分开，并尽量设置统一的粪污处理区。

# 第三节 肉牛舍建筑

我国幅员辽阔，各地气候环境不尽相同，因此，肉牛舍不能按照一个标准模式建造，在满足肉牛舍规划需求的前提下，应结合实际，建造出经济实用，科学合理的牛舍。

## 一 肉牛舍的分类

肉牛舍的分类方法有很多种，根据用途的不同可分为公牛舍、繁殖牛舍、犊牛舍、育成牛舍、育肥牛舍、隔离牛舍等；根据建筑构造分为单列式牛舍、双列式牛舍；根据开放程度分为开放式牛舍、半开放式牛舍和封闭牛舍。

采用何种类型的牛舍，可根据气候条件、饲养规模及饲养工艺等因素因地制宜地选择。

### 1. 封闭程度

北方地区天气寒冷，宜采用封闭式牛舍（见彩图12和彩图13）；中部地区气候相对适宜，宜采用半开放式牛舍（见彩图 14）；南方地区夏季气候湿热，应以防暑防潮为主，宜采用开放式牛舍（见彩图 15）；此外，有些地区气候适宜，仅用挡风板代替牛舍（见彩图 16）。

### 2. 建筑构造

饲养规模小时，肉牛场可选用单列式牛舍，此种牛舍的优点是通风、采光效果好，但牛舍利用率低；牛场规模较大的一般采用双列式牛舍（见彩图 17），此种牛舍的优点是牛舍利用率高，但是通风效果较单列式差。

## 二 肉牛舍建筑结构及其参数要求

### 1. 地基

地基是建造肉牛舍的基础，应尽量利用天然地基以降低成本。若是疏松的黑土，需要用石块或砖砌好高出地面的地基井，地基深 80 ~ 100 厘米。地基与墙壁之间最好要有油毡绝缘防潮层。采用轻钢结构的肉牛舍，支撑钢梁的基座最好应用钢筋混凝土，深度根据肉牛舍的跨度和屋顶重量确定，最少不低于 150 厘米，非承重的墙基地下部分深 50 厘米。

### 2. 墙壁

墙壁可用普通砖和砂浆修建，北方地区可用空心砖。砖墙厚 0. 50 ~ 0. 75 米。从地面算起，要设 1 米高的墙裙，以利于清洗消毒。对于恒温肉牛舍，可设置湿帘降温墙。

### 3. 屋顶

屋顶是对肉牛舍环境影响最大的因素，要求通风散热效果好，夏季隔热，冬季保暖。北方寒冷地区，顶棚应用导热性低和保温的材料。南方则要求防暑、防雨并通风良好。屋顶的高度和坡度可根据当地气候及牛舍跨度等因地制宜。一般双列式牛舍，建议屋顶上缘距地面 3. 5 ~5 米，屋顶下缘距地面 2. 5 ~3. 5 米；单列式牛舍，建议屋顶上缘距地面 3 ~3. 5 米，屋顶下缘距地面 2 ~3 米。

### 4. 肉牛舍的跨度

肉牛舍的跨度根据内部构造、使用自动喂料机械与否及牛的饲喂量来确定。单列式牛舍内跨度为 4 ~6 米，长度为 60 ~80 米；双列式牛舍内跨度为 8 ~10 米，长 100 ~150 米。

## 5. 门与窗

肉牛舍的大门应坚实牢固，宽2~2.5米，不用门槛，最好设置推拉门，白天肉牛舍可被阳光直接照射。如果使用自动喂料车，则根据喂料车的类型确定大门的宽和高。此外，肉牛舍应留有牛出入的侧门，宽度为1.5米，高为2米。

一般南窗应较多、较大（1米×1.2米），北窗则宜少、较小（0.8米×1米）。肉牛舍内的阳光照射量受肉牛舍的方向、窗户的形式、大小、位置、反射面影响，所以要求不同。光照系数1:(12~14)。窗台距地面的高度为1.2~1.4米。

## 6. 牛床

牛床是牛采食和休息的主要场所。牛床应具有1.5%~2%的坡度，坡度近饲槽端高，另一端低。牛床的类型有下列几种：

**(1) 水泥及石质牛床** 水泥及石质牛床的导热性好，比较硬，造价高，但清洗和消毒方便（见彩图18和彩图19）。

**(2) 沥青牛床** 沥青的保温好，有弹性，不渗水，易消毒，是较理想的材料，但遇水容易变滑，修建时应掺入煤渣或粗砂用于防滑（见彩图20）。

**(3) 砖砌牛床** 砖砌牛床用砖立砌，用石灰或水泥抹缝。其导热性好，硬度较高；缺点是不易清洗和消毒。

**(4) 木质牛床** 木质牛床的导热性差，容易保暖，有弹性且易清扫，但容易腐烂，不易消毒，造价也高。采用漏缝地板方式清粪的肉牛舍多采用木质牛床。

**(5) 土质牛床** 将土铲平，夯实，上面铺一层砂石或碎砖块，然后再铺一层三合土，夯实即可。这种牛床能就地取材，造价低，并具有弹性，保暖性好，对牛非常舒适，但是不易清洗消毒，容易磨损，需要经常保养和维护。

**(6) 橡胶牛床** 橡胶牛床具有弹性，易清洗，对牛蹄有保健作用，虽然成本高，但一次投资可用十年以上，使用橡胶牛床还可提高育肥期牛的日增重（见彩图21）。

## 7. 通气孔

通气孔一般设在屋顶，大小因牛舍类型的不同而异。单列式牛舍的通气孔为0.7米×0.7米，双列式为0.9米×0.9米。北方牛舍通气孔的总面积为牛舍面积的0.15%左右。通气孔上面设有活门，可以自由启闭。通气孔高于屋脊0.5米或在房的顶部。

### 8. 饲喂通道

各类牛舍都设有专门的通道，用于运输饲料（见彩图22）。通道宽度根据是否使用饲喂机械分为两种规格，不使用饲喂机械的牛舍饲喂通道宽度为1~2米，使用饲喂机械的根据所用机械的宽度确定，一般为3~4米。

### 9. 饲槽

饲槽是牛不可缺少的附属设施，过去很多养殖场就地取材制作简易饲槽（见图3-2）用以饲喂草料和精料，但大部分还是以水泥饲槽居多。水泥饲槽内宽60~70厘米，底部内宽35~45厘米，为方便清扫，饲槽底部会留排水孔，并保持1%~2%的坡度，进水口比出水口高。目前，很多现代化牧场为了方便清扫与饲喂，将饲槽修在饲料通道上，呈弧形，底部高于牛床但低于道路（见彩图22），有些自动化程度高的养殖场在饲料通道上配有自动化的喂料器械。

### 10. 水槽

水槽也是牛每天所必需的，成年牛每天饮水45~66升，所以必须保证充足的饮水。水槽可用水泥制作（见图3-3），也可购买成品的饮水器（见图3-4、图3-5和彩图23）。北方寒冷地区必须防止水槽结冰，可从水槽下部引管道供水。目前，市场上有一种恒温水槽可解决北方冬季水槽结冰问题。

图3-2 简易饲槽

图3-3 饮水槽

图 3-4　自动饮水碗

图 3-5　不锈钢饮水槽

**11. 运动场**

运动场是肉牛活动、休息等的地方，一般育肥牛不需要运动场，犊牛、架子牛都需要运动场，运动场的大小可根据饲养肉牛的数量而定（见彩图 24）。每头牛占用面积：成年牛为 10～15 米$^2$，育成牛 5～10 米$^2$，犊牛为 1～5 米$^2$。运动场的围栏要结实，高度为 1.5 米。

**12. 粪尿沟**

为了保持肉牛舍内的清洁和便于清扫，粪尿沟宜采用暗沟，上面覆盖漏缝水泥板，粪尿沟应建在牛床的低坡度端，与饲喂通道平行，宽 40～60 厘米，深 30～40 厘米，沟底向出粪口有 1%～1.5% 的倾斜，以便尿和污水能经粪尿沟自动排入污水收集池（见图 3-6）。

**13. 牛栏和颈枷**

牛栏位于牛床和饲槽之间，与颈枷（见图 3-7）一起固定牛只。正规的牛栏由横杆、主立柱和分立柱组成，每两个主立柱的间距与牛床宽度相等，主立柱之间有若干个分立柱，分立柱之间相距 0.1～0.12 米，颈枷两边分立柱之间的距离为 0.15～0.2 米。

## 三　辅助性建筑

**1. 隔离墙**

肉牛场周围要设隔离墙，以防止闲杂人员随意进入生产区。墙高应在 3 米以上，把生产区、生活区及粪污处理区隔开，避免互相干扰。

图 3-6　污水收集池

图 3-7　颈枷

## 2. 消毒池

外来车辆进入生产区必须经过严格消毒。消毒池的宽度应大于货车的宽度，一般在 2.5 米以上，长度为 4.5 米，深度为 0.15 米，池沿采用 15°斜坡，设计排水口。

## 3. 消毒室

消毒室是外来人员进入生产区时消毒的场所。消毒室一般为列车式串联 2 个房间，各 5～8 米$^2$。其中一个房间内设小型消毒池和紫外线灯。紫外线灯悬高 2.5 米，悬挂 2 盏，每平方米不少于 1 瓦。另一个房间为更衣室，外来人员在更衣室换上衣罩、长筒靴后方可进入生产区。

## 4. 隔离牛舍

外购牛或本场发现的可疑的传染病牛，都必须在隔离牛舍观察 15 天左右。隔离牛舍的床位数是用存栏周期的 2 倍（以月计）除以平均存栏头数得到的。

## 5. 场内道路

场内主要道路应用砖石或水泥硬化，主道宽 6 米，支道宽 3～4 米。

## 6. 水井和水塔

水井应选在污染最少的地方，应建在牛场适中的位置。若牛场周长为 100 米，则水塔高度必须在 5 米以上；若为 200 米，则水塔高

度要在 8 米以上，并且水塔的存水量要保证场内 24 小时供求用，寒冷地区的水塔必须有防冻处理设施。

### 7. 干草棚

干草棚的大小根据饲养规模、粗饲料的储存方式、日粮的精粗比、容量等因素来确定。若作为切碎粗饲料的草库，应建得很高，在 4 米以上。草库应设防火门，外墙要有消防设施。

### 8. 饲料加工车间

饲料加工车间应包括原料库、成品库、饲料加工间和青贮池等。原料库的大小根据肉牛场 1 个月左右所需的原料量确定，成品库可略小于原料库，库房内必须干燥、通风良好，室内地面高出室外 30 ~ 50 厘米，地面以水泥地面为宜，房顶要有良好的隔热，注意防水和防鼠。青贮池修建的大小也要根据肉牛场的规模而定，必须要储备足够的青贮饲料，满足肉牛在寒冷季节至少 3 个月的青贮利用。一头成年肉牛要安全越冬，若按照 1 米$^2$ 储存 1 吨青绿饲料计，至少要修建 20 ~ 30 米$^2$ 的青贮池，每口青贮池根据实际饲养规模的大小，可为 20 ~ 300 米$^2$。

### 9. 堆肥场

一定规模的肉牛场必须建设堆肥场，一般用混凝土砌成，堆肥场的大小根据肉牛场的规模来定，一般是每头牛需要 5 ~ 6 米$^2$。

### 10. 污水处理设施

饲养量大的肉牛场，牛粪尿和污水的产生量也大，为了避免污染环境，必须配备污水处理池（见图 3-8）。污水处理池距离牛舍至少 6 米，其容积根据牛的养殖量确定。一般每月清理一次。

### 11. 下牛台

在修建牛舍时，必须留出一块用来赶牛和装卸用的场地，并建一个下牛台，又叫牛装卸台。下牛台由砖砌成平台，台高 1 ~ 1.2 米，长 2 米，宽 1.5 米，下牛台一边做成斜坡，两侧有栏杆防止牛惊慌时跳下跌伤。往货车上装牛或下牛就在下牛台进行（见图 3-9）。

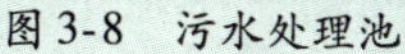
图 3-8　污水处理池

图 3-9　下牛台

⚠【注意】　养殖规模不大的肉牛场或小养殖户，可不设堆肥场，直接把粪便运往田间或其他地方，进行堆肥处理后作为有机肥使用，但应注意不能污染水源和影响环境。

## 四　肉牛场常用的设施设备

### 1. 称重设备

肉牛场需要 3 种称重设备，第一种是 10～20 吨重的大型地磅，用于称饲料、牧草等原料，第二种是 2 吨的称牛用的小型磅秤，第三种是 10～100 千克用于精确称量饲料原料的弹簧秤。

### 2. 牛场饲料处理运输设备

饲料处理运输设备主要有 TMR 饲料搅拌机、切草用的铡草机、粉碎机、预混料搅拌机、给料车和拖拉机等。

### 3. 管理器具

无论肉牛场规模多大，管理器具必须备齐。管理器具种类很多，主要有以下几种：牛刷拭用的铁挠、毛刷，清扫肉牛舍用的叉子、三齿叉、翻土机、扫帚，耳标，修蹄用的短削刀（见图 3-10）、长削刀，以及无血去势器、体尺测量器械等。

### 4. 保定设备

**（1）保定架的制作**　从养殖户到规模肉牛场，都需要制作保定架，主要为牛打针、灌药、编耳号、治疗等情况使用，若有能繁育

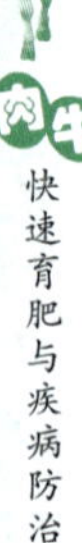



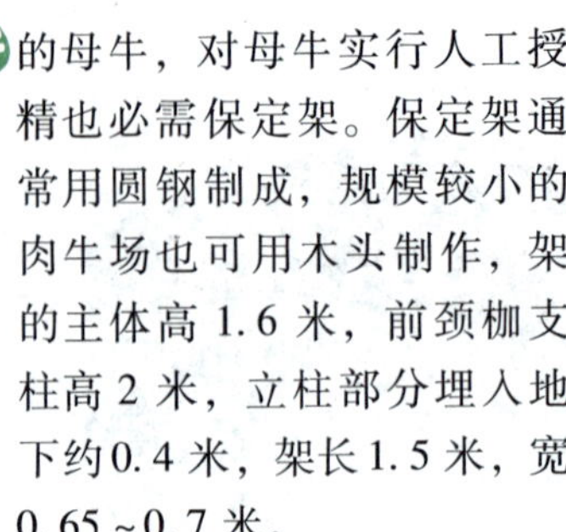

的母牛，对母牛实行人工授精也必需保定架。保定架通常用圆钢制成，规模较小的肉牛场也可用木头制作，架的主体高 1.6 米，前颈枷支柱高 2 米，立柱部分埋入地下约0.4 米，架长1.5 米，宽 0.65～0.7 米。

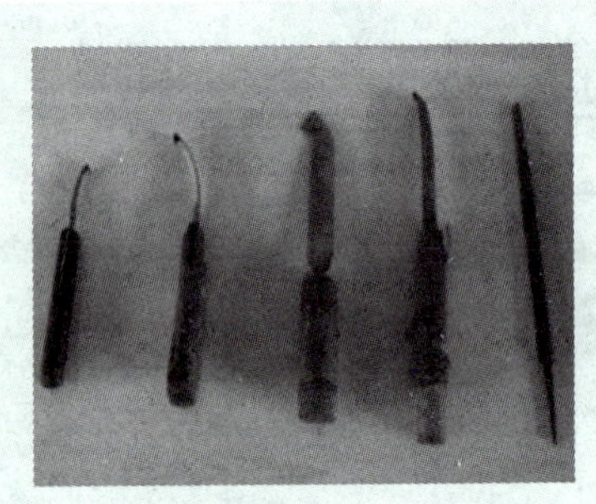

图 3-10　修蹄工具

**（2）鼻环**　牛既温顺又凶猛，为饲养管理方便，可给牛套鼻环。鼻环有 3 种类型：一种是使用不锈钢制成的鼻环，质量好且耐用，但价格较贵；一种为铁或铜材料制成的鼻环，比较粗糙，但价格较便宜；还有一种是一次性的塑料鼻环，使用方便，价格便宜。

**（3）缰绳和笼头**　采用围栏散养的方式时不用缰绳和笼头，但缰绳和笼头在栓系条件下是不可缺少的。缰绳系在肉牛和鼻环上，易于牵牛。笼头套在牛的头上，是一种传统的套牛方式，有了笼头，套牛就更加方便，非常牢固。缰绳有麻绳、尼龙绳和棕绳等，每根长1.5～1.7 米，直径为0.9～1.5 米。

## 五　肉牛场设计的主要技术参数

### 1. 用地面积

土地是肉牛场建设的最基本条件，土地的利用应以经济、实用、节约的原则为主，并且不同地区的价格不一样，这里以一头牛为例提供一些基本参数，见表 3-1。

**表 3-1　一头牛的占地面积参数**

| 用　　途 | 面积/米$^2$ | 用　　途 | 面积/米$^2$ |
|---|---|---|---|
| 肉牛舍休息场地 | 8.5 | 料库 | 0.8 |
| 干草堆放场 | 9.4 | 青贮池 | 0.9 |
| 场内道路 | 3.5 | 氨化池 | 0.5～0.6 |
| 场外道路 | 0.6 | | |

## 2. 饲草饲料加工及储存设施

饲草饲料加工及储存设施包括饲料库、饲料调制加工车间、草场、草库和青贮池等，按养牛头数、日粮用量与组成而定。肉牛每天食饲草量见表3-2。常用饲料的容量及不同青贮饲料每立方米的重量见表3-3和表3-4。

**表3-2 肉牛每天食饲草量**

| 项目 | | 肉牛舍饲 | | | |
|---|---|---|---|---|---|
| | | 繁殖母牛 | 架子牛 | 生长育肥牛 | 高增重（强度）育肥牛 |
| 以只吃一种计算 | 配合料/千克 | 1.5 | 0.5~1 | 2.5~3.5 | 3.5~4 |
| | 青草/千克 | 20~30 | 10~25 | 14~20 | 10~15 |
| | 玉米青贮/千克 | 16~22 | 12~20 | 8~15 | 6~8 |
| | 青干草/千克 | 5~8 | 4~6 | 4~5 | 3~4 |
| | 氨化麦秸/千克 | 4~7 | 3.5~5.5 | 3.5~4.5 | 3.0~3.5 |
| | 碱化麦秸/千克 | 3.5~6.5 | 3.5~5.0 | 3.5~4.5 | 3.0~3.5 |
| | 玉米秸、谷草/千克 | 3.5~6.5 | 3.5~5.0 | 3.5~4.5 | 3.0~3.5 |
| | 麦秸、稻草/千克 | 3~5 | 3.0~4.5 | 3~4 | 2~3 |

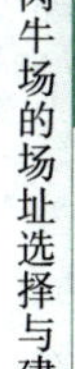

**表3-3 常用饲料的容量**

| 项目 | 配合料 | 青草 | 青干草 | 氨化麦秸、氨化稻草 | 玉米秸、谷草 | 麦秸、稻草 | 渣糟 | 块根、块茎 |
|---|---|---|---|---|---|---|---|---|
| 每立方米的重量/千克 | ≥1000 | 600~700 | 45~55 | 35~45 | 30~40 | 20~30 | 800~1000 | 1000 |

**表3-4 不同青贮饲料每立方米的重量**

| 饲料名称 | 每立方米的重量/千克 |
|---|---|
| 叶菜类、紫云英 | 800 |
| 甘薯藤 | 700~750 |

（续）

| 饲料名称 | 每立方米的重量/千克 |
| --- | --- |
| 甘薯块根、胡萝卜等 | 900～1000 |
| 萝卜叶、芜菁叶、苦荬菜 | 610 |
| 牧草、野青草 | 600 |
| 青贮玉米、向日葵 | 500～550 |
| 青贮玉米秸 | 450～500 |

# 第四章 肉牛的饲料

## 第一节　各种营养成分及其功能

### 一　水

水是一切生命活动的基础，水参与动物体内许多生物化学反应，具有调节体温、运输养分和维持器官形态的作用。牛的需水量受牛的个体、年龄、日粮组成、气温等影响，一般肉牛每日需水量为22～66升。

### 二　蛋白质和能量

蛋白质是构成机体组织、细胞的基本原料。蛋白质不足会造成牛消瘦、衰弱，影响牛繁殖，严重者公牛精液品质下降，母牛生殖周期异常。

能量是牛的营养基础，牛的能量指标以净能表示，奶牛用产奶净能表示，肉牛用增重净能表示，我国将肉牛的维持和增重所需要的能量统一起来采用综合净能表示，并以肉牛能量单位（RND）表示能量价值。

### 三　肉牛对粗纤维的需要

为了保证肉牛的日增重和瘤胃正常的发酵功能，日粮中粗饲料应占日粮总量的40%～60%，含有15%～17%的粗纤维（CF），

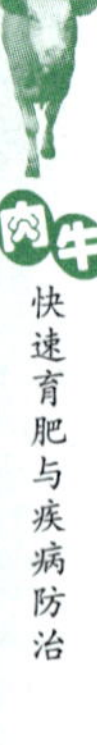



19%~21%的酸性洗涤纤维（ADF），25%~28%的中性洗涤纤维（NDF）。并且，饲料中中性洗涤纤维总量的75%必须由粗饲料来提供。

## 四 肉牛对矿物质的需要

### 1. 常量矿物质

肉牛对常量元素的需要量较大，体组织内含量高，包括钙、磷、钠、氯、钾、镁和硫，在计量时多用“克”来表示，计算日粮结构时用百分比表示。

**（1）钙** 肉牛在十二指肠吸收饲料中的钙，主要用于合成骨髓、牙齿和牛奶，参与神经传导，以及维持肌肉正常的兴奋性。犊牛缺乏钙易引起佝偻病。成年牛缺乏钙易引起骨软症，并出现明显的啃石头、舔土等异食癖现象。但钙过量会影响日增重和对镁与锌的吸收。

肉牛对钙的需要量为日粮干物质的0.3%。

粗饲料的含钙量高于精饲料，以粗饲料饲喂为主的肉牛一般不易缺钙，但喂秸秆时易缺钙，因秸秆中的钙不易被吸收。对以精料饲喂为主的育肥肉牛，应注意补充钙，可用碳酸钙、石粉、磷酸氢钙等补充。

**（2）磷** 肉牛体内的磷主要存在于骨骼、大脑、肌肉、肝脏和肾脏中，是磷脂、核酸和酶的组成成分，参与体内能量代谢。肉牛缺乏磷就会生长缓慢，食欲不振，饲料利用效率下降，出现异食癖，繁殖率下降，甚至死亡。磷过量易造成尿结石。

肉牛对磷的需要量为日粮干物质的0.25%。

磷的主要来源为磷酸氢钙、脱氟磷酸盐、磷酸钠等。注意钙与磷的比例，为（1.5~2）:1。

**（3）钠和氯** 肉牛体内的钠主要用于维持渗透压、酸碱平衡和体液平衡，以及参与氨基酸运转、神经传导和葡萄糖的吸收。氯是激活淀粉酶的因子，胃酸的组成成分，参与调节血液酸碱性。钠和氯一般用食盐来补充，缺乏时肌肉萎缩，食欲不振，牛互相舔，出现异食癖（吃土、塑料、石块和喝尿等）。

根据牛对钠的需要量占日粮干物质进食量的0.06%～0.10%计算，日粮含食盐0.15%～0.25%即可满足钠和氯的需要。植物性饲料含钠低，含钾量高，青粗饲料更为明显，钾能促进钠的排出，放牧牛的食盐需要量高于饲喂干饲料的牛，饲喂高粗料日粮的耗盐量高于高精料日粮。

夏天食盐量可略高，冬天食盐量不宜增加，因为吃盐多则饮水量会增加，冬天水温低，多饮冷水会降低瘤胃功能，而且把冷水升温到体温会大量增加能量消耗，如1千克水从0℃升高到体温（38.5℃）消耗能量0.119兆焦。饮水充足时，如果饮水中食盐超过2.5%，日粮含盐量超过9%，则牛会出现中毒症状。

高含量的食盐可使乳房肿胀加剧，使乳汁含盐量增加变咸，增加肾脏负担，牛体水肿水代谢失调促发水毒症，以致危及牛的生命。

**（4）钾** 钾能维持机体正常的渗透压，调节酸碱平衡，控制水的代谢，为酶提供有利于发挥作用的环境。钾缺乏时，肉牛食欲下降，饲料利用率降低，生长缓慢。钾过量会影响镁的吸收。一般肉牛对钾的需要量为日粮干物质的0.65%。热应激时，钾的需要量增加，约为日粮干物质的1.2%。最高耐受量为日粮干物质的3%。粗饲料含钾丰富，只有饲喂高精料日粮的肉牛才需要补充钾，一般采用氯化钾补充。

**（5）镁** 镁在神经肌肉传导中起重要作用，是许多酶的激活剂，缺乏镁会使牛发生抽搐症，食欲不振，饲料消化率下降，镁与磷缺乏，还会使乳汁呈酒精阳性，乳汁变稀。肉牛对镁的适宜需要量为日粮干物质的0.1%。犊牛每千克体重需镁量为12～16毫克/千克体重，按日粮干物质计算，为0.07%～0.1%。日粮干物质中含镁量超过0.4%，肉牛就会出现镁中毒，表现为腹泻，增重下降，呼吸困难。早春和晚冬季节的青草与枯草中含镁量低，若此时放牧易缺镁，发生抽搐症。镁的来原有碳酸镁、氧化镁和硫酸镁等。

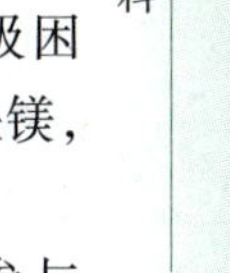



**（6）硫** 硫是某些蛋白质、维生素和激素的组成成分，参与蛋白质、脂肪和碳水化合物的代谢。瘤胃菌体可利用无机硫（硫酸钠）合成含硫氨基酸（蛋氨酸、胱氨酸），进而合成菌体蛋白质。肉牛缺乏硫时食欲下降，唾液分泌增加，瘤胃微生物对乳酸的利用率降低，肉牛眼神发呆，消化率下降，增重缓慢，产奶量下降。肉牛对硫的需要量约为日粮干物质的0.1%。硫水平过高也会降低肉牛的饲料进食量，并给泌尿系统造成过重的负担，而且干扰硒和铜的代谢。肉牛日粮中添加硫酸钠、硫酸钙、硫酸钾和硫酸镁时能够维持其最适宜的硫平衡。保持肉牛最大饲料进食量的适当氮硫比为(10～12):1。

## 2. 微量矿物质

**(1) 铁** 缺铁会使犊牛的生长强度下降，出现营养性贫血、异食癖、皮肤和黏膜苍白，舌乳头萎缩，日增重下降。一般每千克日粮干物质中含铁量为50～100毫克就能满足肉牛的需要（犊牛和生长牛为100毫克，成年牛为50毫克），可用硫酸亚铁、氯化亚铁和硫酸铁等补充。过量的铁会引起肉牛中毒，表现为腹泻、体温过高、代谢性酸中毒、饲料进食量和增重下降。

**(2) 铜** 铜参与血红蛋白的合成、铁的吸收，是许多酶的组成成分，如制造血细胞的辅酶。肉牛缺铜会发生缺铜性营养性贫血，表现为被毛粗糙、褪色，全身被毛变成灰色。严重缺乏会引起肉牛脱毛，下痢，体重下降，生长停滞；四肢骨端肿大，骨髓脆弱，经常导致肋骨、股骨、股骨复合性骨折；关节僵硬，可导致老牛的“对侧步”步态；发情率低或延迟，繁殖性能下降，难产和产后恢复困难；犊牛缺铜，出生时便有先天性佝偻病，因心脏衰弱而造成疾病或突然死亡等。

肉牛对铜的需要量为4～10毫克/千克，但铜与钼互相拮抗，高铜可使牛对钼的需要量增加，最佳铜钼比为（4～5）:1，若小于3:1，铜的含量又为6毫克/千克，则牛将表现出铜缺乏症。在应激条件下，铜的需要量为40～90毫克/千克。饲料中常用的铜添加剂主要是硫酸铜、碳酸铜和氧化铜。近年来生产的氨基酸铜（赖氨酸铜和甲硫氨酸铜）比无机铜稳定，不潮解，适口性好，利于吸收，生物利用效率比氧化铜高4倍。国内多数地区的肉牛日粮都缺铜，尤其是土壤中铜缺乏的地区。

**(3) 锌** 锌广泛分布于牛体各种组织中，肌肉、皮毛、肝脏、成年公牛的前列腺及精液中均含有锌。锌与被毛生长、组织修复和繁殖机能密切相关，是有关核酸代谢、蛋白质合成、碳水化合物代谢的30多种酶系统的激活剂和构成成分。肉牛缺锌后生长发育停滞，饲料进食量和利用率下降，精神萎靡不振，蹄肿胀并有开放性、鳞片状损伤，脱毛，大面积皮炎，后肢、颈部、头与鼻孔周围尤其严重，并有角化不全和伤口难以愈合等症状。另外，缺乏锌还会影响牛肉的风味。1988年，美国的全国研究理事会饲养标准规定，肉牛对锌的需要量为20~40毫克/千克体重，在缺锌的肉牛日粮中添加100~160毫克/千克的锌，可迅速改善牛的缺锌症状，在3~4周内可校正皮肤的损害与其他症状。饲料中常用的含锌添加剂为硫酸锌、氧化锌和碳酸锌。目前，最好的补锌产品是氨基酸螯合锌。

**(4) 锰** 牛体内的锰主要存在于骨骼、肝脏、肾脏等器官和组织中。锰的功能是维持大量酶的活性，如水解酶、激素酶和转移酶的活性。肉牛的繁殖、生长和代谢都需要锰元素。锰还对中枢神经系统产生作用。一般饲料中含锰量低，锰的吸收利用率低，故在肉牛日粮中添加锰是必需的。缺锰使牛的生长速度下降，骨髓变形，关节变大、僵硬，腿弯曲，繁殖机能紊乱或下降，新生犊牛畸形，怀孕母牛流产。肉牛对锰的需要量为20~50毫克/千克体重，在应激条件下可达90~140毫克/千克体重，在生产条件下为40~60毫克/千克体重；0~6月龄犊牛为30~40毫克/千克体重。当日粮中钙和磷的比例上升时，对锰的需要量增加。日粮中若缺锰可用硫酸锰、碳酸锰和氯化锰补充，近年已有氨基酸螯合锰，利用效率更高，可用于肉牛的日粮中。

**(5) 钴** 肉牛的瘤胃微生物需要利用钴合成维生素$B_{12}$，肉牛对钴的需要实际上是微生物对钴的需要。进食的钴约有3%被转化成维生素$B_{12}$，而合成的维生素$B_{12}$仅有1%~3%被牛吸收利用。日粮中钴的吸收率为20%~95%。

肉牛日粮中的钴用于合成维生素$B_{12}$后主要参与体内甲基和酶的代谢。肉牛体内储存的钴不能参与微生物合成维生素$B_{12}$，只有日粮中提供的钴才能保证微生物合成维生素$B_{12}$的需要。牛对钴的需要量为0.07~0.11毫克/千克体重，生产条件下为0.5~1毫克/千克体重，应激情况下为2~4毫克/千克体重。缺乏时会妨碍丙酸的代谢，

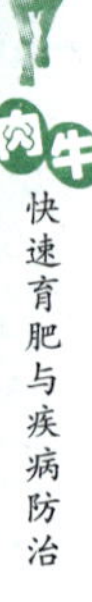



使丙酸不能转化为葡萄糖。肉牛出现食欲降低，精神萎靡，生长发育受阻，体重下降，消瘦，被毛粗糙，贫血，皮肤和黏膜苍白，甚至死亡。硫酸钴、磷酸钴和氯化钴均可用作牛的有效添加剂，也可使用钴化食盐。

**（6）碘** 碘的主要功能是合成甲状腺激素，甲状腺激素能够调节机体的能量代谢。饲喂含碘化合物还可预防牛的腐蹄病。一般碘的需要量为每千克日粮干物质含0.5毫克，范围为0.2～2.0毫克/千克，应激条件下则为1.5～3毫克/千克。肉牛缺碘时甲状腺肿大。长期缺碘能导致增重降低，生长发育受阻，消瘦和繁殖机能障碍。饲喂羽衣甘蓝、油菜、芜菁、生大豆粕、菜籽饼或棉籽粕等饲料，会使肉牛出现缺碘症，引起甲状腺肿大。此时，应增加饲料中碘的用量。碘化钾、碘酸钙和含碘食盐是肉牛的适宜添加剂。若长期饲喂含碘量高达50～100毫克/千克的日粮，牛就会发生碘中毒。其症状是：流泪，唾液分泌量多，流水样鼻涕，气管充血并引起咳嗽。同时，血液中碘浓度上升，大量碘由粪尿中排出，故生产中要防止碘中毒。

**（7）硒** 硒是谷胱甘肽过氧化物酶的成分，能预防犊牛的白肌病和繁殖母牛的胎衣不下。我国土壤、水中缺硒的地区较多。缺硒地区的肉牛日粮中必须补充硒，否则会出现硒缺乏症，主要是发生白肌病，也称肌肉营养不良，一般多发生于犊牛。患有白肌病的小牛在心肌和骨髓肌上具有白色条纹、变性和坏死。在缺硒（小于0.05毫克/千克）的日粮中补充维生素E和硒，可防止胎衣不下，减少子宫炎的发病率。1988年，美国国家研究委员会确定牛对硒的需要量为每千克饲料干物质含0.1毫克。生长于高硒地区的作物，如黄氏（属于十字花科植物），能在体内积累硒，含硒量可高达1000～3000毫克/千克，毒性很大，肉牛采食后即引起中毒。急性中毒的症状为迟钝、运动失调、低头和耳下垂、脉速而无力、呼吸困难、腹泻、昏睡，最后由于呼吸衰竭而死亡。慢性中毒症状为跛行、食欲下降、消瘦、蹄溃疡、蹄畸形、裂蹄、尾部脱毛、肝硬化和肾炎。

亚硒酸钠、硒酸钠都可作为肉牛的补硒添加剂，但为剧毒品，要注意保存与安全使用。

**（8）钼** 钼是动物组织中黄嘌呤氧化酶必不可少的成分，是维持牛健康的一种不可缺少的元素，但实际生产中还没有观察到钼的缺乏症。钼的最大耐受量为 3 毫克/千克体重，肉牛钼中毒的主要症状与缺铜症状相同，严重时会引起腹泻。腐殖土草地或泥炭土草地含钼量可高达 20 ~ 100 毫克/千克。长期饲喂高钼日粮，可能引起肉牛磷代谢紊乱，导致跛行、关节畸形和骨质疏松。

### 五 肉牛对维生素的需要

维生素分脂溶性和水溶性两大类。脂溶性维生素包括维生素 A、维生素 D、维生素 E 和维生素 K；水溶性维生素包括 B 族维生素和维生素 C。生产中，维生素严重缺乏会造成肉牛死亡；中等程度的缺乏，表现症状不明显，但影响生长和育肥速度，造成巨大的经济损失。瘤胃微生物能合成 B 族维生素和维生素 K，体组织可合成维生素 C。一般情况下，成年肉牛仅需补维生素 A、维生素 D 和维生素 E。而犊牛需要补充各种维生素。青绿饲料、酵母和胡萝卜可提供各类维生素。

## 第二节 肉牛饲料的分类与配合原则

### 一 饲料分类

肉牛常用饲料按国际分类法可分为粗饲料、青绿饲料、青贮饲料、能量饲料、蛋白质饲料、矿物质饲料、维生素饲料和饲料添加剂 8 类。

#### 1. 粗饲料

按国际饲料分类原则，凡是饲料中粗纤维含量在 18% 以上或细胞壁含量在 35% 以上的饲料统称为粗饲料。粗饲料对反刍家畜和其他草食家畜极为重要，因为粗饲料不仅提供养分，而且对肌肉生长和胃肠道活动也有促进作用。母牛和架子牛可以完全用粗饲料满足维持营养的需要。能饲喂肉牛的粗饲料包括干草、农作物秸秆、青贮饲料等。其中，苜蓿、三叶草、花生秧等豆科牧草是肉牛良好的蛋白质来源。

#### 2. 青绿饲料

青绿饲料是指水分含量在 60% 以上，粗纤维含量低，蛋白质含

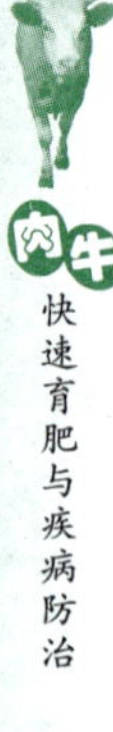


量高，维生素和矿物质含量丰富，适口性较好的饲料。常用的青绿饲料有黑麦草、苏丹草、高丹草、苜蓿草、三叶草等。

### 3. 青贮饲料

青贮饲料是指将新鲜青绿饲料经厌氧发酵制成的具有芳香气味、营养丰富的多汁饲料，其能够有效保存青绿饲料的营养价值，消化率高，适口性好，是肉牛常用的饲料。大部分植物都可以做青贮饲料。

### 4. 能量饲料

按国际饲料分类原则，粗纤维含量小于18%，蛋白质含量小于20%的饲料称为能量饲料。从营养功能上来说，能量饲料是家畜能量的主要来源，在配合日粮中所占的比例最大，达到50%～70%。能量饲料主要包括禾本科的谷实饲料和面粉工业的副产品。另外，块根、块茎和其加工的副产品，以及动植物油脂和糖蜜都属于能量饲料。

### 5. 蛋白质饲料

干物质中粗蛋白质的含量高于20%、粗纤维的含量低于18%的饲料称为蛋白质饲料。蛋白质含量高，饲料适口性好。蛋白质饲料包括真蛋白质饲料（如豆饼和棉籽饼等）和非蛋白氮（如尿素）。目前，我国肉牛养殖禁用动物源性饲料。

### 6. 矿物质饲料

能够提供肉牛所需矿物质的人工合成或天然的饲料称为矿物质饲料。矿物质饲料添加量较少，主要有食盐、石粉、硫酸亚铁、硫酸铜、硫酸锰、硫酸锌等。

### 7. 维生素饲料

维生素饲料是指补充肉牛维生素需要的工业合成或天然物提取的一类饲料。维生素分脂溶性维生素和水溶性维生素。水溶性维生素包括B族维生素和维生素C，脂溶性维生素包括维生素A、维生素D、维生素E和维生素K。

### 8. 饲料添加剂

饲料添加剂是一类为改善饲料品质，促进动物生长发育及保障动物健康而加入饲料中的少量或微量物质。其特点是添加量少，但是对肉牛的生长发育具有重要作用。常用的饲料添加剂有调味剂、酶制剂等。

## 二 日粮配合原则

肉牛的日粮配合必须遵守一定的原则：

第一，以饲养标准为基础。饲养标准是根据肉牛营养需要的平均数制定的，个体差异在10%~20%，可结合实际情况灵活运用。

第二，在制定肉牛饲料配方时，应首先满足肉牛对能量的需要，在此基础上再满足肉牛对蛋白质、矿物质和维生素的需要。

第三，饲料组成应符合肉牛的消化生理特点，合理搭配。应以粗饲料为主，粗纤维含量应为15%~25%，具体比例应视肉牛所处的不同阶段而定。

# 第三节 青干草的制作与储藏

青干草是指植物在不同生长阶段收割后干燥保存的饲草，通过晒干，使牧草水分降至15%~20%，从而抑制酶和微生物的活性。牧草成熟后，干物质含量增加，但是消化率降低，因此，收割期应选择在干物质含量与消化率的最佳平衡点。大部分青干草应在牧草未结籽前收割。

## 一 青干草的种类和特点

青干草的种类包括豆科青干草、禾本科青干草。豆科青干草中苜蓿的营养价值最高，有“牧草之王”的美称。中等质量的青干草含粗纤维25%~35%，含消化能8.64~10.59兆焦/千克干物质。

制备青干草的目的与要求：①在最佳时间收割，最大限度地保存青草中的营养物质，保证单位面积生产最多的营养物质和产量，不耽搁下一茬种植；②在牧草生长旺季，制备大量的青干草，使青草中的水分由65%~85%降低到20%以下，达到长期保存的目的，供肉牛冬天饲草不足时饲用。

青干草的优点是：牧草长期储藏的最好方式；可以保证饲料的均衡供应，是某些维生素和无机盐的来源；用青干草饲喂肉牛还可以促进消化道蠕动，增加瘤胃微生物的活力；青干草打捆后容易运输和饲喂，可以降低饲料成本。

青干草的缺点是：收割时需要大量劳力和昂贵的机器设备；收

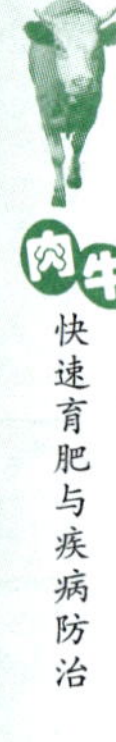



割过程中营养损失大，尤其是叶的损失多；由于来源不同和收割时间不同，以及加工方法不同及天气的影响，使青干草的营养价值和适口性差别很大；如果青干草晒制的时间不够，水分含量高，则在储存过程中容易产热，发生自燃；青干草不能满足高产肉牛的营养需要。

## 二 青干草的饲养价值

在各类粗饲料中，青干草的营养价值最高。其营养价值的高低取决于制作青干草的青绿饲料的种类、生长阶段和调制及储藏的方法，如豆科植物制成的青干草中蛋白质和钙含量较多，禾本科植物制成的青干草中蛋白质和钙的含量少。

青干草作为重要的粗饲料，被广泛用于肉牛生产中，可占育肥肉牛日粮能量的30%，占其他肉牛日粮能量的90%，见表4-1。青干草虽然主要作为能量来源，但是豆科牧草也是很好的蛋白质来源。

**表4-1　青干草为肉牛日粮提供的能量**

| 区　分 | 精料（%） | 青干草（%） | 总　计 |
|---|---|---|---|
| 育肥期肉牛 | 69.8 | 30.2 | 100 |
| 其他时期的肉牛 | 8.7 | 91.3 | 100 |

优质青干草可以代替精料。有试验证明，日粮内含60%苜蓿、40%精料时的育肥效果优于日粮内含85%精料、15%粗料的效果。当精饲料供应紧张或价格过高时，用全粗料日粮育肥肉牛也有很好的效果。表4-2是用全粗料日粮与全精料日粮育肥肉牛的比较。

**表4-2　全粗料日粮与全精料日粮育肥肉牛的比较**

| 指　标　标 | 全粗料日粮 | 全精料日粮 |
|---|---|---|
| 平均体重/千克 | 327.9 | 337.7 |
| 平均采食量/千克 | 10.59 | 7.26 |
| 平均日增重/千克 | 1.05 | 1.27 |
| 饲料增重比 | 10.08 | 5.71 |
| 屠宰率（%） | 55.40 | 59.90 |
| 肌肉大理石纹评分 | 优级 | 优级 |
| 眼肌面积/厘米$^2$ | 71.10 | 68.50 |
| 品尝评分（10分制）/分 | 7.60 | 7.20 |

## 三 青干草的制备方法

在青草制备青干草的过程中，青草中干物质或营养成分含量均要有所损失。例如，苜蓿从收割到饲喂，叶片损失35%，干物质损失20%，蛋白质损失29%。在地里放置时间越长，营养损失越多。青干草的制备技术是种草养牛，特别是草业产业化发展必备的加工、储藏与利用技术。青干草的制作方法很多，各地应根据各自的特定条件因地制宜地选用。本书主要介绍自然干燥法和人工干燥法。

### 1. 自然干燥法

自然干燥法不需要设备，操作简单。但劳动强度大，效率低，晒制的青干草质量较差，并且受天气影响大。为了便于晾晒，在实际生产中还要根据晾晒条件和天气情况适当调整收获期，适当提前或延后收割，以避开雨季。

**（1）田间晒制法** 牧草收割后，在原地或附近干燥地段摊开暴晒，每隔数小时加以翻晒，待水分降至40%～50%时，用搂草机械或手工搂成松散的草垄，也可集成0.5～1米高的草堆，保持草堆的松散通风。天气晴好时可倒堆翻晒；天气恶劣时小草堆外面最好盖上塑料布以防雨水冲淋。牧草直到水分降至17%以下即可储藏。如果采用摊晒和捆晒相结合的方法，可以更好地防止叶片、花序和嫩枝的脱落。

**（2）草架干燥法** 多雨的地区可采用草架干燥法。草架可分为竹木结构单架、铁丝长架、三脚架等。架的大小可根据牧草的产量和场地而定。虽然花费一定的物力，但架上的牧草能明显加快干燥速度，青干草品质好。牧草收割后在田间干燥0.5～1天，使其水分降至40%～50%时，把牧草自下而上逐渐堆放或打成直径15厘米左右的小捆，草的顶端朝里，并避免与地面接触吸潮，草层厚度不宜超过70～80厘米。上架后的牧草应堆成圆锥形或屋顶形，力求平顺。由于草架中部空虚，空气可以流通，加快牧草的水分散失，提高牧草的干燥速度，其营养损失比田间晒制法可减少5%～10%。

**（3）发酵干燥法** 采用发酵干燥法干燥的牧草营养物质损失较多，故只在连续阴雨的季节采用。将收割的牧草铺在地面暴晒，使新鲜牧草凋萎，当水分减少至50%时，再分层堆积高3～6米，逐层压实，表层用塑料膜或土覆盖，使牧草迅速发热。待堆内温度上升至60～70℃，打开草堆，随着发酵产生热量的蒸散，可在短时间内风干或晒干，制得棕色干草，具有酸香味。如果遇阴雨天无法晾晒，可以堆放1～2个月，类似青贮原理。为防止发酵过度，每层牧草可撒青草重0.5%～1%的食盐。

## 2. 人工干燥法

人工干燥法是利用风扇、烘干设备、化学药剂、机械等辅助措施人为地提高牧草干燥速度的一种干草制备方法。人工干燥法可以克服自然干燥法受外界影响较大的弊端，但干燥成本较高，干燥后的牧草营养损失小、品质好，是现代种草养畜和草业商品化的主渠道。

**（1）塑料大棚干燥法** 把收割后的牧草经初步晾晒后移到塑料大棚里干燥，效果很好。具体做法是把大棚下部的塑料薄膜卷起30～50厘米，把晾晒后含水量为40%～50%的牧草放到棚内的架子上或地面上，利用大棚的采光增温效果使空气变热，从而达到干燥牧草的目的。这种方式受天气影响小，能够避免雨淋，养分损失少。

**（2）常温鼓风干燥法** 为了保存营养价值高的叶片、花序、嫩枝，减少干燥后期阳光暴晒对维生素等的破坏，把收割后的牧草在田间就地晒干至水分含量为40%～50%时，再放置于设有通风道的干草棚内，用鼓风机、电风扇等吹风装置进行常温吹风干燥。应用此方法调制干草时只要不受雨淋、渗水等危害，就能获得品质优良的青干草。

利用高速风力，将半干青草所含水分迅速风干，可以看成是晒制干草的一个补充过程，在美国潮湿多雨地区较常采用。通风干燥的青草，事先应在田间将草茎压扁堆成垄行或小堆风干，使水分下降至35%～40%；然后，在草库内完成干燥过程，库的顶棚及地面要求密不透风。为了便于排除湿气，库房内设置大的排气孔。干燥的主要设备包括电动鼓风机和一套安装在草库地面上的通风管道，半干的青草疏松地堆放在通风管道上部，厚度一般为3～5米，自鼓风机送出的冷风或热风通过总管道输入草库内的分支管道，再自下而上通过草堆，即可将青草所含的水分带走。风速的控制要求保证草库内空气湿度在70%～80%，如超过90%则草堆的表面将变得很湿。通风干燥的干草比田间晒制的干草含叶较多，颜色绿，胡萝卜素高出3～4倍。

**（3）低温烘干干燥法** 低温烘干干燥法所采用的是箱式或传送带式烘干机，烘干温度控制在60～150℃，烘干时间在几分钟至数小时，烘干时间根据牧草品种及设备的具体要求而定，此方法适合中小养殖户。低温烘干干燥法采用加热的空气将青草水分烘干。干燥温度如果为50～70℃，需5～6小时；如果为120～150℃，经5～30分钟完成干燥。未经切短的青草置于浅箱或传送带上，送入干燥室（炉）进行干燥。所用热源多为固体燃料。浅箱式干燥机每日生产干草2000～3000千克，传送带式干燥机每小时的生产量为200～1000千克。

**（4）离温快速干燥法** 离温快速干燥法对烘干设备的要求较高，一般利用其调制草粉、草饼、草块。利用液体燃料或煤气加热的高温气流，可使青草的含水量在数分钟甚至数秒钟内由80%～90%降至0%～12%。虽然有的烘干机内热空气的温度可达到1100℃，但牧草的温度一般不超过30～35℃，青草中的养分可以保存90%～95%，消化率特别是蛋白质消化率并不降低。鲜草在含有可蒸发水分的条件下，草温不会上升到危及消化率的程度，只有当已干的草继续处在高温下，才可能发生消化率降低和产品炭化的现象。

**（5）化学药剂干燥法** 化学药剂干燥法是使用一些化学药剂喷洒到牧草上，通过化学反应加快牧草内部水分的蒸发速度，以达到提高牧草蒸发速度的方法。目前，应用较多的干燥剂有氢氧化钾、磷酸二氢钾、碳酸钠、碳酸钙和碳酸钾等。加入干燥剂后，不仅可使牧草提高干燥速度，还能提高牧草的营养价值。

**（6）物理压榨干燥法** 牧草干燥时，叶片干燥较快，茎秆干燥时间较长，因此要想提高牧草干燥时间，就应加快茎秆的干燥速度。通常的方法是用机械对牧草进行碾压，将牧草茎秆压裂、压扁，降低茎秆表层物质对水分蒸发的阻碍，从而加快牧草的干燥速度。

牧草干燥处理的优劣是牧草能否有效利用的关键，在选择干燥方法时应因地制宜，根据时间、天气、人力和财力的不同选择不同的干燥方法，也可将几种不同的干燥方法综合利用，以达到较快、较好的干燥牧草的目的。

## 四 降低牧草干燥过程中营养损失的方法与措施

青干草调制过程的翻草、搂草、打捆、搬运等生产环节，对其

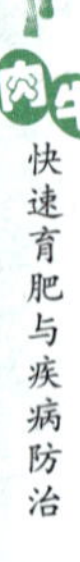



营养物质的损失影响很大，而其中最主要的恰恰是富含营养物质的叶片损失最多。减少生产过程中的物理损失是调制优质青干草的重要措施。

### 1. 减少晾晒损失

要尽量控制翻草次数。含水量高时适当多翻，含水量低时可以少翻。晾晒初期一般每天翻 2 次，半干草可少翻或不翻。翻草宜在早、晚湿度相对较大时进行，避免在一天中的高温时段翻动。

### 2. 减少搂草打捆损失

搂草和打捆最好同步进行，以减少损失。目前，多采取人工 1 次打捆方式，把干草从草地运到储存地、加工厂，再行打捆、粉碎或包装。为了作业方便，第一次打捆以 15 千克左右为宜，搂成的草堆应以此为标准，避免草堆过大而重新分捆造成落叶损失。搂草和打捆也要避开高温、干燥时段，应在早、晚进行。

### 3. 减少运输损失

为了减少运输过程中的落叶损失，特别是豆科青干草，一定要打捆后搬运；打捆后可套纸袋或透气的编织袋，减少叶片遗失。

## 五 青干草的品质鉴定

### 1. 质量鉴定

**（1）含水量及感官鉴定** 青干草的最适含水量应为 15%～17%，适于堆垛永久保藏。用手成束紧握时，发出沙沙响声和破裂声。草束反复折曲时易断，搓揉的草束能迅速、完全地散开，叶片干而卷曲。

青干草的含水量为 17%～19% 时也可以较好地保存。用手成束紧握时无干裂声，只有沙沙响声，草束反复折曲不易断，搓揉的草束散开缓慢，叶片大多卷曲。

青干草含水量为 19%～20% 时堆垛保存，会发热并至起火。用手成束紧握时无清脆的响声，容易拧成紧实而柔韧的草辫，搓揉时不折断。

青干草含水量在 23% 以上时，不能堆垛保藏。搓揉时没有沙沙响声，多次折曲草束时折曲处有水珠，手插入草中有凉感。

**（2）颜色、气味** 绿色越深，营养物质损失越少，质量越好，并具有浓郁的芳香味。如果发黄，并且有褐色斑点，无香味，列为劣等。如果发霉变质有臭味，则不能饲用。

**（3）植物组成** 在干草组成中，如豆科草的比例占5%～10%时为上等，禾本科草和杂草占80%以上时为中等，不可食杂草占10%～15%时为劣等，有毒有害草超过1%的不可饲用。

**（4）叶量** 叶量越多，说明青干草养分损失越少。植株叶片保留95%以上的为优等，叶片损失10%～15%的为中等，叶片损失15%以上的为劣等。

**（5）含杂质量** 草中夹杂的沙土、枯枝、树叶等杂质量越少，品质越好。

### 2. 综合感官评定分级

我国尚无统一的感官评定分级标准，现就内蒙古自治区干草等级标准介绍如下：

一级：枝叶为鲜绿色或深绿色，叶及花序损失不到5%，含水量为15%～17%，有浓郁的干草香味。但再生草调剂的优良干草，香味较淡。

二级：绿色，叶及花序损失不到10%，有香味，含水量为15%～17%。

三级：叶色发黑，叶及花序损失不到15%，有干草香味，含水量为15%～17%。

四级：茎叶发黄或发白，部分有褐色斑点，叶及花序损失大于15%，含水量为15%～17%，香味较淡。

五级：发霉，有臭味，不能饲喂。

## 六 青干草的储藏与管理

合理储藏青干草是调制青干草过程中的一个重要环节。储藏管理不当，不仅青干草中的营养物质要遭到重大损失，甚至发生草垛漏水霉烂、发热、引起火灾等严重事故，给养牛生产带来极大困难。

### 1. 青干草的储藏方法

**（1）露天堆垛储藏** 垛址应选择地势平坦干燥、排水良好的地方，同时要求离肉牛舍不太远。垛底应用石块、木头、秸秆等垫起铺平，高出地面40～50厘米，四周有排水沟。垛的形式一般采用圆

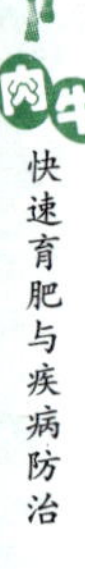



形和长方形两种。无论哪种形式，其外形均应由下向上逐渐扩大，顶部又逐渐收缩成圆形，形成下狭、中大、上圆的形状。垛的大小可根据需要而定。

1）长方形草垛。青干草数量多且较粗大时，宜采用长方形草垛，这种垛形暴露面积小，养分损失相应较少。草垛方向应与当地冬季主风方向平行。一般垛底宽为3.5～4.5米，垛肩宽为4～5米，顶高为6～6.5米，长度视储草量而定，但一般不宜小于8米。堆垛的方法：应从两边开始往里一层一层地堆积，分层踩实，务必使中间部分稍稍隆起，堆至肩高时，使全堆取平，然后往里收缩，最后堆积成45°倾斜的屋脊形草顶，使雨水顺利下流，不致渗入草垛内。

长方形草垛需草量大。如果不能一次完成，也可从一端开始堆草，保持一定的倾斜度。当堆到肩部高时，再从另一端开始，同样堆到肩高两边取齐后收顶。封顶时可用麦秸或杂草覆盖顶部，最后用草绳或泥土封压，以防大风吹刮。

2）圆形草垛。青干草数量不多，细小的草类宜采用圆形草垛。与长方形草垛相比，圆形草垛暴露面积大，遭受雨和阳光侵袭的面积也大，养分损失相对较多。但在青干草含水量较高的情况下，圆形草垛由于蒸发面积大，发生霉烂的危险性也较小。圆形草垛的大小一般为底部直径3～4.5米，肩部直径为3.5～5.5米，顶高5～6.5米，堆垛时从四周开始，把边缘先堆齐，然后往中间填充，务必使中间高出四周，并注意逐层压实踩紧。垛成后，再把四周乱草理平梳齐，以便于雨水下流。

**（2）草棚堆垛储藏** 气候潮湿或有条件的地方可建造简易干草棚，以防雨雪、潮湿和阳光直射。这种棚舍只需要建一个防雨雪的顶棚和防潮的底垫即可。存放干草时，应使棚顶与干草保持一定距离，以便通风散热。

### 2. 防腐剂的使用

要使调制成的青干草达到储藏安全的指标（含水量在17%以下），生产上是很困难的。为了防止干草在储藏过程中因水分过高而发霉变质，可以使用防腐剂。应用较为普遍的防腐剂有丙酸和丙酸盐、液态氨和氢氧化物（铵或钠）等。目前，丙酸应用较为普遍。

液态氨不仅是一种有效的防腐剂，而且还能增加干草中氮的含量。氢氧化物处理干草不仅能防腐，而且能提高青干草的消化率。

### 3. 青干草储藏应注意的事项

**（1）防止垛顶漏雨** 青干草堆垛后2～3周内，一般会发生明显垛陷现象，必须及时铺平补好，并用秸秆等覆盖顶部，防止渗进雨水，造成全垛霉烂。盖草的厚度应达10～15厘米，应使秸秆的方向顺着流水的方向。如果能加盖两层草苫，则防雨能力更强。

草垛储藏期长，也可用草泥封顶，既可防雨又能压顶，缺点是取用不便。

**（2）防止垛基受潮** 青干草堆垛时，最好选地势较高的地点做垛基，如果牛舍附近无高台地，应该在平地上筑一堆积台。台高于地面35厘米，四周再挖35厘米左右宽的排水沟，以免雨水浸渍草垛。不能把青干草直接堆在土台上，垛基还必须用树枝、石块、乱木等垫高15厘米以上，避免土壤水分渗入草垛发生霉烂。

**（3）防止青干草过度发酵** 青干草堆垛后，营养物质继续发生变化。影响营养成分变化的主要因素是含水量，凡是含水量在17%以上的青干草，植物体内的酶及外部的微生物仍在进行活动。适度的发酵可以使草垛紧实，并使青干草产生特有的香味。但过度的发酵会产生高温，不仅无氮浸出物水解损失，蛋白质消化率也显著降低。青干草的水分含量下降至20%以下时堆垛，才不至于有发酵过度的危险。如果堆垛时青干草的水分含量超过20%，则垛内应留出通风道，或者纵贯草垛，或者横贯草垛，20米长的垛留两个横道即可。通风道用棚架支撑，高约3.5米，宽约1.25米。木架应扎牢固，防止草垛变形。

**（4）防止草垛自燃** 过湿的青干草在储藏的前期会发酵而产生高温，后期则由于化学作用而产生挥发性易燃物质，一旦进入新鲜空气即引起燃烧。如果无大量空气进入，则变为焦炭。

要防止草垛自燃，首先应避免用含水量超过25%的湿草堆垛。要特别注意防止成捆的湿草混入垛内。过于幼嫩的青草经过日晒后表面上已干燥，实际上茎秆仍然很湿，混入这类草时，往往在垛内成为燃烧的中心。其次堆垛时，在垛内不应留下大的空隙，使空气

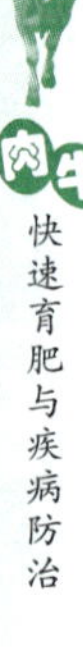



过多。如果在检查时已发现堆温上升至65℃，则应立即穿洞降温。如果穿洞后温度继续上升，则宜倒垛，否则会导致自燃。

**(5) 干草的压捆** 散开的青干草储存越久，品质越差，并且体积很大，不便运输，在有条件的地方可用捆草机压成30~50千克的草捆。用来压捆的青干草的含水最高不得超过17%，压过的青干草每立方米平均重350~400千克。压捆后的青干草可长久保持绿色和良好的气味，不易吸水，并且便于运输、饲喂，比较安全。

**【注意】** 青干草储存过程中除了注意防潮和防霉变，还应注意防火，干草棚附近设置醒目的防火提示，有条件的可以在干草棚附近设置消防栓和灭火器。

## 第四节 青贮饲料的制作与储藏

### 一 饲草青贮的特点

饲料青贮是调制和储藏青绿饲料和秸秆饲草的有效技术手段。饲草青贮技术本身并不复杂，只要明确其基本原理，掌握加工制作要点，就可以依据各自需要，采用适当的方法制作符合要求的青贮饲料。

用青贮饲料饲喂牛，如同一年四季都能使牛采食到青绿多汁的饲草，可使牛群常年保持高水平的营养状况和最高的生产力。农区采用青贮，可以更合理地利用大量秸秆；牧区采用青贮，可以更合理地利用天然草场资源。采用青贮饲料，摆脱了完全“靠天养牛”的困境，因为，它可以保证牛群全年都有均衡的营养物质供应，是实现高效养牛的重要技术。国家对此项技术十分重视，近年来，在许多省区大力推广，获得了可观的效益。

#### 1. 饲草青贮能有效地保存青绿植物的营养成分

青贮的特点是能有效地保存青绿植物中的蛋白质和维生素等营养成分。一般青绿植物在成熟或晒干后，营养价值降低30%~50%，但经过青贮处理后，营养价值只降低3%~10%。

**2. 青贮能保持原料的鲜嫩汁液**

青干草的含水量只有14%~17%，而青贮饲料的含水量为60%~70%，适口性好，消化率高。

**3. 青贮饲料可以扩大饲料来源**

一些优质的饲草，牛并不喜欢采食，或者不能利用，而经过青贮发酵，就可以变成牛喜欢采食的优质饲草，如向日葵、玉米秸秆等适口性稍差的饲草，青贮后不仅可以提高适口性，也可软化秸秆，增加可食部分，提高饲草的利用率和消化率。苜蓿青贮后，大大提高了利用率，减少了抛洒浪费及粉碎所需的机械和人力，还可以将叶片保留下来，提高了可食比例，对牛的适口性也有显著的提高。

**4. 青贮是保存和储藏饲草经济而安全的方法**

青贮饲料占地面积小，每立方米可堆积青贮饲料450~700千克（干物质150千克），若改为青干草堆放，则只能达到70千克（干物质60千克）。只要制作青贮技术得当，青贮饲料可以长期保存，既不会因风吹日晒引起变质，也不会发生火灾等意外事故。例如，采用窖贮甘薯、胡萝卜、饲用甜菜等块根类青绿饲料，一般能保存几个月，而采用青贮方法则可以长期保存，既简单，又安全。

**5. 青贮能起到杀菌、杀虫和消灭杂草种子的作用**

除厌氧菌属外，其他菌属均不能在青贮饲料中存活，各种植物寄生虫及杂草种子在青贮过程也被杀死或破坏。

**6. 青贮能有效地为饲料中的毒性物质脱毒**

青贮处理可以将菜籽饼、棉饼、棉秆等有毒植物及加工副产品的毒性物质脱毒，使牛能安全食用。采用青贮玉米秸秆与这些饲草混合储藏的方法，可以有效地脱毒，提高其利用效率。

**7. 青贮饲草是合理配合日粮及高效利用饲草资源的基础**

在高效养牛生产体系中，要求饲草的合理配合与高效利用，日粮中60%~70%是经青贮加工的饲草。采用青贮处理，牛饲料中绝大部分的饲料品质得到了有效控制，也有利于按配方、按需要和生产性能供给全价日粮。饲草青贮后，既能大大降低饲草成本，也能满足养牛生产的营养需要。

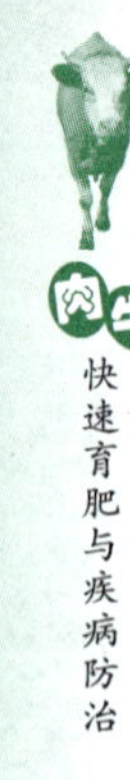


## 二 饲草青贮的生物学原理

### 1. 青贮饲料的制作原理

青贮是在缺氧环境下，让乳酸菌大量繁殖，将饲料中的淀粉和可溶性糖变成乳酸，当乳酸积累到一定浓度后，就会抑制腐败菌等杂菌的生长，从而将青贮饲料的营养物质长时间保存下来。青贮成败的关键在于能否为乳酸菌创造一定的条件，保证乳酸菌的迅速繁殖，形成有利于乳酸发酵的环境和排除有害的腐败过程的发生和发展。

青贮主要依靠厌氧的乳酸菌发酵作用，其过程大致可分为 3 个阶段：

第一阶段为有氧呼吸阶段，约为 3 天。在青贮制作过程中，原料本身进行有氧呼吸，以氧气为生存条件的菌类和微生物尚能生存，但由于压实、密封，氧的含量有限，氧很快被消耗完。

第二阶段为无氧发酵阶段，约为 10 天。乳酸菌在有氧情况下惰性很强，而在无氧条件下非常活跃，繁殖出大量的乳酸菌，保证青贮饲料不霉烂、不变质。

第三阶段为稳定期。乳酸菌发酵，其他菌类被杀死或完全抑制，进入青贮饲料的稳定期。此时青贮饲料的 pH 为 3.8～4.0。

### 2. 乳酸菌大量繁衍应具备的条件

**（1）青贮饲料要有一定的含糖量** 含糖量多的原料，如玉米秸秆和禾本科青草制作青贮较好。若对含糖量少的原料进行青贮，则必须考虑添加一定量的糖。

**（2）原料的含水量适当** 原料的含水量以 65%～75% 为宜。原料的含水量过多或过少，都将影响微生物的繁殖，必须加以调整。

**（3）温度适宜** 一般以 19～37℃ 为佳。制作青贮饲料的时间尽可能在秋季进行，天气寒冷时的效果较差。

**（4）高度缺氧** 将原料压实、密封、排除空气，以造成高度缺氧环境。

## 三 青贮的种类

### 1. 按青贮的方法分

**（1）一般青贮** 一般青贮是在缺氧环境下进行的。实质就是青

贮原料收割后尽快在缺氧条件下储存。对原料的要求是含糖量不低于2%，水分含量为65%~75%。

**(2) 低水分青贮** 低水分青贮又叫半干青贮，是将青贮原料收割后放1~2天后，使其水分降低到40%~55%时再缺氧保存。低水分青贮的本质是在高度厌氧条件下进行。由于低水分青贮是在微生物处于干燥状态下及生长繁殖受到限制的情况下进行的，所以，原料中的糖分或乳酸的多少及pH的高低对其无关紧要，从而扩大了青贮的适用范围，使一般不易青贮的原料，如豆科植物，也可以顺利青贮。

**(3) 添加剂青贮** 添加剂青贮是指在青贮饲料中添加各种添加剂进行青贮。添加剂主要有3类：第1类是促进乳酸发酵的添加剂，如添加各种可溶性碳水化合物、接种乳酸菌和加酶制剂等，可迅速产生大量乳酸；第2类是抑制不良发酵的添加剂，如各种酸类和抑制剂等，防止腐生菌等不利于青贮的微生物生长；第3类是提高青贮饲料的营养物质含量的添加剂，如添加尿酸、氮化物可增加蛋白质的含量等，还可以扩大青贮原料的范围。

**(4) 水泡青贮** 水泡青贮是短期保存青贮饲料的一种简易方法，主要是用清水淹没原料，充分压实造成缺氧。制作成功的水泡青贮，既能保存青绿饲料的多汁性和其中的营养物质，又能提高适口性。一般野菜、树叶、菜叶都可水泡青贮。

### 2. 根据原料组成和营养特性分

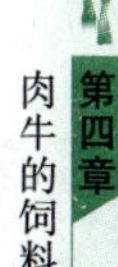

**(1) 单一青贮** 单独青贮 种禾本科或其他含糖量高的植物原料。



**(2) 混合青贮** 在满足青贮基本要求的前提下，将多种青贮原料或农副产品原料混合储存，它的营养价值比单一青贮的全面，适口性好。

**(3) 配合青贮** 根据牛对各种营养物质的需要，在满足青贮基本要求的前提下，将各种青贮原料进行科学合理的搭配，然后混合青贮。

### 3. 根据青贮原料的形态分

**(1) 切短青贮** 将青贮原料切成2~3厘米的短节，或者将原料粉碎，以求能扩大微生物的作用面积，能充分压紧，造成缺氧

条件。

**（2）整株青贮** 原料不切短，全株储存于青贮窖或青贮壕内，可在劳力紧张和收割季节短暂的情况下采用，要求充分压实，必要时配合使用添加剂，以保证青贮质量。

## 四 青贮原料应具备的条件

调制青贮饲料时必须设法创造有利于乳酸菌生长繁殖的条件，即原料应具有一定的含糖量、适宜的含水量、一定的缓冲能力及为原料提供厌氧环境，使之尽快产生乳酸。

### 1. 适宜的含糖量

适宜的含糖量是乳酸菌发酵的物质基础，原料含糖量的多少直接影响青贮效果的好坏。一般而言，作物秸秆的干物质含糖量应超过6%方可制成优质的青贮饲料，含糖量过低（低于2%）则制不成优质的青贮饲料。含糖量的高低因青贮原料的不同而有差异。玉米、高粱秸秆、禾本科牧草、南瓜、甘蓝等原料含有较丰富的糖分，易于青贮，可以制作单一青贮，而苜蓿、三叶草等豆科牧草含糖量较低，不宜单独青贮，可与禾本科牧草按一定比例混贮，也可在青贮时添加3%~5%的玉米粉、麸皮或米糠，以增加含糖量。在对豆科植株青贮时，一般选择盛花期收割并与禾本科植株混合或加入10%~20%的米糠混合青贮。一些青贮原料的含糖量见表4-3。

**表4-3 一些青贮原料的含糖量**

| 易于青贮的原料 | | | 不易于青贮的原料 | |
|---|---|---|---|---|
| 饲料 | 青贮的pH | 含糖量（%） | 饲料 | 青贮的pH |
| 玉米植株 | 3.5 | 26.8 | 草木樨 | 6.6 |
| 高粱植株 | 4.2 | 20.6 | 箭舌豌豆 | 5.8 |
| 魔芋植株 | 4.1 | 19.1 | 紫花苜蓿 | 6.0 |
| 向日葵植株 | 3.9 | 10.9 | 马铃薯茎叶 | 5.4 |
| 胡萝卜茎叶 | 4.2 | 16.8 | 黄瓜蔓 | 5.5 |
| 饲用甘蓝 | 3.9 | 24.9 | 西瓜蔓 | 6.5 |
| 芜菁 | 3.8 | 15.3 | 南瓜蔓 | 7.8 |

### 2. 适宜的含水量

原料适宜的含水量是保证青贮过程中乳酸菌正常活动的重要条件之一，水分过高或过低都会影响发酵过程和青贮饲料的品质。原料含水量过高，容易腐烂，并且渗出液多，养分损失大；含水量过低，会直接抑制微生物发酵，并且由于空气难以排净，易引起霉变。一般来说，最适于乳酸菌繁殖的青贮原料的水分含量为65%～75%。

判断青贮原料水分含量高低的简单方法是：将切碎的原料紧握于手中，然后手自然松开，若仍保持球状，手有湿印，其水分含量一般为68%～75%；若草球慢慢膨胀，手上无湿印，其水分含量一般为60%～67%，适于豆科牧草的青贮；若手松开后，草球立即膨胀，其水分含量约在60%以下，只适于幼嫩牧草低水分青贮。

### 3. 青贮原料的缓冲能力

缓冲力的高低将直接影响青贮发酵的品质。缓冲力越高，pH下降越慢，发酵越慢，营养物质损失越多，青贮饲料的品质越差。

一般认为，原料的缓冲力与粗蛋白质含量有关，二者成正比关系。不同生育时期，不同草种的缓冲能力不同，如豆科牧草、多花黑麦草、鸭茅等草类的缓冲能力较玉米、高粱等饲料作物强。苜蓿是豆科牧草的代表，其可溶性碳水化合物的含量低，蛋白质的含量高，缓冲能力高，发酵时不易形成低pH状态，这样对蛋白质有强分解作用的梭菌将氨基酸通过脱氨或脱羧作用形成氨，对糖类有强分解作用的梭菌降解乳酸生成具有腐臭味的丁酸、二氧化碳和水，难以青贮成功。苜蓿青贮时通常添加一些富含糖类的物质，如一些含糖量高的禾本科牧草进行混合青贮。



## 五 青贮设施的建筑要求

青贮的场址宜选择在土质坚硬、地势高、干燥、地下水位低、靠近畜禽、远离水源和粪坑的地方。青贮容器的种类很多，但常用的有青贮窖和青贮塔。无论哪一种青贮设施，其基本的要求是：

### 1. 不透气

不透气是调制优良青贮饲料的首要条件。无论用哪种材料建造

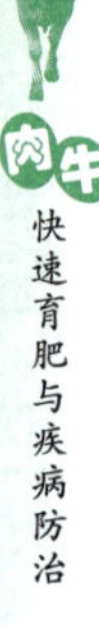


青贮设施，都必须做到严密不透气。可用石灰、水泥等防水材料填充和抹平青贮窖、壕壁的缝隙，如能在壁内衬一层塑料薄膜更好。

### 2. 不透水

青贮设施不要靠近水塘、粪池，以免污水渗入。地下或半地下式青贮设施的底面，必须高于地下水位（约 0.5 米），在青贮设施的周围应挖好排水沟，以防地面水流入。如有水浸入，就会使青贮饲料腐败。

### 3. 墙壁要平直

青贮设施的墙壁要平滑垂直，墙角要圆滑，这有利于青贮饲料的下沉和压实。下宽上窄或上宽下窄都会阻碍青贮饲料的下沉，或者形成缝隙，造成青贮饲料霉变。

### 4. 要有一定的深度

青贮设施的宽度或直径一般应小于深度，宽∶深为 1∶1.5 或 1∶2，以利于青贮饲料借助本身重力而压得紧实，减少空气，保证青贮饲料的质量。

## 六 常见青贮设施的类型

### 1. 青贮窖

青贮窖有地下式圆形、地下式方形、地上式和半地下式 4 种，如图 4-1、图 4-2、图 4-3 和图 4-4 所示。

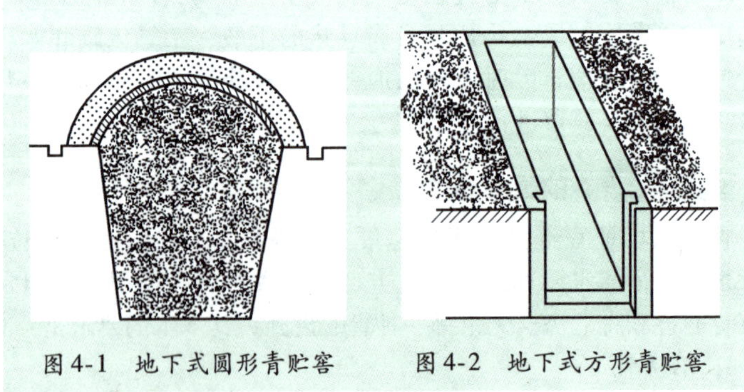

图 4-1　地下式圆形青贮窖　　图 4-2　地下式方形青贮窖

图 4-3　地上式青贮窖

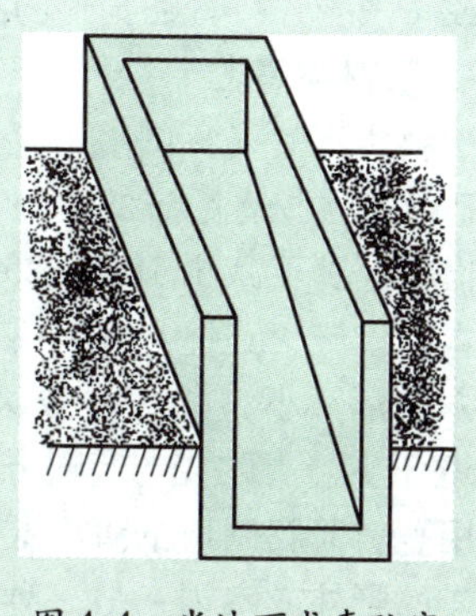
图 4-4　半地下式青贮窖

地下式青贮窖适于地下水位较低，土质较好的地区；半地下式青贮窖适于地下水位较高或土质较差的地区。青贮窖的形状及大小应根据牛的数量、青贮饲料饲喂时间的长短及原料的多少而定。青贮窖的墙壁用砖石砌成。长方形青贮窖的四角砌成半圆形，用三合土或水泥抹面，做到坚实耐用、内壁光滑、不透气、不透水。同样容积的窖，四壁面积越小，储藏损失越少。

### 2. 青贮塔

青贮塔为地上的圆筒形建筑，一般用砖和混凝土修建而成，长久耐用，青贮效果好，塔边、塔顶的饲料很少霉变，便于机械化装料与卸料。青贮塔的高度应为直径的 2～3.5 倍，一般塔高 12～14 米，直径 3.5～6 米。在塔身一侧每隔 2 米高开一个 0.6 米×0.6 米的窗口，装料时关闭，取空时敞开，如图 4-5 所示。

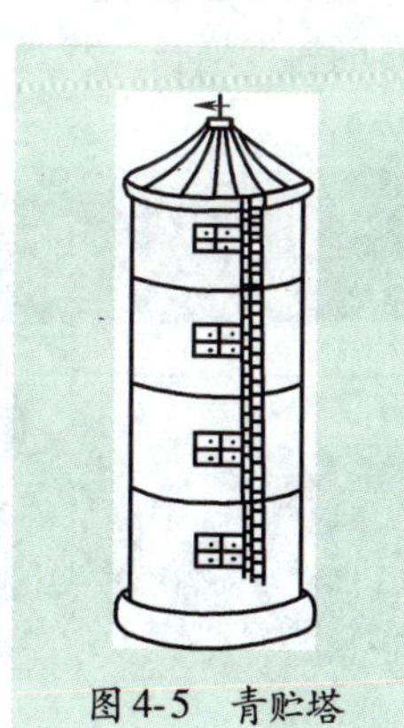
图 4-5　青贮塔

目前，国外流行一种气密式青贮塔，塔身由镀锌钢板乃至钢筋混凝土构成，内边有玻璃层，防气性能好。提取青贮饲料时可从塔顶或塔底用旋转机械进行。塔内装填原料后，用气泵将塔内的空气抽空，使塔内保持缺氧状况，使养分最大限度地得以保存。这种青贮塔可用于制作低水分青贮、湿玉米粒

青贮或一般青贮，青贮饲料的品质优良，但成本高。

### 3. 塑料袋青贮

塑料袋青贮（见图4-6）不受环境条件限制，方法简便，经济实用，适合无法挖青贮窖的小型养殖专业户。塑料袋青贮与窖贮相比，饲料损失至少可减少18%~25%，是近年来国内外广泛采用的一种新型青贮设施。其优点是省工、投资少、操作简便、容易掌握和储存地方灵活。小型袋宽一般为50厘米，长80~120厘米，每袋装40~50千克。青贮袋的装贮方式有2种：一种是将切碎的青贮原料装入用塑料薄膜制成的青贮袋内，装满后用真空泵抽真空密封，放在干燥的野外或室内；另一种是用打捆机将青绿牧草打成草捆，装入塑料袋内密封，置于野外发酵。青贮袋由双层塑料制成，外层为白色，内层为黑色，白色可反射阳光，黑色可抵抗紫外线对饲料的破坏作用。青贮袋的购买很方便。

### 4. 伸拉膜打包青贮

伸拉膜打包青贮是指新鲜牧草收割后，用捆包机高密度压实打捆，然后用青贮塑料拉伸膜裹包起来，形成一个厌氧发酵环境，经3~6周完成乳酸发酵的生物化学过程，促进乳酸菌生长繁殖和乳酸的产生，最终使牧草的营养和品质得到长期保护的方法，如图4-7和图4-8所示。目前，伸拉膜打包青贮在许多畜牧业发达的国家都得到广泛应用。德国是广泛应用这一技术的国家之一，并且取得了很好的效果，在德国20%牧草青贮采用伸拉膜打包，而且每年以15%的速度增长。我国目前也有一些地方开始使用伸拉膜打包青贮，

图4-6　塑料袋青贮

图4-7　伸拉膜青贮

取得了良好的效果。

图 4-8 伸拉膜青贮打捆机

伸拉膜打包青贮的优点主要在于牧草伸拉膜打包青贮能创造可控制的厌氧发酵环境，生产高营养的青贮饲料并能长期稳定保存，可在野外堆放保存 1 ~ 2 年；牧草伸拉膜打包青贮饲料适口性好、营养价值高、易消化和动物采食后促进生产性能提高；能减少牧草的变质和营养物质流失；能减少收获期间的天气变化对牧草质量的影响；有利于牧草青贮饲料的运输和销售；与青贮窖、青贮塔等青贮方法比较，可以减少投入和占地面积，不需要修建昂贵的青贮窖、青贮塔等设施，从而降低储存的成本；可以防止积水与青贮液体渗流到地下。

## 七 青贮设施的要求

### 1. 青贮设施的大小

青贮设施的大小应适中。一般而言，青贮设施越大，原料的损耗就越少，质量就越好（见表 4-4）。在实际应用中，要考虑到饲养牛群头数的多少，每日由青贮窖内取出的饲料厚度不少于 10 厘米，同时，必须考虑如何防止窖内饲料的二次发酵。

表 4-4 青贮窖的大小与青贮品质关系

| 项目 | 小型窖（500 千克） | 中型窖（2000 千克） | 大型窖（20000 千克） |
|---|---|---|---|
| 1 米$^3$ 容量比 | 79 | 96 | 100 |
| 最高发酵温度/℃ | 17.0 | 21.9 | 22.0 |
| 窖内氢离子浓度微摩尔/升 | 50 | 63 | 79.0 |
| 乳酸（%） | 0.30 | 0.14 | 0 |
| 干物质消化率（%） | 67.9 | 71.0 | 73.0 |

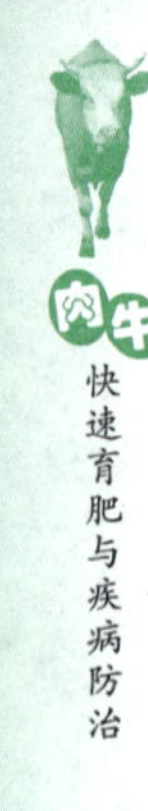


## 2. 青贮设施的容量

青贮设施的容量依牛群数量确定。青贮窖制作原则是：原料少做成圆形窖，原料多做成长方形窖。

## 3. 青贮设施的容重

青贮饲料重量估计见表4-5。

**表4-5 青贮饲料重量估计**

| 青贮原料种类 | 青贮饲料重量/(千克/米$^3$) |
| --- | --- |
| 全株玉米、向日葵 | 500~550 |
| 玉米秸 | 450~500 |
| 甘薯藤 | 700~750 |
| 萝卜叶、芜菁叶 | 600 |
| 叶菜类 | 800 |
| 牧草、野草 | 600 |

圆形窖储藏量（千克）= 半径$^2$ × 圆周率 × 高度 × 青贮饲料单位体积重量

例：某一肉牛养殖场，饲养肉牛10头，全年均衡饲喂青贮饲料，辅以部分精料和干草。每天需要喂青贮饲料多少？全年共需要青贮饲料多少？修建何种形式的青贮设施及其大小？

解：按每头肉牛每天平均饲喂青贮饲料20千克计，一头肉牛一年需要青贮饲料7300千克。

全群全年共需要青贮饲料总量 = 7300千克/头 × 10头 = 73000千克 = 73吨。

修建成圆形青贮窖，直径3米，深3米。

青贮窖体积 = (1.5米)$^2$ × 3.1416 × 3米 = 21.2米$^3$。

每立方米青贮饲料按500~700千克计。

每个窖储存的饲料量 = 21.2米$^3$ × (500~700）千克/米$^3$ = 10.6~14.84吨。

所需圆形青贮窖数量 = 73吨 ÷ (10.6~14.84）吨/个 ≈ 7个。

例：某一肉牛养殖场，饲养肉牛200头，全年均衡饲喂青贮饲料，辅以部分精料和干草。每天需要喂青贮饲料多少？全年共需要青贮饲料多少？应修建何种形式的青贮设施及其大小？

解：按每头肉牛每天平均饲喂青贮饲料 20 千克计，一头肉牛一年需要青贮饲料 7300 千克。

全群全年共需要青贮饲料总量 = 7300 千克/头 × 200 头 = 1460000 千克 = 1460 吨。

青贮窖修建成长方形，宽 × 深 × 长为 7 米 × 5 米 × 70 米。

青贮窖体积 = 7 米 × 5 米 × 70 米 = 2450 立方米。

每立方米青贮饲料按 500 ~ 700 千克计。

每个青贮窖的饲料储藏量 = 2450 米$^3$ ×（500 ~ 700）千克/米$^3$ =（1225 ~ 1715）吨。

所需长方形青贮窖个数 = 1460 吨 ÷（1225 ~ 1715）吨/个≈1 个。

## 八 青贮方法

### 1. 青贮饲料的制作工艺流程

1）全机械化作业的工艺流程如图 4-9 所示。

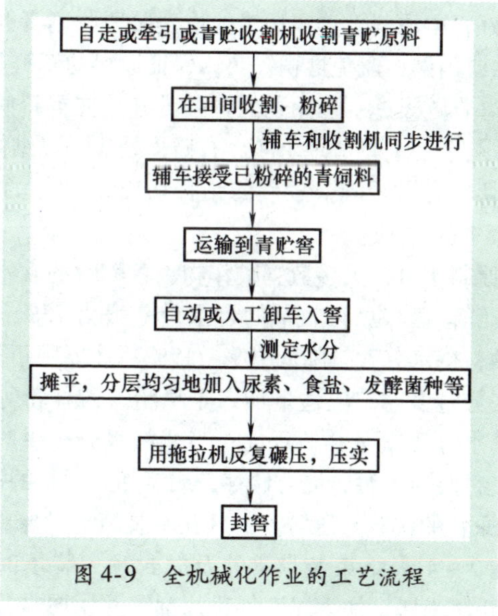


图 4-9 全机械化作业的工艺流程

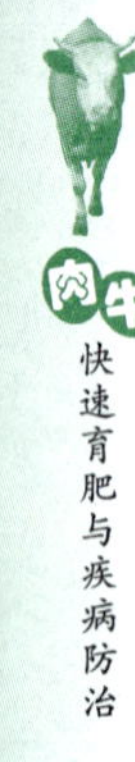


2）半机械化作业的工艺流程如图 4-10 所示。

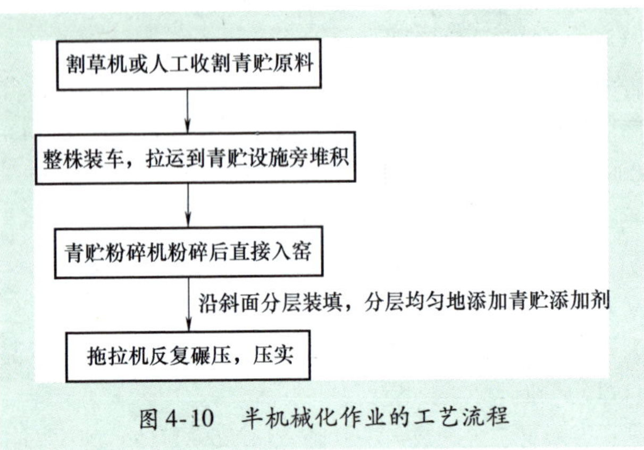


图 4-10　半机械化作业的工艺流程

## 2. 青贮窖青贮方法

青贮窖、青贮壕和青贮塔青贮所采用的方法基本相同，其关键点都是控制水分和密封保存。

**(1) 一般青贮方法**　一般青贮方法如下：

1）选择好青贮原料。选择适当的成熟阶段收割青贮原料，尽量减少太阳暴晒或雨淋，避免堆积发热，保证原料的新鲜和青绿。

2）清理好青贮设施。已用过的青贮设施，在重新使用前必须将窖中的脏土和剩余的饲料清理干净，有破损处应加以维修。

3）适度切碎青贮原料。较硬的秸秆切成 2～3 厘米的段，较软的可切成 3～5 厘米的段。

4）控制原料水分。大多数青贮作物，青贮时的含水量以 60%～70% 为宜。新鲜青草和豆科牧草的含水量一般为 75%～80%，拉运前要适当晾晒，待水分含量降低 10%～15% 后才能用于青贮。

当原料水分过多时，应适量加入干草粉、秸秆粉等含水量低的原料，调节其水分含量至合适程度；当原料水分较少时，应将新割的鲜嫩青草交替装填入窖，混合储存，或者加入适量的清水。

5）青贮原料的快装与压实。一旦开始装填青贮原料，速度就要快，尽可能在 2～4 天结束装填，并及时封顶。装填时，应逐层填入，每层装 20 厘米厚，加入尿素等添加剂，并用履带拖拉机碾压或人力踩踏压实。在利用履带拖拉机碾压时应特别注意避免将拖拉机上的泥土、油污、金属等杂物带入窖内。另外，用拖拉机压过的边角，仍需要人工再踩一遍，防止漏气。

6）封窖和覆盖。青贮原料装满压实后，必须尽快密封和覆盖窖顶，以隔断空气，抑制好氧微生物的活性。覆盖时，先在一层细软的青草或青贮原料上覆盖塑料薄膜，而后堆土30～40厘米，用拖拉机压实。覆盖后，连续5～10天检查青贮窖的下沉情况，及时把裂缝用湿土封好，窖顶的泥土必须高出青贮窖边缘，防止雨水、雪水流入窖内。

**【注意】** 封窖时一定要注意将窖顶推压成一定的自然坡度以便于排水，应经常检查窖顶，如果发现塑料膜有裂缝则应及时修补封严。

**（2）特殊的青贮方法** 特殊青贮是指采用添加剂制作的青贮。这种青贮方法可以促进乳酸菌更好地发酵，抑制对青贮发酵过程有害的乙酸发酵，提高青贮饲料的应用价值。常用的添加剂种类和使用方法见表4-6。

**表4-6 常用的添加剂种类和使用方法**

| 种类 | 使用方法 |
|---|---|
| 尿素 | 含氮量40%，用量为青贮原料的0.4%～0.5%。对水分含量高的原料，采用尿素十粉均匀分层撒入的方法。对水分含量低的原料，先将尿素溶解于水中，之后再用尿素水溶液喷洒入原料中 |
| 食盐 | 用量为青贮原料的0.5%～1.0%，常与尿素混合使用。使用方法与尿素相同 |
| 秸秆发酵菌剂 | 按秸秆发酵菌剂说明书的要求加入。可采用干粉撒入或拌水喷洒2种方法，具体操作与尿素和食盐相同 |
| 糖蜜 | 用量为青贮原料的1%～3%，溶于水中喷洒入原料中 |
| 甜菜渣 | 分层均匀拌入青贮原料中，用量为青贮原料的3%～5% |
| 酶制剂 | 使用方法与秸秆发酵菌剂相同 |

（续）

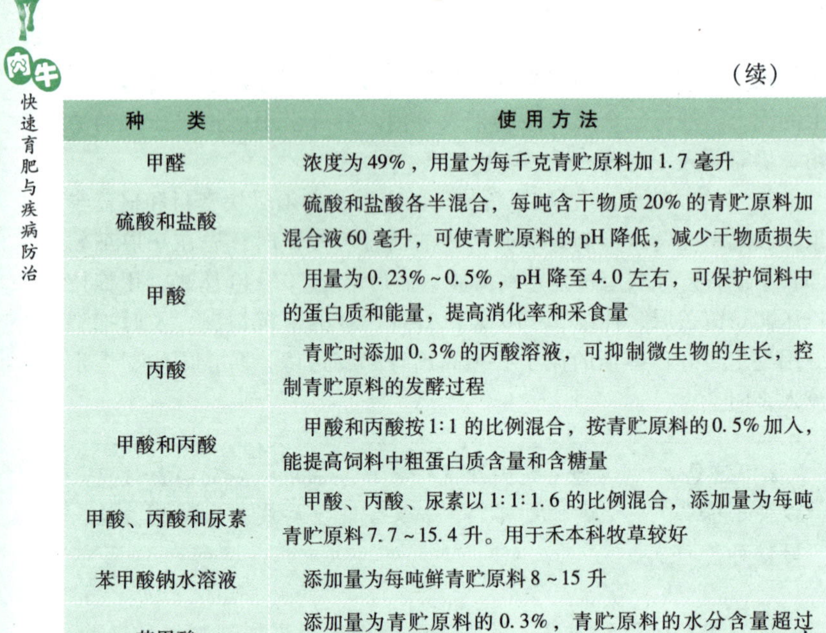

| 种　　类 | 使用方法 |
| --- | --- |
| 甲醛 | 浓度为49%，用量为每千克青贮原料加1.7毫升 |
| 硫酸和盐酸 | 硫酸和盐酸各半混合，每吨含干物质20%的青贮原料加混合液60毫升，可使青贮原料的pH降低，减少干物质损失 |
| 甲酸 | 用量为0.23%~0.5%，pH降至4.0左右，可保护饲料中的蛋白质和能量，提高消化率和采食量 |
| 丙酸 | 青贮时添加0.3%的丙酸溶液，可抑制微生物的生长，控制青贮原料的发酵过程 |
| 甲酸和丙酸 | 甲酸和丙酸按1:1的比例混合，按青贮原料的0.5%加入，能提高饲料中粗蛋白质含量和含糖量 |
| 甲酸、丙酸和尿素 | 甲酸、丙酸、尿素以1:1:1.6的比例混合，添加量为每吨青贮原料7.7~15.4升。用于禾本科牧草较好 |
| 苯甲酸钠水溶液 | 添加量为每吨鲜青贮原料8~15升 |
| 苯甲酸 | 添加量为青贮原料的0.3%，青贮原料的水分含量超过75%时使用，有较好的保护作用 |
| 苯甲酸加乙酸（醋酸） | 苯甲酸用量为青贮原料的0.1%，醋酸用量为青贮原料的0.3%，即每吨青贮原料加苯甲酸1千克和乙酸3千克 |
| 无水氨液 | 在含干物质30%的青贮玉米中，按0.3%~0.5%的剂量加入，提高粗蛋白质含量，防止青贮饲料的二次发酵 |
| 碳酸氢铵 | 青贮时添加碳酸氢铵的量为0.7%，对保护原料中的维生素具有较好的作用 |

**（3）防止青贮饲料的二次发酵**　青贮饲料的二次发酵又叫好氧性腐败。在温暖季节开启青贮窖后，空气随之进入，好氧性微生物开始大量繁殖，青贮饲料中的养分遭受大量损失，出现好氧性腐败，产生大量的热。为避免二次发酵所造成的损失，采取以下技术措施：

1）适时收割青贮原料。例如，以玉米秸秆为主的原料，含水量不超过70%，应霜前收割制作，若霜后制作青贮，则乳酸发酵就会受到抑制，青贮饲料中总酸量减少，开启窖后易发生二次发酵。

2）原料切短。所用的原料应尽量切短，这样才能压实。

3）装填快、密封严。装填原料时应尽量缩短时间，封窖前切实压实，用塑料薄膜封顶，确保严密。

4）计算青贮期间的需要量，合理安排日取出量，修建青贮设施时，应减少青贮窖的体积，或者用塑料薄膜将大窖分隔成若干小区，分区取料。

5）添加甲酸、丙酸、乙酸　将甲酸、丙酸和乙酸等添加剂喷洒在青贮饲料上，可有效抑制腐败菌和霉菌的活动，从而防止二次发酵，也可用甲醛、氨水等处理。

### 3. 牧草伸拉膜打包青贮的主要方法和伸拉膜的选用

**（1）伸拉膜打包青贮的主要方法**　牧草伸拉膜打包青贮是一个建立稳定厌氧发酵环境的过程。主要可分为3个时期：厌氧环境形成期、厌氧发酵期和厌氧发酵稳定期。

1）厌氧环境形成期。牧草收获、打捆压实和裹包的初期，牧草细胞的呼吸作用并没有停止，打捆和裹包间隙中仍残存着一些氧气，这些氧气被牧草细胞呼吸所利用，牧草细胞呼吸作用过程中，在呼吸酶的作用下对牧草中的糖分进行氧化并产生热量，直到将残存的氧气耗尽，形成密闭体系的厌氧环境。

2）厌氧发酵期。田间收获的牧草表面所携带的微生物主要是以酵母菌和霉菌等好氧微生物为主，但随着厌氧环境的形成和建立，好氧微生物活动趋弱并渐止，厌氧微生物开始生长和繁殖，其中以乳酸菌最为活跃，乳酸菌发酵形成乳酸并积累，pH下降，酸度提高，从而抑制了酪酸菌、梭状芽孢杆菌等菌种的繁殖，使牧草的营养成分得以保持。

3）厌氧发酵稳定期。随着厌氧发酵的深入、乳酸的不断积累，裹包密封环境的pH下降到4左右，在这样的酸度下，乳酸菌和其他厌氧微生物都停止活动，牧草得以长期保存。

**（2）伸拉膜的要求与选用**　伸拉膜打包青贮使用的主要材料是塑料伸拉膜，伸拉膜对包裹和密封起着重要的作用，普通的塑料薄膜本身易透气、伸展性差，因而不能用于伸拉膜打包青贮。

1）伸拉膜的要求。为获得品质良好的青贮饲料，所使用的伸拉膜应符合以下要求：良好的机械拉伸性，适宜密封的高黏附性，能抗阳光或紫外线损伤，暴露于户外一年不会损坏，均匀度良好，薄膜厚度一般在25微米左右，良好的抗穿刺性，包裹牢固持久，可保

证包裹内较低的氧气和水分渗透性等。

2）伸拉膜的选用。牧草伸拉膜打包青贮所使用的伸拉膜的透光率对牧草青贮有一定影响，透射光可造成牧草中一些营养物质的损失。因此，在选择制作伸拉膜打包青贮时，可以通过增加伸拉膜包裹的层数或选择透光率低的伸拉膜产品来解决因透光引起的牧草青贮损失。目前使用的伸拉膜有白色、黑色和绿色 3 种颜色。无论哪种颜色的伸拉膜，对青贮的品质和储存时间都没有明显的差别。只是白色膜比黑色膜反射的热量更多，可减少牧草青贮和薄膜的热损坏；绿色膜的视觉刺激较小，使用更多。

## 九 青贮饲料的品质鉴定

用玉米、向日葵等含糖量高、易青贮的原料制作青贮，只要方法正确，2～3 周后就能制成优质的青贮饲料，而不易青贮的原料 2～3个月才能完成。饲用之前，或者在使用过程中，应对青贮饲料的品质进行鉴定。

### 1. 青贮饲料的样品取样

**(1) 青贮窖或青贮塔中样品的取样** 青贮窖或青贮塔中的样品取样方法如下：

1）取样部位：以青贮窖或青贮塔中心为圆心，由圆心到距离墙壁 33～55 厘米处为半径，画一圆周，然后从圆心及互相垂直并直接与圆圈相交的各点上采样。

2）取样方法：用锐刀切取约 20 厘米$^2$ 的青贮样块，切忌掏取样品。取样要均匀，取样时沿青贮窖或青贮塔整个表面均匀、分层取样。冬天取出一层的厚度不少于 5 厘米，温暖季节取出一层的厚度为 8～10 厘米。

**(2) 青贮壕中样品的取样** 先清除一端的覆盖物，与青贮窖或青贮塔内取样方法不同，不清除壕面上的全部覆盖物，而是从壕的一端开始。由壕端自上而下取样，由一端自上而下分点取样。

### 2. 青贮饲料品质鉴定的方法

**(1) 感观鉴定法** 在农牧场或其他现场情况下，一般可采用感观鉴定方法来鉴定青贮饲料的品质，多采用气味、颜色和结构 3 项指标。

1）颜色。品质良好的青贮饲料呈青绿色或黄绿色，品质低劣的青贮饲料多为暗色、褐色、墨绿色或黑色。

2）气味。气味的鉴定标准见表4-7。

**表4-7　青贮饲料的气味及其评级**

| 气　味 | 评定结果 | 可喂饲的家畜 |
| --- | --- | --- |
| 具有酸香味，略有醇酒味，给人以舒适的感觉 | 品质良好 | 各种家畜 |
| 香味极淡或没有。具有强烈的酸味 | 品质中等 | 除妊娠家畜及幼畜和马匹外，可喂其他牲畜 |
| 具有一种特殊的臭味，腐败发霉 | 品质低劣 | 不适宜喂任何家畜，洗涤后也不能饲用 |

3）结构。品质良好的青贮饲料压得很紧密，但拿到手上又很松散，质地柔软，略带湿润。若青贮饲料粘成一团，好像一块污泥，则是不良的青贮饲料。这种腐烂的饲料不能饲喂牛。青贮饲料感官鉴定标准见表4-8。

**表4-8　青贮饲料感官鉴定标准**

| 等级 | 颜　色 | 酸　度 | 气　味 | 质　地 |
| --- | --- | --- | --- | --- |
| 上 | 黄绿色、绿色 | 酸味较浓 | 芳香味 | 柔软，稍湿润 |
| 中 | 黄褐色、墨绿色 | 酸味中等或较低 | 芳香味、稍有酒精味或酪酸味 | 柔软，稍干或水分较多 |
| 下 | 黑色、褐色 | 酸味很淡 | 臭味 | 干燥松散或粘结成块 |

**（2）青贮饲料品质的综合评定**　随着市场经济的发展，青贮饲料逐步走向商品化，在市场交易过程中，其品质与价格呈正相关，对其品质评定要求数量化，因而农业部制定了青贮饲料品质综合评定的标准，以玉米秸秆为例，见表4-9。

**表4-9　青贮玉米秸秆质量评分标准**

| 项目 | pH | 水分含量 | 气味 | 色泽 | 质地 |
| --- | --- | --- | --- | --- | --- |
| 总分值 | 25分 | 20分 | 25分 | 20分 | 10分 |

（续）

| 项目 | pH | 水分含量 | 气味 | 色泽 | 质地 |
| --- | --- | --- | --- | --- | --- |
| 优等 76～100分 | 3.4(25),3.5(23),3.6(21),3.7(19),3.8(18) | 70%(20),71%(19),72%(18),73%(17),74%(16),75%(14) | 酸香味（18～25分） | 亮黄色（14～20分） | 松散、微软、不粘手（8～10分） |
| 良好（51～75分） | 3.9(17),4.0(14),4.1(10) | 76%(13),77%(12),78%(11),79%(10),80%(8) | 淡酸味（9～17分） | 褐黄色（8～13分） | 中间（4～7分） |
| 一般（26～50分） | 4.2(8),4.3(7),4.4(5),4.5(4),4.6(3),4.7(1) | 81%(7),82%(6),83%(5),84%(3),85%(1) | 刺鼻酸味（1～6分） | 中间（1～7分） | 略带黏性（1～3分） |
| 劣等（≤25分） | 4.8（0分） | 85%以上（0分） | 腐败味、霉烂味（0分） | 暗褐色（0分） | 发黏结块（0分） |

优质青贮秸秆饲料的颜色应是黄色、暗绿色或褐黄色，柔软多汁，表面无黏液，气味为酸香、果酸或酒香味，适口性好。青贮饲料表层如果发生腐败、霉烂、发黏、结块等，则为劣质青贮饲料，应及时取出废弃，以免引起家畜中毒或其他疾病。

## 十 青贮饲料的利用

### 1. 取用

青贮饲料装窖密封，一般经过6～7周的发酵过程，便可开窖取用饲喂。如果暂时不需用，则不要开封，什么时候用什么时候开封。取用时，应以暴露面最少及尽量少搅动为原则。长方形青贮窖只能打开一头，要分段开窖，逐层取用。取料后要盖好，以防止日晒、雨淋和二次发酵，避免养分流失、质量下降或发霉变质。发霉、发黏、发黑及结块的青贮饲料不能使用。

青贮饲料在空气中容易变质，一般要求随用随取，一经取出，便尽快饲喂。

### 2. 喂量

青贮饲料的用量应视动物的种类、年龄、用途和青贮饲料的质量而定。开始饲喂青贮饲料时，要由少到多，逐渐增加，给动物一个适应过程。习惯后，再逐渐增加喂量。青贮饲料具有轻泻性，妊娠母牛可适当减少喂量。饲喂青贮饲料后，要将饲槽打扫干净，以免残留物产生异味。

另外，青贮饲料中的营养成分取决于青贮作物的种类、收获期及贮存方式等多种因素。青贮饲料的营养差异很大。一般青贮玉米的钙、磷含量不能满足育成牛的需要，应适当补充。而与豆科牧草特别是与紫花苜蓿混贮，钙、磷基本可以满足。秸秆青贮，营养成分含量较低，需要适当搭配其他饲料成分，以维护牛群健康并满足其生长和生产需要。

⚠【注意】 取出的青贮饲料应当天用完，不要留置过夜，以免变质。牛吃了变质后的青贮料会导致各种疾病

## 第五节 肉牛的浓缩饲料配制技术

浓缩饲料又称平衡用配合料。浓缩饲料主要有蛋白质饲料、常量矿物质饲料（钙、磷、食盐）和添加剂预混合饲料，通常为全价饲料中除去能量饲料的剩余部分。它一般占全价配合饲料的20%~50%。浓缩饲料中应加入一定能量饲料后组成全价饲料饲喂动物。

浓缩饲料中各种原料的配比随原料的价格和性质不同而异。一般蛋白质含量占40%~80%（其中动物性蛋白质为15%~20%），矿物质饲料占15%~20%，添加剂预混料占5%~10%。

### 一 浓缩饲料配制的基本原则

1）按设计比例加入能量饲料及蛋白质饲料或麸皮、秸秆等之后，总的营养水平应达到或接近营养需要量，或者主要指标达到营养标准的要求。例如，能量、粗蛋白质、钙、磷、维生素、微量元素及食盐等，有时浓缩料中的某些成分也针对不同地区进行设计。

2）依据品种、生长阶段、生理特点和生产产品的要求设计不同的浓缩饲料。通用性在初始的推广应用阶段，尤其在农村很重要，通用的浓缩饲料能方便使用、减少运输和节约运费等，但成分上不

尽合理，所以，最好有针对性地生产。

3）浓缩饲料的质量保护，除使用低水分的优质原料外，防霉剂、抗氧化剂的使用及良好的包装必不可少，水分含量应低于12.5%。

4）浓缩饲料在全价配合饲料中所占的比例以30%～50%为宜。而且为方便使用，最好使用整数，如30%或40%。所占比例与蛋白质原料、矿物质及维生素等添加剂的量有关。比例太低时，用户配合需要的原料种类增加，厂家对产品的质量控制范围减小。比例太高时，失去浓缩的意义。因此，应本着既有利于保证质量，又充分利用当地资源、方便群众和经济实惠的原则进行比例确定。

5）一些感官指标应受用户的欢迎，如粒度、气味、颜色、包装等都应考虑周全。

## 二 浓缩饲料配方的设计方法

### 1. 先设计出精料补充料配方，然后计算出浓缩饲料配方

第1步：查饲养标准，得出日粮配方营养需要量。

第2步：根据实际情况，选用和确定饲料原料品种，并查饲料成分及营养价值表，列出各种饲料原料的营养价值。

第3步：确定精饲料与粗饲料的比例，确定精饲料与粗饲料的品种，根据采食量计算精料补充料的营养成分含量。

第4步：计算精料补充料的配方。

第5步：验算精料补充料配方的营养成分含量。

第6步：补充矿物质及添加剂。

第7步：计算出浓缩饲料配方。

第8步：列出日粮配方。

### 2. 直接计算浓缩饲料配方

第1步：查饲养标准，得出营养需要量。

第2步：根据经验和生产实际情况，选用和确定饲料原料品种，并查饲料成分及营养价值表，列出各种饲料原料的营养价值。

第3步：确定精饲料与粗饲料的比例及能量饲料与浓缩饲料的比例，根据采食量、能量饲料的比例及饲料种类等计算浓缩饲料的营养成分含量。

第4步：确定浓缩饲料种类，确定浓缩饲料的配方。

第 5 步：验算配方中营养成分的含量。

第 6 步：补充矿物质及添加剂。

第 7 步：列出配方。

## 三 浓缩饲料配方设计实例

现以设计体重 600 千克、日产奶 20 千克、乳脂率为 3.5% 的泌乳奶牛浓缩饲料配方为例（因奶牛技术成熟，故以下以奶牛为例），具体计算如下：

第 1 步：查饲养标准可得到营养需要为干物质 15.32 千克，产奶净能 101.7 兆焦，可消化粗蛋白质 1424 克，钙 120 克，磷 83 克。则每千克日粮营养成分的含量为：产奶净能 6.64 兆焦，可消化粗蛋白质 9.30%，钙 0.78%，磷 0.54%。

第 2 步：确定精饲料与粗饲料的比例为 60∶40，假定用户的粗饲料为玉米秸秆，计算精料补充料能达到的营养水平，以（总营养需要 - 玉米秸秆养分含量 ×40%）/60% 即可得到，如精料补充料的产奶净能含量为（6.64 - 4.22 ×40%）÷60% = 8.25（兆焦/千克），见表 4-10。

**表 4-10　精料补充料所能达到的营养水平**

| 饲　料 | 日粮中比例（%） | 产奶净能/（兆焦/千克） | 可消化粗蛋白质（%） | 钙（%） | 磷（%） |
|---|---|---|---|---|---|
| 玉米秸秆 | 40 | 4.22 | 2.00 | 0.43 | 0.25 |
| 精料补充料 | 60 | 8.25 | 14.17 | 1.01 | 0.73 |
| 合计 | 100 | 6.64 | 9.30 | 0.78 | 0.54 |

第 3 步：确定能量饲料与浓缩饲料的比例为 60∶40，假定用户的能量饲料为玉米和高粱，计算能量饲料所能达到的营养水平，见表 4-11。

**表 4-11　能量饲料所能达到的营养水平**

| 饲　料 | 日粮中比例（%） | 产奶净能/（兆焦/千克） | 可消化粗蛋白质（%） | 钙（%） | 磷（%） |
|---|---|---|---|---|---|
| 玉米 | 50 | 8.07 | 5.70 | 0.02 | 0.24 |
| 麸皮 | 10 | 6.77 | 9.60 | 0.13 | 1.05 |
| 合计 | 60 | 4.71 | 3.81 | 0.02 | 0.23 |

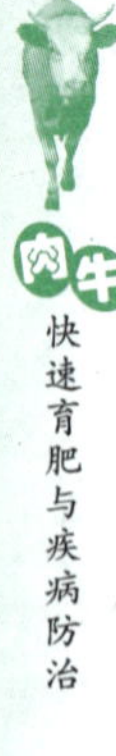


第4步：计算浓缩饲料各营养成分所能达到的水平。例如，已知能量饲料所能提供的可消化粗蛋白质水平为3.81%，要使精料补充料可消化粗蛋白质达到14.17%，则40%浓缩饲料的可消化粗蛋白质含量为：(14.17% -3.81%)÷0.4×100% =25.9%,采用相同方法可以计算出其他营养成分在浓缩料中的含量为:产奶净能8.85兆焦/千克,钙2.48%,磷1.25%。

第5步:选择浓缩饲料原料并确定其配比。原料的选择要因地制宜,根据来源、价格和营养价值等方面综合考虑而定。重点考虑的营养指标是可消化粗蛋白质、钙和磷。

选用原料为豆粕、棉粕、花生饼、磷酸氢钙和石粉,先采用交叉法计算蛋白质原料比例。

求出各种精饲料和拟配浓缩料的粗蛋白质(克)与产奶净能之比;棉籽饼=236÷8.18=28.85,豆饼=308÷9.15=33.66,花生饼=335÷9.5=35.26,拟配浓缩饲料=259÷8.85=29.26。预留矿物质及添加剂10%,则拟配浓缩饲料=29.26÷90% =32.51。

用对角线法算出各种蛋白质饲料的用量：

首先将各蛋白质饲料按蛋白质/能量分为高于和低于拟配浓缩饲料两类,然后一高一低两两搭配成组。若出现不均衡现象,可采用经验法将其合并。将拟配浓缩饲料蛋白质/能量写在中间,其他饲料按高低搭配,分别写在左上角和左下角。

将对角线中心数字32.51按对角线方向依次减去左边数字,所得绝对值放在右边相应对角上。然后所得数据分别除以总和再乘以95%,既得各种原料的配比。

棉籽饼:(2.75+1.15)÷11.22×90% =31.28%。

豆饼：3.66÷11.22×90% =29.36%。

花生饼：3.66÷11.22×90% =29.36%。

第6步：验算浓缩饲料配方营养成分的含量，见表4-12。

**表4-12 精料混合料配方营养成分含量**

| 饲料原料 | 用量（%） | 产奶净能/(兆焦/千克) | 可消化粗蛋白质/(克/千克) | 钙（%） | 磷（%） |
|---|---|---|---|---|---|
| 花生饼 | 29.36 | 9.5 | 335 | 0.27 | 0.58 |

（续）

| 饲料原料 | 用量（%） | 产奶净能/（兆焦/千克） | 可消化粗蛋白质/（克/千克） | 钙（%） | 磷（%） |
|---|---|---|---|---|---|
| 豆饼 | 29.36 | 9.15 | 308 | 0.35 | 0.55 |
| 棉籽饼 | 31.28 | 8.18 | 236 | 0.30 | 1.3 |
| 合计 | 95 | 8.03 | 262.6 | 0.28 | 0.74 |
| 要求 | — | 8.85 | 259 | 2.48 | 1.25 |
| 相差 | — | — | — | -2.20 | -0.51 |

第7步：补充矿物质及添加剂。

根据前面计算可知缺乏的矿物质量，补充矿物质时，先补充磷，再补充钙。用磷酸氢钙补充磷，再用石粉补充钙。

磷酸氢钙含钙21.85%、含磷16.5%。石粉含钙39.49%。

磷酸氢钙用量 = 0.51% ÷ 16.5% = 3.09%。

石粉用量 = (2.2% - 21.85% × 3.09%) ÷ 39.49% × 100% = 3.86%。

另加食盐和添加剂预混料。

## 第六节 肉牛的精料补充料使用技术

精料补充料由能量饲料、蛋白质饲料、矿物质饲料及添加剂组成，它不单独构成饲粮，主要是用以补充采食饲草不足的那一部分营养。

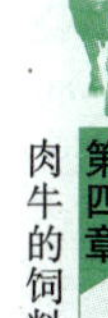



### 一 精料补充料配制的基本原则

设计精料补充料配方时，除应遵循一般的配方原则外，还应注意以下几点：

#### 1. 根据生产性能来确定配方

应根据生产性能来确定配方，而不是先有了饲料配方再来确定动物的生产性能。只有这样才能充分发挥肉牛的生产潜力，同时又提高了饲料的利用率。

#### 2. 尽可能利用当地的饲料原料来配制饲粮

对于广大的农村，应该采用常规饲料原料 + 非常规饲料原料 + 适当加工 + 科学配制 + 针对性的添加剂，通过逐步实验来推广。这样，生产性能可能略低，但由于成本较低，在经济效益，尤其是生

态效益上具有极大的优势。

### 3. 注意采食量和精饲料与粗饲料的比例

日粮中精饲料与粗饲料的比例取决于粗饲料的质量，粗饲料质量好，如苜蓿干草，精饲料的比例可低些。一般情况下，精饲料与粗饲料的比例为（40∶60）~（60∶40），精料补充料不可超过70%。设计日粮时，充分考虑采食量，确保肉牛能吃完，否则会影响肉牛的生产性能。

### 4. 注意质量要求

1）感官上要求色泽一致，无发霉变质、无结块及异味、异臭。

2）北方地区水分含量不高于14.0%，南方地区水分含量不高于12.5%。符合下列情况之一时，可允许增加0.5%的水分含量：平均气温在10℃以下的季节；从出厂到饲喂期不超过10天；精料补充料中添加有规定量的防霉剂者。

3）粒度（粉料）要求：肉牛饲料成品粒度（粉料）要求一级精料补充料99%通过2.8毫米编织筛，但不得有整粒谷物，1.4毫米编织筛筛上物的体积不得大于整粒谷物的20%；二、三级精料补充料99%通过3.35毫米编织筛，但不得有整粒谷物，1.7毫米编织筛筛上物的体积不得大于整粒谷物的20%。奶牛饲料成品粒度（粉料）要求99%通过2.8毫米编织筛，1.4毫米编织筛筛上物的体积不得大于整粒谷物的20%。

4）精料补充料混合均匀，混合均匀度变异系数（CV）应不大于10%。

5）营养成分要求：肉牛精料补充料营养成分指标见表4-13。

**表4-13 肉牛精料补充料的营养成分指标**

| 产品分级 | 营养成分 | | | | | | | |
|---|---|---|---|---|---|---|---|---|
| | 综合净能/（兆焦/千克） | 粗蛋白质（%） | 粗纤维（%） | 粗灰分（%） | 粗脂肪（%） | 钙（%） | 磷（%） | 食盐（%） |
| 一级料 | 7.7 | 17 | 6 | 9 | 2.5 | 0.5~1.2 | 0.4 | 0.3~1.0 |
| 二级料 | 8.1 | 14 | 8 | 7 | 2.5 | 0.5~1.2 | 0.4 | 0.3~1.0 |
| 三级料 | 8.5 | 11 | 8 | 8 | 2.5 | 0.5~1.2 | 0.4 | 0.3~1.0 |

注：精料补充料中若包括外加非蛋白氮物质，以尿素计，应不超过精料量的1.5%，并在标签中注明添加物名称、含量、用法及注意事项。犊牛饲料不得添加尿素；一级料适用于犊牛，二级料适用于生长牛，三级料适用于育肥牛。

6）卫生指标。细菌及有毒有害物质参照《饲料卫生标准》（GB 13078—2001）的规定。

### 5. 注意生物安全准则

绿色、安全、高效、降低环境污染、维护生态等方面是国内外大势所趋，配方设计不仅仅只考虑经济效益和生产性能，要上升到生物安全的角度全面考虑配方产品的长期利益，综合评价经济效益、生态效益、生产性能、饲料利用率、对人和生物的安全性、是否可持续发展、对社会的影响等各个方面。

## 二 精料补充料配方的设计方法

第1步：查饲养标准，得出日粮配方营养需要量。

第2步：根据实际情况，选用和确定饲料原料品种，并查饲料成分及营养价值表，列出各种饲料原料的营养价值。

第3步：确定精饲料与粗饲料的比例，确定粗饲料品种，根据采食量计算精料补充料的营养要求。

第4步：确定精料补充料的配方及营养成分的含量。

第5步：验算精料补充料配方中营养成分的含量。

第6步：补充矿物质及添加剂。

## 三 精料补充料配方设计实例

现在配制体重200千克、日增重1千克的肉牛日粮。

第1步：查肉牛饲养标准，得出所配肉牛日料中各营养需要量，见表4-14。

表4-14 生长育肥牛的营养需要

| 体重/千克 | 日粮干物质/千克 | 肉牛能量单位（RND） | 综合净能/兆焦 | 粗蛋白质/克 | 钙/克 | 磷/克 |
| --- | --- | --- | --- | --- | --- | --- |
| 200 | 5.57 | 3.45 | 27.82 | 708 | 34 | 16 |

第2步：根据实际情况，选用和确定饲料原料品种，并查饲料成分及营养价值表，列出各种饲料原料的营养价值。

现在选用玉米青贮、苜蓿干草、玉米秸秆、玉米、小麦麸、豆饼和棉籽饼为原料，查饲料成分及营养价值表得出表4-15。



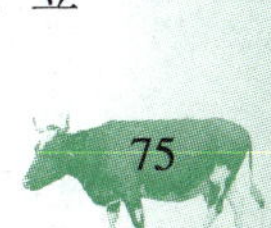

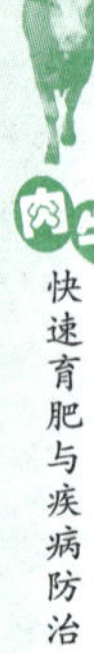


**表 4-15 各种饲料原料的营养价值**

| 饲料原料 | 干物质（%） | 肉牛能量单位（RND） | 综合净能/(兆焦/千克) | 粗蛋白质（%） | 钙（%） | 磷（%） |
|---|---|---|---|---|---|---|
| 玉米青贮 | 22.7 | 0.12 | 1.00 | 1.6 | 0.10 | 0.06 |
| 苜蓿干草 | 92.4 | 0.56 | 4.51 | 16.8 | 1.95 | 0.28 |
| 玉米秸秆 | 90.0 | 0.31 | 2.53 | 5.9 | 0.05 | 0.06 |
| 玉米 | 88.4 | 1.00 | 8.06 | 8.6 | 0.08 | 0.21 |
| 小麦麸 | 88.6 | 0.73 | 5.86 | 14.4 | 0.18 | 0.78 |
| 豆饼 | 90.6 | 0.92 | 7.41 | 43.0 | 0.32 | 0.50 |
| 棉籽饼 | 89.6 | 0.82 | 6.62 | 32.5 | 0.27 | 0.81 |

第3步：确定精饲料与粗饲料的比例，根据采食量计算精料补充料的营养需要量。

肉牛日粮精饲料与粗饲料的比例按47:53计，则肉牛每天采食粗饲料干物质为5.57千克×53%=2.95千克，每天采食精饲料干物质为2.62千克。

据经验或实际情况，粗饲料中苜蓿干草、玉米青贮定量，分别为0.5千克和10千克，剩余以玉米秸秆计算粗饲料的营养含量，得出精料补充料中的营养需要量，见表4-16。

**表 4-16 日粮中精料补充料营养含量计算**

| 饲料原料 | 用量/千克 | 干物质（%） | 肉牛能量单位（RND） | 综合净能/(兆焦/千克) | 粗蛋白质/克 | 钙/克 | 磷/克 |
|---|---|---|---|---|---|---|---|
| 总需要量 | | 5.57 | 3.45 | 27.82 | 708 | 34 | 16 |
| 玉米青贮 | 10.0 | 22.7 | 0.12 | 1.00 | 16 | 1.0 | 0.6 |
| 苜蓿干草 | 0.50 | 92.4 | 0.56 | 4.51 | 168 | 19.5 | 2.8 |
| 玉米秸秆 | 0.26 | 90.0 | 0.31 | 2.53 | 59 | 0.5 | 0.6 |
| 小麦麸 | | 2.966 | 1.56 | 12.91 | 259.3 | 19.9 | 7.6 |
| 豆饼 | | 2.604 | 1.89 | 14.91 | 448.7 | 14.1 | 8.4 |

第 4 步：求出各种精饲料和拟配精料补充料的粗蛋白质（克）与能量（综合净能或肉牛能量单位）之比。

玉米 = 86/1.00 = 86，麸皮 = 144/0.73 = 197.26，棉籽饼 = 325/0.82 = 396.34，豆饼 = 430/0.92 = 467.39，拟配精料补充料 = 448.7/1.89 = 237.41。

第 5 步：用对角线法算出各种精饲料的用量。

首先将各精饲料按蛋白/能量分为高于和低于拟配精料补充料两类，然后一高一低两两搭配成组。若出现不均衡现象，可采用经验法将其合并。将拟配精料补充料蛋白/能量写在中间，其他饲料按高低搭配，分别写在左上角和左下角。

将对角线中心数字 237.41 按对角线方向依次减去左边数字，所得绝对值放在右边相应对角上。各饲料的比例数分别除以各饲料比例数之和，再乘以 1.89，然后所得数据分别除以各自的肉牛能量单位，既得各种原料的用量。

小麦麸：158.93 ÷ 890.81 × 1.89 ÷ 0.73 = 0.47（千克）。

玉米：388.91 ÷ 890.81 × 1.89 ÷ 1.00 = 0.84（千克）。

棉籽饼：191.56 ÷ 890.81 × 1.89 ÷ 0.82 = 0.51（千克）。

豆饼：151.41 ÷ 890.81 × 1.89 ÷ 0.92 = 0.35（千克）。

第 6 步：验算精料混合料配方营养含量，见表 4-17。

**表 4-17　精料混合料配方营养**

| 饲料原料及比例 | 用量/千克 | 干物质（%） | 肉牛能量单位（RND） | 综合净能/（兆焦/千克） | 粗蛋白质/克 | 钙/克 | 磷/克 |
|---|---|---|---|---|---|---|---|
| 玉米 | 0.84 | 88.4 | 1.00 | 8.06 | 8.6 | 0.08 | 0.21 |
| 小麦麸 | 0.47 | 88.6 | 0.73 | 5.86 | 14.4 | 0.18 | 0.78 |
| 豆饼 | 0.35 | 90.6 | 0.92 | 7.41 | 43.0 | 0.32 | 0.50 |
| 棉籽饼 | 0.51 | 89.6 | 0.82 | 6.62 | 32.5 | 0.27 | 0.81 |
| 合计 | | 1.91 | 1.89 | 15.21 | 450.6 | 3.96 | 11.13 |
| 要求 | | 2.604 | 1.89 | 14.91 | 448.7 | 14.1 | 8.4 |
| 相差 | | | 0 | +0.05 | +1.9 | −10.14 | +2.73 |

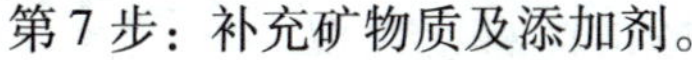

第 7 步：补充矿物质及添加剂。

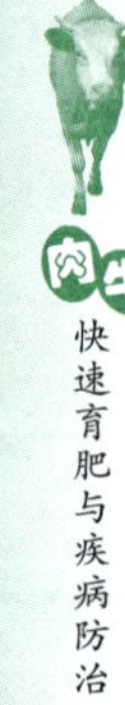


根据前面计算可知缺乏的矿物质量，补充矿物质时，先补充磷，再补充钙。用磷酸钙补充磷，再用石粉补充钙。

石粉用量 = 10.14 ÷ 0.3949（每克石粉中含钙量）= 25.68（克）。

精料补充料中另加 1% 的食盐和 1% 的添加剂预混料。

## 第七节　肉牛全混合日粮（TMR）饲养技术

肉牛全混合日粮（TMR）饲养技术是通过特定的机械设备和饲料加工工艺（或人工掺拌）将肉牛所需的各种饲料（粗饲料、青贮饲料、精饲料、各类特殊饲料和饲料添加剂）均匀混合，配制成精饲料与粗饲料比例稳定及营养成分含量一致的全价饲料。应用 TMR 技术可提高肉牛的采食量，有效降低消化系统疾病，提高肉牛日增重。

### 一　TMR 的配合原则

根据《肉牛饲养标准》（NY/T 815—2004）和《中国饲料成分及营养价值表》，结合肉牛群的实际情况，科学设计日粮配方，日粮组成原料品种要多样化并保持相对稳定，尽量因地制宜地利用当地资源，确保日粮营养平衡且适口性好，保证肉牛的干物质采食量，做到成本经济合理。

### 二　TMR 的制作

#### 1. 配方设计及原料选择

根据养殖场饲草资源及育肥牛、母牛的年龄和体重设计日粮配方，日粮种类可以多种多样。粗饲料主要包括青贮饲料、青干草、青绿饲料、农副产品、糟渣类饲料等。精饲料主要包括玉米、麦类谷物、饼粕类、预混料、矿物质添加剂、复合维生素添加剂等。

#### 2. 加工制作方法

**（1）人工加工**　将配制好的精饲料与定量的粗饲料（干草应铡短至 2～3 厘米）经过人工方法多次掺拌，至混合均匀。加工过程中，应视粗饲料含水量的多少加入适量的水（最佳含水量为 35%～45%）。

机械制作混合日粮

**（2）机械加工**　用全混合日粮（TMR）专用加工设备，按日粮配方设计，将精饲料（预混料）、青贮饲料、干草和农副产品等原料，按照“先干后湿，先精后粗，先轻后重”的顺序投入到设备中，设定规定的时间，进行充分混合搅拌加工。

> ⚠【注意】 应尽量确保搅拌后的TMR中有15%~20%的粗饲料长度大于4厘米，具体搅拌时间视不同性能的搅拌车而定。

**3. 效果评价**

1）外观评价：精饲料与粗饲料混合均匀，新鲜不发热，无异味，柔软不结块。

2）水分要求：最佳含水量为35%~45%。

3）质量要求：混合均匀，无杂物，水分含量适宜。

## 三 TMR的投喂方法

1）使用机械设备自动投喂。可使用移动式搅拌车将TMR直接投喂给牛群。

2）采用人工饲喂时，将加工好的全混合日粮转运至牛舍，由人工进行饲喂，但应尽量减少转运次数。

装料与投喂饲料

3）根据实际生产情况每日投喂2~3次。

4）饲料管理：①原料及混合好的饲料应保持新鲜，发热与发霉的剩料应及时清出，并给予补饲；②牛采食完饲料后，应及时将食槽清理干净，并给予充足、清洁的饮水。

# 第五章 肉牛繁育技术

## 第一节 母牛的发情及发情鉴定

### 一 性成熟

#### 1. 性成熟

性成熟是一个过程，当公牛、母牛发育到一定年龄，生殖机能达到了比较成熟的阶段，就会表现第二性征和性行为，特别是能够产生成熟的生殖细胞。在这期间进行交配，母牛能受胎，即称为性成熟。因此，性成熟的主要标志是能够产生成熟的生殖细胞，即母牛开始第一次发情并排卵，公牛开始产生成熟的精子。

达到性成熟的年龄，由于牛的种类、品种、性别及气候、营养和个体间的差异而有所不同。例如，培育品种的性成熟比原始品种早，公牛一般为9个月，母牛一般为8~14个月。一般公牛的性成熟较母牛晚，饲养在寒冷北方的牛较饲养在温暖南方的牛性成熟晚，营养充足较营养不足的牛性成熟早。个体之间由于先天性疾病的原因，性成熟也可能推迟。

#### 2. 初配适龄

公牛、母牛达到性成热年龄，虽然生殖器官已发育完全，具备了正常的繁殖能力，但此时身体的生长发育尚未完成，故尚不宜配种，以免影响母牛本身和胎儿的生长发育及以后生产性能的发挥。

公牛、母牛配种过早，将影响到本身的健康和生长发育，所生犊牛体质弱、出生重小、不易饲养，母牛产后产奶受影响，公牛性机能提前衰退，缩短种用年限。配种过迟则对繁殖不利，使饲养费用增加，而且易使母牛过肥且不易受胎；公牛则易引起自淫、阳痿等病症而影响配种效果。因此，正确掌握公牛、母牛的初配适龄，对改善牛群品质、充分发挥其生产性能和提高繁殖率有重要意义。

母牛的初配适龄应根据牛的品种及其具体生长发育情况而定，一般比性成熟晚些，在开始配种时的体重应为其成年体重的70%左右。年龄已达到，体重还未达到时，则初配适龄应推迟；相反则可适当提前。一般肉牛的初配适龄为：早熟品种，公牛15~18月龄，母牛16~18月龄；晚熟品种，公牛18~20月龄，母牛18~22月龄。

### 3. 使用年限

所有动物的繁殖能力都有一定的年限，年限长短因品种、饲养管理及健康状况的不同而有差异。一般母牛的配种使用年限为9~11胎，公牛为5~6年。超过繁殖年限，公牛、母牛的繁殖能力降低，无饲养价值，应及时淘汰。

## 二 母牛的发情和排卵概述

母牛在正常情况下，每隔18~24天出现一次发情和排卵。母牛发情时表现为兴奋不安、生殖器官充血肿胀，接受交配，生殖道排出黏液和卵巢上卵泡发育及排卵。母牛之所以表现周期性的发情和排卵，是由卵巢的生理状态决定的。在卵泡期，母牛发情和排卵；在黄体期，母牛没有发情表现。在人为干预的情况下，母牛卵巢可以表现出卵泡期或黄体期，即所谓人工控制发情和排卵，人工控制性周期。

根据母牛卵巢的生理状态，可将母牛的发情周期划分为发情前期、发情期、发情后期和间情期。受季节和饲养管理条件的影响，在一定条件下，母牛不表现发情，我们称之为乏情期。当母牛怀孕时，也出现乏情期。

母牛的排卵是自发的，在激素的刺激下即使不经过交配也能排卵。母牛排出的卵子在输卵管壶腹部才具有受精能力。对于人工授精特别是冷冻精液人工授精，确定比较准确的排卵时间是配种成功的必要条件。

从冻精授精的实际需要出发，将母牛的发情期分为发情初期、

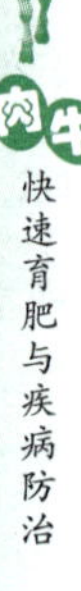


发情盛期和发情末期。排卵发生在发情结束后，因此，正确地判定发情末期是冻精授精成功的关键之一。

## 三 母牛发情和排卵的检查方法

对母牛进行发情和排卵检查采用试、问、看、查、摸的综合诊断法。根据所得结果进行综合判断，确定适宜的冻配时间。

试：用结扎输精管的公牛作为试情牛。观察母牛是否存在交配欲，是否抗拒试情牛或回避试情牛，观察试情公牛是否紧追母牛不舍，是否爬稳交配等。

问：询问畜主母牛的表现。是否兴奋哞叫，是否不好管理，是否到处游走，有无其他牛追爬，母牛被爬跨时有何表现，是否举尾频尿，阴门是否有黏液流出，其性状如何等。

看：看母牛全身兴奋状况。看有无被其他牛爬跨留下的痕迹。看有无黏液或黏液痂块等。

查：用消毒的开腔器（见图 5-1）或玻璃阴道扩张筒，开张阴道，观察阴道的颜色、润滑度、潮湿度，观察子宫颈口的颜色、开张度、形状，以及子宫颈口附着黏液的多少、性状、色泽。将开腔器插入阴道，应首先注意和感知其插入的难易度。在开腔检查时，可结合采集子宫颈口黏液做抹片，自然干燥后在显微镜下用低倍镜观察黏液结晶的形状。

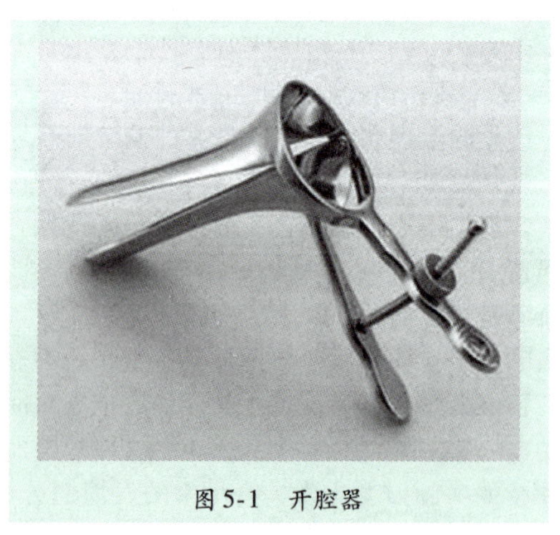

图 5-1 开腔器

摸：直肠检查从极易识别的子宫颈向前抚摸。感知子宫颈、子宫角及卵巢的位置。注意子宫有无收缩反应，子宫角间沟是否明显，两侧子宫角是否匀称，卵巢的形状、大小、质地如何，仔细触摸卵巢，一侧一侧地抚摸。感知卵巢上有无卵泡，卵泡的大小、质地、位置所在。卵巢上有无黄体，黄体的大小、形状、质地、位置等。

【提示】母牛最佳配种时间：当发现母牛阴道黏膜充血、潮红，表面光亮湿润，黏液开始较稀不透明时，此时为配种最佳时间

## 四 发情母牛的外部表现和阴道检查

### 1. 发情母牛的外部表现

母牛发情表现不安、哞叫，食欲和奶量都减少，尾巴不时摇摆和高举，放牧时通常不安宁吃草而到处走动。明显的特征是接受其他母牛的爬跨，表现为拱腰站立不动，其他母牛常去嗅闻发情母牛的阴门，但发情母牛从不去嗅闻其他母牛的阴门。阴道排出蛋清样的黏液，打开阴道会有大量的黏液从开腔器中滴流垂落地下。发情排卵过的母牛常会看到从生殖道内排出带有血液的黏液。

### 2. 阴道检查

**（1）开腔器法** 开腔器法是对母牛进行阴道检查的一种方法，具体如下：

1）检查前的准备工作。检查前的准备工作包括保定、外阴部的洗涤和消毒、开腔器的准备。

保定：根据现场条件和习惯，利用绳索、三角绊或六柱栏保定母畜，并将尾毛理齐由一侧拉向前方。

外阴部的洗涤和消毒：先用清水（或肥皂水、2%～3%苏打水等）洗净外阴部，然后用1%煤酚（甲酚）皂或1/1000新洁尔灭溶液进行消毒，最后用消毒纱布或酒精棉球擦干。在洗净或消毒时，应先向阴门裂开始，逐渐向外扩大。如果准备用手臂检查，洗涤及消毒范围应该上至尾根，两侧达到臀端外侧。

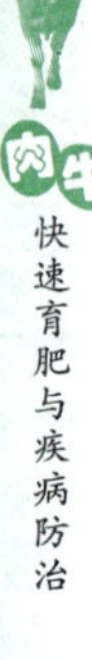



开腔器的准备：先用75%的酒精棉球消毒开腔器的内外面，然后用火焰烧灼消毒，也可用消毒液浸泡消毒，然后用开水冲去药液，借其湿润时使用之。

2）方法步骤：

① 用左手拇指和食指（或中指）开张阴门，以右手持开腔器把柄，使闭合的开腔器和阴门相适应，斜向前上方插入阴门。

② 当开腔器的前1/3进入后，即改成水平方向插入阴道，同时，旋转开腔器，使其把柄向下。

③ 轻轻撑开阴道，用手电筒或反光镜照明阴道，迅速进行观察。

④ 观察阴道。应特别注意阴道黏膜的色泽及湿润程度，子宫颈部的颜色及形状，黏液的量、黏度和气味，以及子宫颈管是否开张及开张程度。

⑤ 母牛发情时可见阴唇肿大，开腔器容易插入。阴道黏膜充血，光泽滑润，子宫颈口松软而开张，有黏液流出。母牛未发情时，阴门紧缩，并有皱纹。开腔器插入时有干涩的感觉，阴道黏膜苍白，黏液呈糨糊状或很少，子宫颈口紧缩。

**（2）黏液抹片法** 用经消毒的开腔器扩张阴道。用生理盐水浸湿的消毒棉签插入阴道，在子宫颈外口蘸取阴道黏液。将蘸取的黏液均匀地涂抹于载玻片上，待自然干燥后，在显微镜下观察结晶花纹；也可用10%硝酸银（$AgNO_3$）溶液1～2滴，滴在载玻片上，待自然干燥后，镜检。牛的黏液抹片可放大到100～200倍进行观察。

黏液抹片无花纹时表示受检母牛不发情，以“－”记录。母牛开始发情时，黏液抹片呈少量树枝状花纹，以“+”记录。抹片呈现较多花纹时，以“++”记录。如果整个视野全部为结晶花纹，以“+++”记录，表示母牛正处在发情盛期。

## 五 发情母牛的性欲表现

1）将母牛拴在牛舍或交配架上，牵试情公牛接近母牛，如果母牛发情，则试情公牛接近时，母牛表现安静不动，弯腰拱背，做交配姿势，见表5-1。

2）为了在大群中发现发情母牛，当母牛在运动场中可将试情公牛放入牛群内，由试情公牛在群中寻找发情母牛，如果某头母牛发情，当公牛爬跨时即安静不动。

**表 5-1　母黄牛发情期三期的表现**

| 表现＼分期 | 发情初期 | 发情盛期 | 发情末期 |
|---|---|---|---|
| 行为及精神状态 | 兴奋不安，哞叫，仰头游走或奔跑，不啃草或少啃草，不好管理 | 兴奋不已，不安更盛，两耳竖立张望，游走减少，叫声转为嚎声 | 逐步转入平静，啃草增多，逐渐恢复正常 |
| 生殖道变化及黏液性状 | 阴唇肿胀，阴道黏膜潮红，子宫颈口开张；黏液量少，透明稀薄，能拉细丝随风飘动 | 阴唇肿胀，阴道黏膜红润，子宫颈口开张一指以上；黏液乳白透明，能拉成粗玻棒状，涂片呈羽状结晶，结晶不易消失 | 阴道消肿，阴道黏膜暗红，子宫颈口收缩起皱；黏液量少，混浊呈糊状，不牵缕；后躯及尾根易见黏液薄痂；涂片羽状结晶消失 |
| 性欲状态 | 试情公牛追爬，母牛不予接受，一爬一跑，公牛尾随不舍 | 接受爬跨或交配，被爬跨时伫立不动，竖耳举尾 | 试情公牛守候爬跨，母牛不感兴趣，反抗或掉转臀部回避 |
| 卵巢触摸感知 | 卵巢变圆滑，富有弹性，不易感知卵泡部位 | 卵泡增大，能感知卵泡所在部位，呈硬弹波 | 卵泡所在点软化，易感知，波动明显有一触即破感 |
| 持续时间 | 6～8 小时 | 10～18 小时 | 10～12 小时 |

## 第二节　肉牛配种方法

### 一　配种方法

配种是使母牛受孕的繁殖技术，包括自然交配与人工授精两种方式。前者是指通过公牛与母牛的直接接触交配使母牛受孕，包括自由交配、分群交配、圈栏交配和人工辅助交配。后者是将公牛的精液用人工的方法注入母牛生殖道使之受孕。

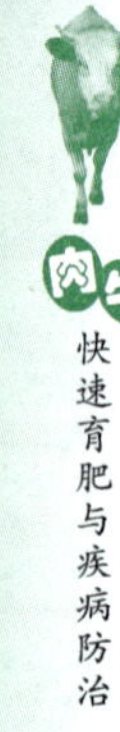

## 二 人工授精

人工授精是在人工条件下利用器械采集种公牛的精液，经过品质检查和稀释保存等适当处理，再用器械将精液输送到发情母牛生殖道内，使母牛受孕的一种配种方法。

奶牛的人工授精工作始于20世纪50年代中期，20世纪60年代普及，20世纪70年代开始在全国正式推广应用牛冷冻精液，现全国29个省、市、区设有牛冷冻精液站，已形成年产牛冻精500余头剂量的生产能力。北京、上海等还曾向巴基斯坦等国出口中国黑白花奶牛细管冻精。目前，应用冷冻精液的普及率已达到90%以上。此外，应用冷冻精液人工授精结合后裔测定等措施，使优良种公牛的利用延伸到不受时间和地域的限制，其受胎率与新鲜精液无明显差异。关于人工授精技术，在下一节中详细叙述。

# 第三节 人工授精技术

## 一 牛冷冻精液和人工授精简介

动物人工授精是一种配种方法。在人为条件下将雄性动物的精液收集，对精液进行适当处理，再将之输送到发情雌性动物的阴道或子宫内，使之受孕产仔。它已有两个多世纪的历史。

采用冷冻精液人工授精技术大大地提高了优良种公牛的繁殖效能。一头优良种公牛每年可配2万~5万头母牛。精液的长时间保存使配种不再受时间和空间的限制。畜牧学家将冷冻精液人工授精看成是伟大的技术革命，是20世纪畜牧业中最伟大的创举。

## 二 采精

精液的采集即采精，是人工授精技术的首要环节。认真做好采精前的准备工作，正确掌握采精技术，合理安排采精频率，是提高鲜精产量及质量的前提和保证。

### 1. 采精前的准备

**（1）采精场** 采精通常在采精场内进行。采精场地应宽敞、平坦、清洁、安静，面积一般要求为50~70米$^2$。场内应有供母畜保定用的采精架或供公畜爬跨的假台畜。理想的采精场应设有室内、室外两个部分，并与输精操作室、畜舍相连，但不能让舍内公畜直接看到采精场。此外，采精场所还应配备喷洒消毒和紫外线照射装置。

**（2）台畜的准备** 采精用的台畜可用活畜，即“真台畜”；也可用器材构成的架子，即“假台畜”。真台畜可以选择非种用待淘汰的健康无病、体格适中的母畜。假台畜是根据母畜体型大小，选用金属或木料制成的有支撑力的架子，在架子的表面大多覆盖牛皮。制备好假台畜后，向假阴道夹层内注入温水，并将温度调整为39～40℃，而后充气调制好假阴道的压力，涂抹润滑剂，如医用凡士林等，以增加润滑度，盖上灭菌纱布等待采精。

公牛爬跨假台畜必须经过调教训练。公牛的性成熟期约在7～8月龄。人工采精的公牛约在8～10月龄即可开始采精训练。公牛开始采精训练时，为了促使其性欲，可用健康的非种用母牛作为真台畜，诱导公牛接近真台畜，并刺激其爬跨，但不让交配。一旦公牛爬上真台畜就拉下来，如此反复多次。待公牛性欲达到高潮时，迅速牵走真台畜，再让其爬跨假台畜。此时，若假台畜表面涂有发情母牛的阴道分泌物或尿液，采精效果则更为理想。在采精训练时，采精员必须耐心细致，不能强行从事，或者粗暴对待采精不顺从的公牛，以防公牛产生对抗情绪。此外，采精人员最好固定，避免由于更换人员造成的公牛惊慌和不适。

**（3）种公牛的准备** 种公牛在采精前1～2小时不应大量采食饲料，避免种公牛的激烈运动。同时，应注意清洗牛体，特别是牛腹部和包皮部，冲洗时加入肥皂、高锰酸钾等消毒杀菌剂，以免牛粪、污物污染公牛龟头或掉进采精筒集精管内，从而保证鲜精质量。



### 2. 采精方法

采精时，先牵引种公牛绕台牛走，以引起公牛性欲。采精员手持假阴道面向台牛侧后方站于台牛的右侧。当公牛初次阴茎勃起时，应继续调情，不让其继续爬跨。待公牛性欲充分并冲动跳上台畜时，不等其阴茎碰到台畜后躯，采精员迅速向前一步，将假阴道筒口向下倾斜与公牛阴茎伸出方向成一直线，紧靠在台畜尻部右侧。用左手在包皮开口的后方，掌心向上托住包皮（切不可用手抓握阴茎，

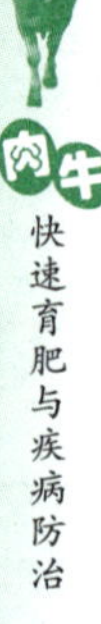



否则会使阴茎缩回）。将阴茎拨向右侧导入假阴道内。当公牛用力向前一冲后，即表示射精完毕。公牛射精后，采精员同时使假阴道的采精筒一端略向下倾斜，以便精液流入采精筒中。当公牛跳下时，假阴道应随着阴茎后移，不要抽出。当阴茎由假阴道自行脱出后，立即将假阴道直立，筒口向上，并立即送至精液处理室内，放气后，取下采精筒，盖上盖子。

如果采精室与精液处理室相距较远，可将精液移至15毫升刻度试管中，加塞后放入盛有35℃水的保温杯中，然后将其送到精液处理室，以检查精液密度、pH、畸形率、顶体完整率等。在夏季，不要让种公牛在采精前后立即饮用凉水。另外，牛的交配时间十分短促，只有数秒钟，因此，采精人员应动作敏捷、准确。采精时，采精人员应注意假阴道与公牛的阴茎保持方向一致，尤其是在公牛射精时更应如此，否则就有可能损伤公牛的阴茎。此外，采精人员还要密切注意公牛的行为、动作，防止被公牛踩伤或被公牛攻击。

### 3. 采精频率

采精频率是指每周对公牛的采精次数。为了能最大限度地采集公牛精液，维持公牛健康体况和正常生殖机能，必须科学合理安排采精频率。公牛每周采精2~3次，每天可连续采精两次，两次间隔时间可在15~20分钟。采精前应更换新的采精筒，并重新调温、调压。最好准备两个假阴道供一头公牛采精。这种一次采精两个射精量的采精方法可减少工作量，并且第二次采集的精液比第一次采到的精液污染要小得多。可将两次采集的精液放在一起处理。此外，青年公牛的精子生产较成年公牛少1/3~1/2，故采精次数应当酌减。

## 三 精液品质的检查

精液品质检查的目的在于确定精液品质的优劣，以此作为精液稀释、保存的依据。同时，也反映种公牛饲养管理水平和生殖器官的机能状态，以及精液在稀释、保存、冷冻和运输过程中的品质变化及处理效果。

精液品质的检查和评定可从以下四个方面进行：外观检查、显微镜检查、生物化学检查和精子存活力检查。其中任何单个项目都很难预测精液的受精能力。采用多项综合检查，能更准确地评定精液品质。在进行人工授精时，比较重要的检查项目是精子密度和活力；对生育力低的公牛，还应注意检查死精子、活精子和畸形精子的比率及一些特殊的理化指标。在一般人工授精站，精液品质常规检查项目包括精液量、色泽、气味、云雾状、pH、活力、密度等，其他项目可根据情况进行定期检查。

### 1. 外观检查

外观检查是借助肉眼等感官对精液品质进行评定，检查项目包括精液量、色泽、气味和精液的状态。

**（1）精液量** 精液量可从刻度采精管（瓶）上读出，也可用量筒测量。精液量受多种因素影响，但超出正常范围太多或太少时应寻找原因。量太多可能是由于过多的副性腺分泌物或其他异物（如尿、假阴道漏水）的混入等造成的；量太少可能是采集技术不当和/或生殖器官机能衰退等原因造成的。

**（2）色泽** 牛的正常精液一般为乳白色或乳黄色。水牛的精液为乳白色或灰白色，而且精子密度越高，乳白色越深，其透明度也就越低。正常精液中不应含有块状物或絮状物，这些东西可能是生殖道炎症，特别是精囊的炎性渗出物；更不应有尘土、毛发和其他异物。

精液呈水样或乳清样说明精子稀少，见于睾丸发育不全或变性，以及附睾炎或隐睾。精液中混入尿液则呈深黄色；精液呈粉红色或浅红色，表示生殖道有新鲜创伤；红褐色精液表示生殖道有陈旧创伤；有脓液混入后，精液可能呈浅绿色。色泽异常的精液不宜使用。

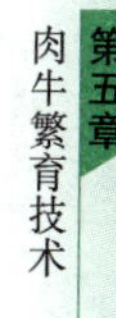

**（3）气味** 正常精液略带腥味。如有异味，可能是因为其中混有尿液、脓液、尘土、粪渣或其他异物，应废弃。

**（4）状态** 正常未经稀释的牛精液可用肉眼观察到云雾状，也可用低倍镜观察。

在对精液品质进行检查时，必须准备以下器具：显微镜、显微镜保温箱（或显微镜恒温台）、载玻片、盖玻片、搪瓷盘、温度计、滴管、擦镜纸、纱布、蒸馏水、3%和0.9%氯化钠溶液、2%煤酚（甲酚）皂溶液、1/1000新洁尔灭溶液、75%酒精等。

### 2. 显微镜检查

显微镜检查的项目主要有精子密度、活力和精子形态等。

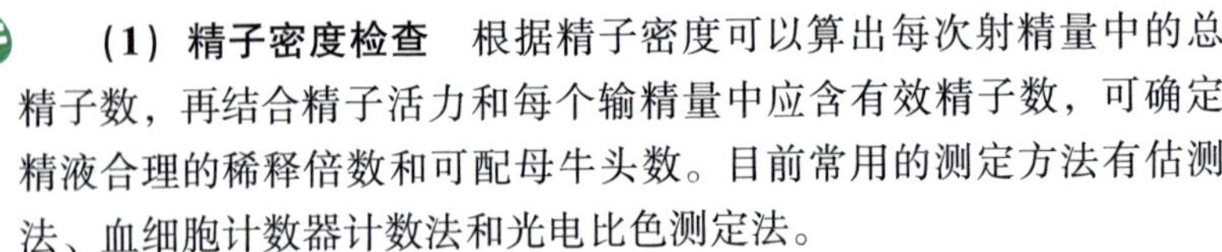



**(1) 精子密度检查** 根据精子密度可以算出每次射精量中的总精子数，再结合精子活力和每个输精量中应含有效精子数，可确定精液合理的稀释倍数和可配母牛头数。目前常用的测定方法有估测法、血细胞计数器计数法和光电比色测定法。

1）估测法。估测法又称目测法，是将原精液放在低倍（10×10）显微镜下观察，根据视野中精子的稠密程度将精子密度粗略地分为密、中、稀三级。估测法评定精子密度，具有较大的主观性，误差也较大。但方法简便快速，在基层人工授精站常用。

2）血细胞计数器计数法。血细胞计数器计数法可以准确测定单位容积精液中的精子数，设备简单，但操作步骤多，较费时，常用于对精液做定期全面检查。

3）光电比色测定法。光电比色测定法是根据精子密度越大，透光性越低的原理，使用光电比色计测定样品的透光度与标准管比较或查对精子密度查数表，确定样品的精子密度。这种方法的测定结果与血细胞计数器计数法的测定结果近似，其相关系数在0.93以上。

**(2) 精子活力检查** 精子活力是指精液中呈前进运动的精子所占百分率，也称活率。由于它与精子的受精能力直接相关，所以是评价精液品质的一个重要指标，通常在采精后，精液处理前、后，以及冷冻精液解冻后和输精前进行检查。精子活力检查方法有：

1）目测评定法 目测评定法是采用显微镜放大200~400倍，对精液样品进行主观估测的方法。精液样品可制成平板压片，即在载玻片上滴一滴精液，盖上盖玻片即可；也可用精液检查板（中央为一圆形平台，外周是低凹的同心圆环，圆环高于平台50微米，盖上盖玻片后中央平台盖片高度为50微米，保证受测精子为单层）或用载玻片制成精液抹片，放在37~38℃显微镜恒温载物台上或有保温箱的显微镜下观察。如果采用电视显微镜，可从屏幕反映精子运动图像，几个人可同时观察评定，有利于提高结果的准确性。

活力评定通常采用十级评分法，即按呈前进运动的精子所占百分率分别评为1.0、0.9、0.8……0.1十个等级，若无前进运动的精

子，则以“0”表示。例如，“0.8”就表示呈直线前进运动的精子占总精子数的80%。有些国家也有采用百分制和五级评分法。

为了保证有较高的受胎率，输精用的精子活力通常鲜精液在0.65以上，冷冻精液解冻后活力在0.35以上。

2）死活精子计数法。死活精子计数法是利用活精子不被某些染料着色，而死精子则因表面膜（特别是头部）的渗透性增加易被着色这一特性，来区分死精子和活精子，从而计算死精子与活精子之间的比例。常用的染色剂是伊红、刚果红，用作背景染色的染料有苯胺黑、苯胺蓝、亚尼林蓝和快绿等。一般认为伊红—苯胺黑最为理想。方法：将伊红配成5%溶液，苯胺黑用等渗溶液（如0.9%的氯化钠）配成1%的溶液；在载玻片上滴2滴苯胺黑溶液，在其旁边滴1滴伊红溶液；将1滴精液滴入伊红溶液中，充分混匀后再与苯胺黑溶液混合，搅拌后制成抹片镜检，此时背景为黑色，死精子为粉红色，活精子不着色。通常检查500个精子，计算其中死精子与活精子之间的比例。染色液的pH、渗透压及染色时的温度对检查结果有一定的影响。因此，要求染色液pH为6~8，均为等渗，在整个染色过程中温度保持在37℃左右。由于一些非直线前进运动的活精子也可能不着色，所以，由此法测得的结果，比按前进运动目测评定的精子活力往往偏高，但两者高度相关，因此，可以作为目测精子活力的补充证明。

**（3）精子形态检查** 精液中如果含有大量畸形精子或顶体异常精子，母牛受胎率就会降低。精子形态检查一般分为畸形率和顶体异常率两项内容。

1）精子畸形率检查。凡形态和结构不正常的精子通称为畸形精子。在正常精液中也有一定比例的畸形精子，但一般不会超过20%。

2）精子顶体异常率检查。精子顶体在受精过程中具有重要作用，一般认为只有呈前进运动且顶体完整的精子才具有正常受精能力。在正常情况下，新鲜精液中存在一定比例的顶体异常精子。如果公牛精子顶体异常率显著增加，超过14%，则会导致受精力下降。因此，在精子形态检查中，对顶体异常率的检查具有重要意义，尤其是检查精液冷冻效果的重要方法。

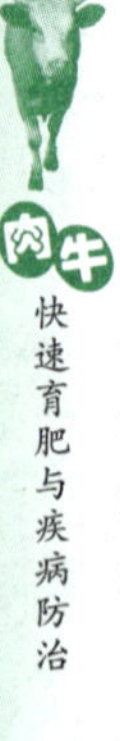



**（4）精子存活时间和存活指数测定** 精子存活时间是指精子在一定外界环境条件下的总生存时间，而存活指数是指精子的平均存活时间，表示精子活力下降的速度。精子存活时间和存活指数与受精率密切相关，两项指标的测定也是鉴定精液稀释液处理效果的方法之一。

方法：将稀释并经活力检查后的精液（可分成若干等份）置于一定温度条件下保存，每隔一定时间取样检查活力，直至无活动精子为止。开始稀释检查至倒数第二次检查之间的间隔时间，加上最后一次与倒数第二次检查间隔时间的一半，为精子总存活时间。每相邻两次检查的精子平均活力与其间隔时间的乘积的总和即为存活指数。精子存活时间越长，存活指数越大，说明精子生活力越长，精液品质越好。

## 四 精液的稀释

公牛采精后，根据精液量、密度、精子活力，按照一定比例在精液中加入按特定配方配制、适于精子存活并保持受精能力的稀释液。精液稀释的目的在于扩大精液容量，提高一次射精的可配母牛头数；补充营养和抑制精液中微生物的活性，延长精子的保存时间；同时，经过稀释处理后，精子才能有效地保存和运输。

### 1. 稀释液的主要成分和作用

稀释液一般含有多种成分，如果单一为了增加牛的精液量，从而增加一次采精的可配母牛数量，精液可用消毒全乳或脱脂乳，或者用生理盐水进行简单稀释。但为了较长时间保存牛的新鲜精液，则需要科学地配制牛的精液稀释保存液。适宜的稀释液含有多种成分，每种成分往往有多种功能，按其主要作用大致可以分为以下四类：

**（1）稀释剂** 稀释剂主要用于扩大精液的容量。稀释剂的基本要求是与精液有相等的渗透压，多采用等渗氯化钠、葡萄糖、果糖、蔗糖及奶类。

**（2）营养剂** 营养剂主要提供营养，以补充精子在代谢过程中的能量消耗。常用的营养剂有葡萄糖、果糖、乳糖、卵黄、乳及乳制品等。

**（3）保护剂** 保护剂主要对精子起保护作用，使精子避免遭受各种不良环境因素的危害，如中和精清对精子的危害，防止精子受“低温打击”及起抑菌作用等。

保护剂包括缓冲物质、非电解质、防冷刺激物质、抗冻物质、抗菌物质等。缓冲物质具有保持精液适当 pH 的作用，常用的缓冲剂有柠檬酸钠（枸橼酸钠）、酒石酸钾钠、磷酸二氢钾及三羟甲基氨基甲烷（Tris）等，后者除对精子代谢、酸中毒和酶活性具有良好的缓冲作用外，还有防冻保护作用。非电解质（或弱电解质）具有降低精清中电解质浓度的作用，常用的非电解质、弱电解质有各种糖类、氨基乙酸等。防冷刺激物质具有防止精子冷休克的作用，常见的有卵黄、奶及奶制品等。抗冻物质具有抗冷冻的作用，一般常用的抗冻保护物为甘油和二甲基亚砜（DMSO）等。抗菌物质具有抗菌作用，常用的抗菌药物有青霉素、链霉素、对氨基苯磺酰胺，以及林可霉素、多粘菌素、氧氟沙星、恩诺沙星等。

**（4）其他添加剂** 其他添加剂主要用于改善精子外在环境的理化特性及母牛生殖道的生理机能，以利于提高受精率，并促进早期胚胎的发育，主要有酶类、激素类、维生素类和其他成分等。

### 2. 稀释液的种类

**（1）现用稀释液** 现用稀释液适用于采精后立即稀释输精，以单纯扩大精液容量、增加输精母畜头数为目的。此类稀释液以简单的等渗糖类和奶类为主体。

**（2）常温保存稀释液** 常温保存稀释液适用于精液在常温下（15～25℃）做短期保存，以糖类和弱酸盐为主体，具有 pH 偏低的特点。



**（3）低温保存稀释液** 低温保存稀释液适用于低温（0～5℃）保存精液，以含卵黄或乳液为主体，具有抗精子冷休克的特点。

**（4）冷冻保存稀释液** 冷冻保存稀释液适用于0℃以下、干冰（－79℃）或液氮（－196℃）中保存精液，以含甘油、二甲基亚砜等抗冻物质为特点。实践证明，以奶液作为稀释液主体，不仅来源广，成本低，而且受胎效果好，故近年来应用广泛。

### 3. 稀释液的配制原则

配制任何一种稀释液必须遵循以下技术原则：

1）配制稀释液的一切用具都必须彻底清洗消毒，使用前还必须用稀释液冲洗数次。

2）配制稀释液的各种药品原料品质要纯净，一般选用化学纯或分析纯制剂。同时，要用天平准确称量。

3）稀释用水应选用新鲜的中性蒸馏水或去离子水，不宜用普通开水替代。卵黄也应选用新鲜鸡蛋。

4）配制稀释液的各种药物原料用水溶解后要进行过滤，以清除杂物，然后采用隔水煮沸或高压蒸汽消毒。含糖类的稀释液消毒时间不宜过长，否则会引起糖的炭化，失去营养作用。

5）抗生素、酶类、激素类、维生素类添加剂必须在稀释液冷却至室温后再按需加入。对氨基苯磺酰胺可先溶于少量水中，单独加热到80℃，溶解后再加入。

6）稀释液必须保持新鲜，要现配现用。经过消毒、密封的稀释液，在冰箱中存放时间不宜超过一周，并且卵黄、酶类、激素类成分必须在临用时添加。凡超过有效储存期的稀释液必须废弃。

### 4. 稀释倍数

精液进行适当的稀释可以提高精子的存活率，但如果稀释倍数超过一定限度，精子的存活率就会随倍数的提高而逐渐下降。因此，精液在稀释前需要先计算好稀释倍数。

牛每次输精所需的最低有效精子数为500万～1000万个，据此可计算出的稀释液倍数如下：若射精量为8毫升，每毫升精子数为12亿个，精子活力为0.7，每次输精最低有效精子数为500万个。因此，稀释倍数应为168倍（12亿个×0.7÷0.05亿个）。牛精液耐稀释倍数的潜力很大，但习惯上仅稀释10～40倍。

### 5. 稀释方法

计算好稀释倍数后，即可进行稀释操作，步骤如下：

1）新采集的精液应迅速放入30℃广口瓶中，以防止温度变化，特别是当室温低于20℃时，由于冷刺激，精子可能出现冷休克现象，不利于精子保存。

2）采精后，精液越早稀释越好，原精液放置时间过长则会降低精子活力，一般在30分钟内进行稀释。

3）稀释液与精液的温度必须相等，可同时置于30℃左右做同温处理。

4）稀释时，将稀释液沿杯（瓶）壁缓缓加入精液中。轻轻转动精液瓶或用灭菌棒搅动使之混匀，切忌剧烈震荡。

5）如果做高倍稀释，应分次进行，先低倍后高倍，防止精子所处的环境变化太大，造成稀释打击。

6）稀释后，静置片刻再做活力检查。如果稀释前后活力没有变化，即可进行分装与保存；如果活力下降明显，则说明稀释液配制有误或操作不当，不宜使用，并应查明原因。

## 五 精液的液态保存

### 1. 常温保存

**（1）原理** 常温保存主要是利用稀释液的弱酸性环境抑制精子的活动，以减少能量消耗，使精子保持在可逆的相对的静止状态下而不失去受精能力。同时，补充能量物质以延长精子存活时间，并加入抗菌物质以抑制微生物对精子的有害影响。为了使稀释液的pH控制在特定范围，曾用下列三种有效方法：①向稀释液中充入二氧化碳，如伊里尼变温稀释液（IVT）；②利用精子在保存过程中自身产生的二氧化碳，自行调节pH，如康奈尔大学稀释液（CUE）；③在稀释液中配有酸类物质和充以氮气，如已酸稀释液及一些植物汁液。

**（2）稀释液** 随着冷冻精液技术的普及，常温保存法已很少使用。主要有伊里尼变温稀释液（IVT），可在18～27℃下保存精液6～7天；康奈尔大学稀释液，可在8～15℃下保存精液1～5天，一次输精受胎率达65%以上；已酸稀释液，可在18～24℃下保存精液2天，一次输精受胎率达64%。

**（3）操作方法** 通常采用隔水降温法处理。先将精液与稀释液在等温条件下按一定比例混合后，分装在储藏瓶中，密封后放入15～25℃温水瓶内保存。也可将储精瓶直接放在地窖或水井中保存。

### 2. 低温保存

低温保存是指将稀释过的精液放在冰箱内或装有冰块的广口保

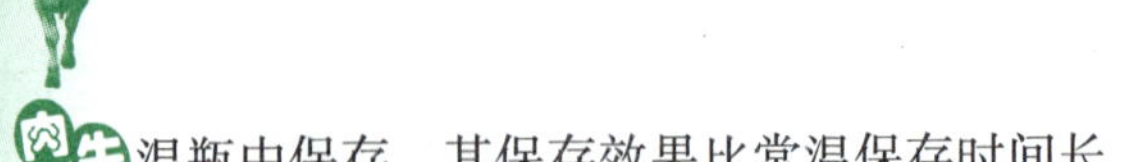



温瓶中保存，其保存效果比常温保存时间长。

**（1）原理** 精子在低温保存过程中运动减少，代谢率下降。同时，混入的微生物繁殖与危害也受到抑制，使精子能够保存时间相对较长。输精时，温度回升至35～38℃又能逐渐恢复正常代谢并保持受精能力。然而，冷刺激特别是温度急剧下降至0～10℃，会使精子发生不可逆的冷休克现象。因此，在稀释液中必须添加卵黄、奶类等抗冷冻物质，以提高精子的抗冷冻能力。

**（2）稀释液** 适宜于牛精子用的低温保存的稀释液很多，在0～5℃下有效保存期可达7天，可做高倍稀释，甚至100倍以上稀释时对受胎率也没有大的影响。这种方法在冷源和冷冻设备不足的地区，采取低温保存仍有其实用价值。

**（3）操作方法** 采用低温保存精液时，要严格遵守逐步降温的操作原则。降温的速度，从30℃到5℃或0℃时，以每分钟降0.2℃左右为宜，于1～2小时完成降温全过程。若在稀释液中加入卵黄，卵黄浓度一般在5%左右，最多不超过20%。温度于保存期内应维持恒定。

## 六 精液的冷冻保存

牛的精液冷冻保存技术始于20世纪50年代，解决了精液长期保存难的问题，使精液不受时间、地域的限制，极大地提高了优良种公牛的利用率。

### 1. 精液冷冻保存的原理

精子在冷冻状态下，代谢几乎停止，活动完全消失，生命以相对静止状态保持下来，一旦升温解冻又能复苏而不失去受精能力。

精子冷冻保存的原理最为大家公认的当推玻璃态假说。玻璃态假说认为精子复苏的关键是精液冷冻保存过程中，在冷冻保护剂的作用下，防止精液水分冰晶化（结晶化）而形成玻璃态。精液为液态，冷冻后成为固态，而按照水分子的排列方式，固态又分为结晶态（冰晶态）和玻璃态。在不同温度条件下，两态之间的变化完全与冰晶化温度区域内（0～60℃）降温和升温的速度有关。降温越慢，水分子就越有可能按有序的方式排列，形成冰晶态，其中尤以-15～25℃冰晶化对精子的危害最大。而玻璃态则是在-250～-60℃

超低温区域内形成，若从冰晶化区域内开始就以较快或更快的速度降温，就能迅速越过冰晶阶段而进入玻璃化阶段，使水分子形成极小的冰晶或来不及形成冰晶就已呈玻璃化冻结。但玻璃化是可逆的、不稳定的，当缓慢升温再经过冰晶化温度区域时，玻璃化先变为结晶化再变为液态。因此，精液冷冻过程中无论是升温还是降温，都必须快速越过冰晶区，使冰晶来不及形成而直接进入玻璃化状态或液态。精子在玻璃化冻结状态下不会出现原生质脱水，保护了细胞结构，从而冷冻后还可恢复活力。

在精液冷冻过程中，冰晶化是造成精子死亡而不能再复苏的主要原因。结晶首先从精子外的水分——精清和稀释液中的水分开始，从而使尚未结冰的那部分溶质浓度增加，以致形成高渗溶液，造成精子脱水，原生质变干，电解质浓度增加，酸碱失去平衡，造成不可逆转的变化。其次，冰晶化后细胞体积显著增大，由于冰晶块的增大和移动，对精子细胞原生质膜产生机械压力和刺伤，从而使其失去细胞膜的保护作用，继而发生冰晶渗入精子内部而破坏内部结构，导致精子死亡。结晶越大对精子的危害也就越大。

因此，在稀释液中添加甘油或二甲基亚砜（DMSO）等，可降低冰点、增强精子的抗冻能力，这对防止大冰晶的产生具有重要作用。然而，过高的甘油浓度对精子有毒害作用，易造成精子顶体和颈部损伤，尾部弯曲，精子长度和体积缩小，破坏某些酶系统，以致影响受胎率。对于牛精液冷冻稀释液，5%~7%的甘油浓度对精子活力及受胎率影响不大。

**2. 冷冻保存稀释液**

冷冻保存稀释液中应具有低温保存剂（卵黄、奶类）、防冻保护剂（甘油）、维持渗透压的物质（糖类、柠檬酸钠等）、抗生素及其他添加剂。因此，冷冻保存稀释液一般是在原有低温保存稀释液的基础上再添加一定的防冻物质。

牛精液冷冻保存稀释液主要有乳糖—卵黄—甘油（乳卵甘液）、蔗糖—卵黄—甘油（蔗卵甘液）、葡萄糖—卵黄—甘油（葡卵甘液）和葡萄糖—柠檬酸钠—卵黄—甘油液（葡柠卵甘液）四种，见表5-2。

**表 5-2　公牛精液冷冻常用稀释液和解冻液**

| 稀释液种类 | 乳卵甘液 | 蔗卵甘液 | 葡卵甘液 | 葡柠卵甘液 | | 解冻液 |
|---|---|---|---|---|---|---|
| | | | | Ⅰ液 | Ⅱ液 | |
| 基础液 | | | | | | |
| 蔗糖/克 | — | 12 | — | — | — | — |
| 乳糖/克 | 11 | — | — | — | — | — |
| 葡萄糖/克 | — | — | 7.5 | 3.0 | — | — |
| 二水柠檬酸钠/克 | — | — | — | 1.4 | — | 2.9 |
| 蒸馏水/毫升 | 100 | 100 | 100 | 100 | — | 100 |
| 稀释液 | | | | | | |
| 基础液（容量%） | 75 | 75 | 75 | 80 | 86 | — |
| 卵黄（容量%） | 20 | 20 | 20 | 20 | — | — |
| 甘油（容量%） | 5 | 5 | 5 | — | 14 | — |
| 青霉素/(单位/毫升) | 1000 | 1000 | 1000 | 1000 | — | — |
| 双氢链霉素/(微克/毫升) | 1000 | 1000 | 1000 | 1000 | — | — |

**3. 精液稀释倍数**

精液冷冻后，有半数以上精子因冰晶化而死亡。冷冻后精子活力一般在0.3～0.5。因此，稀释倍数应该按照解冻后，每份精液中存在的直线前进运动的精子数计算。按照原精液总精子数和冷冻精液解冻后预测活力决定精液稀释倍数，计算公式为 $X=YMV/Z$。

式中，$X$ 为冷冻精液的稀释倍数；$Y$ 为每毫升原精液中呈直线前进运动的总精子数；$M$ 为冷冻精液解冻后的预测活力；$Z$ 为每头份冷冻精液要求最低应含有直线前进运动的精子数；$V$ 为冷冻精液剂型容量。

根据国家标准规定，牛冷冻精液细管型容量为0.25毫升，含直线前进运动的精子不低于1000万个；颗粒型精液容量为0.1毫升，含直线前进运动精子数不低于1200万个。解冻后的精子活力不低于0.35。因此，0.25毫升细管型冷冻精液稀释倍数应该为

$X$ = 原精液中呈直线前进运动的精子数（毫升）× 预测精子活力（≥0.35）× 0.25毫升/1000万个

**4. 冷源与冷冻精液的储存**

冷冻精液可用的冷源有干冰和液氮。

**（1）干冰**　干冰是最早采用的冷源，由二氧化碳压缩而成，无

色、无味、无臭。纯净的固态二氧化碳可不经液态而直接升华成气体，同时吸收周围大量的热，可使温度降至－79～－78℃。

**（2）液氮** 液氮是由空气中的氮气液化而成的无色、无味、无臭、透明如水的液体，其温度为－196℃ 。

**（3）冷冻精液的储存** 精液通常储存在液氮罐内，在储存及取用过程中应注意以下事项：

1）定期添加液氮。应以标尺定期检查罐内液氮水平面，当罐内液氮不足原容量1/3或距离冷冻精液面5cm时，即应补充液氮。

2）取精动作要快。冷冻精液在液氮罐颈管部的停留时间不得超过5秒，以免温度回升影响精子活力。如果在5秒内完不成，应将冷冻精液浸入液氮后再重新取。取用后随手加盖，以防液氮蒸发过快或有异物掉入罐内。

3）经常检查液氮罐的状况。若发现罐外壳有白霜出现，说明此液氮罐已损坏，应立即将其移至其他罐内储存。

4）液氮罐应避光放置，不宜放在阳光能照射到的地方。

### 5. 冷冻精液的分装和剂型

目前，冷冻精液的剂型主要有细管型和颗粒型两种。

**（1）细管冷冻精液** 一般要用专用的细管分装机，按照分装机操作程序进行分装。目前，我国种公牛站进口的细管和设备，大多为法国卡苏公司和德国米尼图公司的产品。

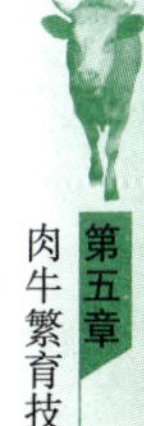



法国卡苏公司生产的细管规格有直径2毫米、长133毫米、容量0.25毫升的微型细管和直径2.8毫米、长133毫米、容量0.5毫升的微型细管两种。细管一端填有棉塞和聚乙烯醇粉末，粉末遇水即会固化自动封口，输精时又可成为推动精液的活塞；另一端在注入经平衡的精液后，可用聚乙烯醇粉、钢珠或超声波静电压封口。

德国米尼图公司生产的细管规格为直径2毫米、长133毫米、容量0.25毫升的微型细管和直径2.8毫米、长65毫米、容量为0.3毫升的细管。

国产的细管规格为直径2.8毫米、长65毫米、容量为0.3毫升的细管和直径2.8毫米、长100毫米、容量0.5毫升的细管。

细管型冷冻精液适于快速冷冻，管径小，每次制冻数量多，精

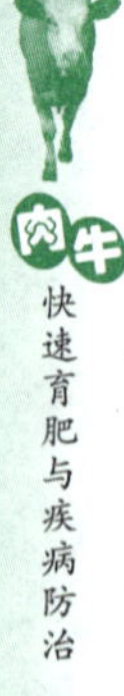


液受温均匀，冷冻效果好；同时，精液不再接触空气，即可直接输入母畜子宫内，因而不易污染；剂量标准化，易于标记，品种与个体精液不易混淆；容积小，便于大量保存；精液消耗少，输精母畜受胎率高；适于机械化生产。我国已从20世纪80年代开始应用细管冷冻精液生产技术，并已逐渐取代颗粒冷冻精液。

**（2）颗粒冷冻精液** 将稀释好的精液用滴管滴加到经液氮冷却的聚乙烯四氟板或金属板上，也可将精液直接滴入到干冰洞穴中，放置数分钟后，即成颗粒状冷冻精液。这种方法的优点是设备简单、操作简便、易于制作、成本低、体积小、便于大量储存。但存在着剂量不标准、颗粒裸露易污染、不易标记及解冻再稀释等为问题，故有条件的单位多不用这种方法。

### 6. 冻结方法

根据剂型和冷源的不同，冻结方法主要为以下两种：

**（1）干冰法** 制备颗粒型冷冻精液时，可将干冰置于木盒上，铺平压实后，用模板在干冰上压孔，然后将经降温平衡后的精液定量滴入干冰压孔内，再用干冰封埋2～4分钟，收集冻精放入液氮或干冰内储存。制备细管型冷冻精液时，将分装的细管精液铺于压实的干冰面上，再迅速覆盖干冰，2～4分钟后，将细管移入液氮或干冰内储存。

**（2）液氮法** 制备颗粒型冷冻精液时，在装有液氮的广口瓶或铝制饭盒上置一铜纱网（或铝饭盒盖），距液氮面1～3厘米预冷数分钟，使其温度维持在－100～－80℃；也可用聚乙烯四氟板代替铜纱网，先将它在液氮中浸泡数分钟，然后悬于液氮面上，将经平衡的精液定量、均匀、整齐地滴于其上，停留2～4分钟。当精液颜色变白时，将颗粒精液收集于储精瓶内，移入液氮储存。滴冻时动作要迅速，尽可能防止精液温度回升。制备细管冷冻精液时，将细管放在距离液氮面一定距离的铜纱网上，停留5分钟左右，等精液冻结后，移入液氮中储存。细管冷冻的自动化操作通过控制液氮喷量的自动记温速冻器调节。在－60～5℃之间，每分钟下降4℃；从－60℃起快速降温到－196℃。

### 7. 冷冻精液的解冻

冷冻精液解冻的温度及操作是否得当直接影响精子的活力。目

前认为，40℃左右解冻效果最好。由于剂型不同，解冻方法也有差别。

**(1) 细管型冷冻精液** 可直接将细管型冷冻精液投入到40℃±2℃的温水中，待精液融化一半时，立即取出备用。授精员也可将细管冷冻精液装入贴身的衣袋内，通过体温使其解冻。

**(2) 颗粒型冷冻精液** 颗粒型冷冻精液需用解冻液进行解冻。可分为干解冻和湿解冻两种。干解冻是先将灭菌试管置于40℃±2℃的水中恒温后，再投入精液颗粒，摇动至融化。湿解冻是将1毫升解冻液装入灭菌试管内，置于40℃±2℃温水中预热，然后投入精液颗粒，摇动至精液融化。

## 七 冷冻精液的运输和储存

### 1. 冷冻精液的运输

1）移动液氮储存罐时，应提握罐柄，轻拿轻放，防止冲撞。

2）液氮储存罐及液氮运输罐装车运输时，应在罐底加防震软垫。罐体应加外套入木箱，牢固地加以拴系，防止倾倒。

3）冷冻精液应有专人押送，办理好交接手续卡片。途中应随时注意检查并及时补充冷源。

### 2. 冷冻精液的储存

1）在液氮储存罐内储存的冷冻精液，必须切实地浸没于液氮中。

2）取放储存冷冻精液的提筒，只允许上提到液氮罐的罐颈段之下，严禁提出罐外，在罐内脱离液氮的时间不得超过10秒。

3）在向另一液氮储存罐内转移冷冻精液时，精液提筒不得脱离液氮5秒。

4）取放冷冻精液之后，应及时盖上罐塞，以减少液氮消耗及防止异物落入罐内。

5）严防不同畜种、品种、个体公畜的冷冻精液混杂，难以辨识。

6）长期用作储存冷冻精液的液氮罐应定期清理和洗刷。

## 八 人工授精的技术操作规程

### 1. 母牛的准备

将待配母牛进行保定（为了防止母牛在操作中骚动，可在鬐胛

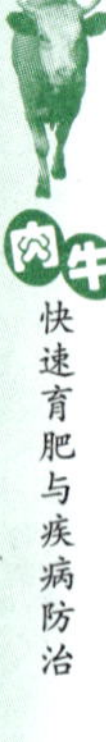


部设攀压带），把尾系于一侧，用0.1%高锰酸钾溶液洗涤阴户及其周围，抹干，再用消毒干棉球将母牛阴户擦干。

拴试配种牛

## 2. 授精器械的准备

输精管（枪）每次使用后都应用碱水或洗衣粉水洗涤，清水冲洗干净，再用酒精消毒后放入盘中，用纱布盖上备用。临用前用冷开水冲洗数遍，再用1%氯化钠溶液或2.9%柠檬酸钠溶液冲洗数遍。

## 3. 冻精的准备

细管冷冻精液有许多优点。因为，细管冷冻精液采用机械化、半自动化和自动化生产，卫生条件好，容易标记不易混淆；剂量标准，更能提高一次采精所得精液的剂量。细管冷冻精液解冻方便、快捷，不需要解冻液，使用专用输精枪授精，操作方便，受胎效果良好。

细管冷冻精液在使用之前解冻，解冻以后要求尽快输精。解冻时，用容器盛40℃的温水→用镊子夹取细管冷冻精液管直接投入→摇动20秒融冻→用干纱布擦干→剪开封口端→将细管填入输精枪内输精。

冻精的准备过程

解冻后的细管冷冻精液，剪开封口后输精前可以检查精子活力；也可在输精完毕后检查细管中残留精液的精子活力。

细管冷冻精液打印有公牛和冷冻精液的资料，输精完毕可作为授精记录表格的登记凭证，如图5-2所示。

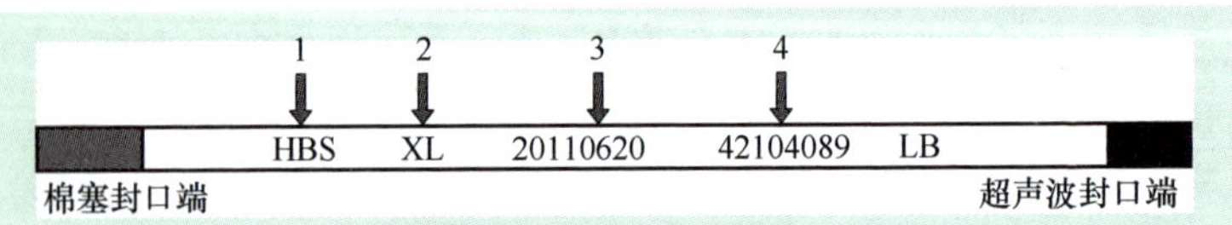


图5-2　细管冷冻精液标记示例

1—公牛站代号，三位数　2—品种代号，二位数　3—冻精生产日期，八位数　4—公牛号，八位数

注：参加良种补贴的公牛精液还应加上“RNLB或LB”，信息尽量靠近超声波封口端。

### 4. 人工授精的技术操作

直肠把握法也称深部输精法。这一技术是输精人员的手插入母牛的直肠，通过直肠把握固定好子宫颈，另一只手将盛有精液的输精器经母牛阴道插入到子宫颈深处或子宫颈内口注入精液。

1）授精之前，输精人员将伸入直肠的手及手臂用肥皂滑润，手呈楔形插入母牛直肠，触摸子宫、卵巢、子宫颈的位置，并令母牛排出粪便。

2）固定子宫颈：

① 用在直肠内的整个手掌和手指把握住子宫颈。用手指的肉部使劲，牢牢地抓住子宫颈。手不应靠前，应牢牢地握在子宫颈的后部，以小指恰好在子宫颈口附近为适宜。

② 伸入直肠内手的食指和中指牢牢地钳住子宫颈，拇指的肉部抵在子宫颈口处。子宫颈被牢牢固定后，伸入直肠的手臂稍稍用力下压，便于阴门裂开，以利于插入输精器。

③ 当母牛努责难于用以上两种方法握住子宫颈时，可将手指并拢将子宫颈压于耻骨体上或骨盆腔侧壁之固定，在遇到直肠形成罐状时，这种方法较妥。

若母牛努责过甚，可采用喂给饲草、捏腰、拍打眼睛、按摩阴蒂等方法使之缓解。若母牛直肠呈罐状，可用手臂在直肠中前后抽动以促使松弛。

3）输精器插入子宫颈外口：

① 手把握好子宫颈，大拇指肚按压子宫颈外口上缘，另一只手持输精器通过阴道，探索抵达拇指肚处，再导入子宫颈外口内。

② 手攥握子宫颈，另一只手持输精器沿手臂向手心中探插，输精器可进入子宫颈外口。

4）输精器通过子宫颈管，抵达子宫体，只有输精管进入子宫颈外口才能通过子宫颈，因此成为输精操作最为困难的部分。操作时两手需要配合很好，使输精器顺利地通过子宫颈管的几个皱襞，进入子宫体部位。具体方法是：一只手拳握攥住子宫颈，另一只手持已进入子宫颈外口的输精器多处转换方向，向前探插，同时用握攥住子宫颈的手将子宫颈前段稍抬高，并向输精器上套。输精器通过

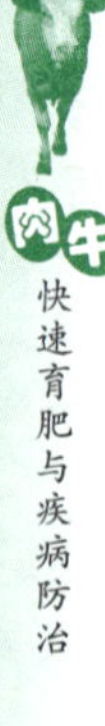


子宫颈管内的硬皱襞时，会有明显的感觉。当输精器一旦越过子宫颈皱襞，立刻感到畅通无阻，这时即抵达子宫体处。当输精器处在子宫颈管内时，手指是摸不到的，输精器一进入子宫体，即可很清楚地触摸到输精器的前段，如图5-3所示。

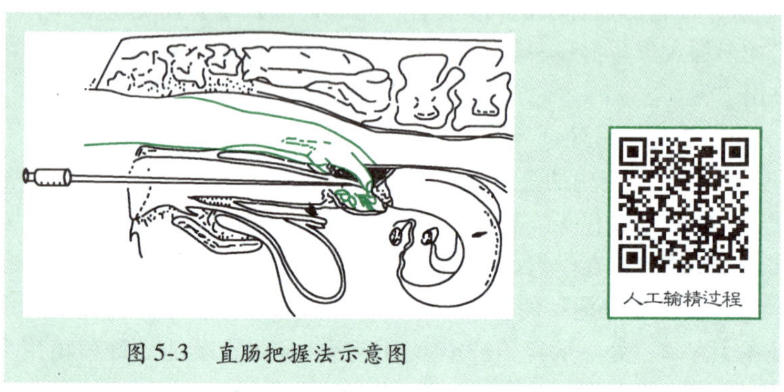


图5-3　直肠把握法示意图

5）注入精液，取出输精器。当确认输精器进入子宫体时，应向后抽退一点，勿使子宫壁堵塞住输精器尖端出口处，缓慢地、顺利地将精液注入，然后轻轻地抽出输精器。

### 5. 器械的洗涤

人工授精用的器械在每次使用以后，均需要用洗涤剂洗刷干净，特别是注射器、输精器内的残留精液均应彻底洗涤干净，并需要保持洁净、干燥，存放于清洁的厨柜内。

### 6. 器械的冲洗消毒

1）玻璃棒、金属镊子、搪瓷方盘需要用75%酒精棉球消毒。

2）解冻用小试管、解冻液、注射器、生理盐水棉球、毛巾、纱布需要高压蒸汽消毒。要求消毒温度达到115℃维持30分钟。

3）颗粒型冷冻精液输精器需要经高压蒸汽消毒。当连续为数头母牛输精时，每输精一头母牛后，输精器可用75%酒精棉球由前向后擦拭消毒，待干燥后，再用生理盐水棉球擦拭，可再用于另一头母牛输精。

4）细管型冷冻精液输精器的前段接头需要经高压蒸汽消毒，接杆部分可用75%酒精棉球消毒，待干燥后再用生理盐水棉球擦拭，

每次用于输精，只需要更换输精器接头即可。

凡是接触精液的器械，如解冻小试管、颗粒型冷冻精液输精器、储存精液的容器等，均需要经彻底消毒，并再经灭菌的解冻液冲洗两次，以保持精子的适宜环境。

### 7. 人工授精的注意事项

人工授精过程必须按照操作程序有条不紊地进行，做好消毒工作，注意保持精液的纯净及精子活力良好，将精液注入规定位置，避免精液流失。操作过程中要注意人畜安全。防止损坏器械，不得损伤母牛阴道及直肠壁。要注意避开水及温度对精子的影响，晴天避免阳光直接照射精液，气温低于20℃时应注意精液的保温，吸取精液的输精器应温暖，人工授精操作要求轻缓，尽可能少刺激母牛。人工授精完毕要及时填写记录表格，清洗授精器械。人工授精后发现精液流失和精子死亡等，应进行补授或重授。人工授精以后不应忘记嘱咐畜主继续观察母牛，如发现在6小时内仍有发情症状，应重复进行人工授精。

## 九 牛冷冻精液输精站的基本建设

### 1. 人工授精操作室

**(1) 精液处理室** 面积可为8~10米$^2$，要求屋顶、墙壁、地面平整。室内放置有液氮罐储存冷冻精液，并进行冷冻精液的解冻及精液品质的检查。

**(2) 直检、输精室** 面积为30~40米$^2$。室内安置有1~2个六柱栏，用于对母牛采取直肠检查法进行发情鉴定、妊娠诊断和不孕症的防治，同时也用于母牛输精。要求室内光线充足，地面平整，便于清除粪便。



### 2. 母牛系留场（棚）

根据本站配种范围内的适繁殖母牛数来确定一定面积的场地，用于拴系来站检查和配种的母牛。一般距种公牛拴系场应保持20米以上的距离，或者用墙壁或圈舍隔开。

### 3. 器械准备

不同规格的液氮储存罐及液氮运输罐；生物显微镜及显微镜保温箱；恒温水浴箱；各式牛用输精器；手提高压灭菌器等。

## 第四节　妊娠与分娩

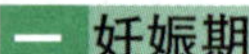

### 一　妊娠期

妊娠是母牛的特殊生理状态。由受精卵开始，经过发育，一直到成熟胎儿产出为止所经历的时间，称为妊娠期。母牛的妊娠期一般为270～280天，平均天数为280天。妊娠期的长短受遗传、品种、年龄、环境因素（如季节及营养状况）及胎儿生长发育的影响。一般早熟品种的妊娠期短，怀母犊约比怀公犊短1天左右，青年母牛比成年母牛约短1天，怀双胎比怀单胎短3～7天，冬春两季分娩比夏秋两季分娩长2～3天，饲养管理条件差的母牛妊娠期长。

一旦确定牛已怀孕，需要准确推算出母牛的预产期，以做好生产安排和牛分娩前的准备工作，并便于编制产犊计划。母牛预产期可根据配种日期推算，等于配种月减3或加9，配种日数加10，即“月减3得月，日加10得日”；或“月加9得月，日加10得日”。例如，某牛3月15日配种，3+9=12，12为预计分娩月，15+10=25，25为预计分娩日，即当年12月25日为预产期。

### 二　妊娠诊断

妊娠诊断是根据母牛配种后发生的一系列生理变化，采取相应的检查方法，判断母牛是否妊娠的一项技术。尽早地判定母牛妊娠与否或及时监测胚胎发育状况，以便对已妊娠母牛加强饲养管理，针对未妊娠母牛找出原因，及时补配或进行必要的处理，对于缩短产仔间隔，提高其繁殖力具有重要的意义。

理想的妊娠诊断法应具备早、准、简、快的特点。所谓“早”，就是要在妊娠早期进行，因为只有尽早发现未孕母牛，及时采取复配措施，才能缩短空怀期。“准”就是诊断要准确，如果诊断不准确，将未孕母牛误以为已妊娠，就会使空怀期延长，降低繁殖力；反之，将妊娠母牛诊断为未孕，采取的饲养管理措施不当，甚至强行复配，引起流产，造成损失。“简”是指操作方法简单易行，所需要的仪器、设备或试剂要少，并且价廉易得，特别是要适用于生产实际或野外操作。“快”就是从诊断开始到获得结果的时间要短，速度越快，实用价值越高。

在生产实践中应用的妊娠诊断方法主要有外部观察法、阴道检查法、直肠检查法、黄体酮水平测定法和超声波诊断法等。

### 1. 外部观察法

母牛妊娠以后，周期性发情停止，性情变得温顺，行动迟缓，食欲和饮水增加，被毛变得光亮，膘情变好。妊娠初期，母牛的外阴部比较干燥，阴唇紧缩，皱纹明显。妊娠后期，腹围明显增大，出现不对称，右侧腹壁突出。青年母牛妊娠4~5个月乳房开始明显发育，体积增大；经产母牛在妊娠最后的半个月乳房明显胀大，乳头变粗，个别牛乳房底部会出现水肿。这种观察方法虽然简单，容易掌握，但不能进行早期确诊，只能作为一种辅助的诊断方法。

### 2. 阴道检查法

阴道检查法主要是通过观察阴道黏膜的色泽，以及黏液状况、子宫颈的状况等，确定母牛是否妊娠。

妊娠时阴道收缩较紧，阴道黏膜变白、干燥且失去光泽（妊娠末期除外），妊娠后半期，可以感觉到阴道壁松软、肥厚。妊娠1.5~2个月时，子宫颈口及其附近有黏稠的黏液，但量尚少；3~4个月后就很明显，并变得黏稠，灰白色或灰黄色，如同稀糨糊；6个月后稀薄而透明，有时可排出阴门外，黏附于阴门及尾上。

阴道检查法虽有一定的准确性，但因个体间差异较大，易造成误诊。如果被检查的母牛有持久黄体或有干尸化胎儿存在时，极易和妊娠征象混淆而误判为妊娠；当子宫颈及阴道有病理过程时，妊娠母牛又往往表现不出妊娠征象而判为未孕。所以，该方法只能作为一种辅助的检查方法。操作时要严格消毒，切勿动作粗暴。

### 3. 直肠检查法

直肠检查法是判断母牛是否妊娠和妊娠时间的最常用也是最可靠的方法。具体操作方法同发情鉴定的直肠检查法，但需要更加细致认真，严防粗暴。检查时动作要轻、快、准确，检查顺序为先摸到子宫颈，然后顺势触摸子宫角、卵巢，最后是子宫中动脉。

配种第20~25天，在孕角侧卵巢上有突出于卵巢表面的黄体，直径为2.5~3.0厘米，90%是怀孕了。子宫角粗细无变化，但子宫

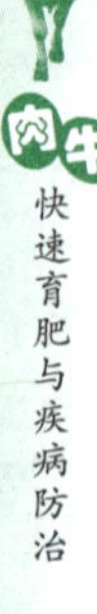



壁较厚并有弹性。然而，胚胎早期死亡或子宫内有异物也会出现黄体。另外，当母牛患有子宫内膜炎时，卵巢也常有类似的黄体存在，应特别注意。

妊娠30天后，两侧子宫大小不对称，子宫角间沟仍清楚，孕角及子宫体较粗、柔软、壁薄。触诊时孕角一般不收缩，有时收缩则感觉有弹性，内有液体波动，像软壳蛋样。空角常收缩，感觉有弹性且弯曲明显。用手指轻握孕角从一端滑向另一端，可感到胎膜囊从指间滑过。若用拇指及食指轻轻捏起子宫角，然后稍放松可感到子宫壁内有一层薄膜滑开。

妊娠60天后，孕角及子宫体变得更粗大，两子宫角大小显然不同，孕角较空角粗约1倍，而且较长。孕角壁变得软而薄，并且有液体波动。如果在子宫颈前方摸不清楚子宫角，仅摸到一堆软东西，则说明此母牛可能已妊娠，仔细触诊可将两角摸清楚。

妊娠90天后，角间沟消失。由子宫颈向前可触到扩大的子宫从骨盆腔向腹腔下垂，初产牛下沉要晚一些。子宫颈前移至耻骨前缘，有些母牛的子宫动脉开始出现轻微的孕脉，但不清楚，时隐时现，并且在距其起点较远处容易感到。

妊娠120天后，子宫像口袋一样垂入腹腔。子宫颈移至耻骨前缘之前，手提子宫颈可明显感觉到重量。抚摸子宫壁能清楚地摸到许多胎盘突，其体积比卵巢稍小。子宫被胃肠挤回到骨盆入口之前时，摸到整个子宫大如排球，偶可触及胎儿和孕角卵巢。空角卵巢仍然能摸到。孕角侧子宫动脉的孕脉比上一个月稍清楚，但仍轻微。

妊娠150天后，子宫全部沉入腹腔。在耻骨前缘稍下方可以摸到子宫颈。胎盘突更大，往往可以摸到胎儿，但摸不到两侧卵巢。孕角侧子宫动脉孕脉已较明显，空角侧尚无或有轻微妊娠脉搏。

妊娠180天后，胎儿已经很大，子宫沉到腹底。因为牛的小结肠系膜短，故仅在胃肠充满而使子宫后移升起时，才能触及胎儿。胎盘突有鸽蛋样大小，在孕角的两侧容易摸到。孕角侧子宫动脉粗大，孕脉也较明显；空角侧子宫动脉出现微弱孕脉。

妊娠210天后，胎儿更大，从此以后容易摸到，胎盘突更大。两侧子宫动脉均有明显的孕脉，但空角侧较弱；个别牛甚至到产前孕脉也不显著。

妊娠240天后，子宫颈回到骨盆前缘或骨盆腔内，很容易触及胎儿。胎盘突大如鸭蛋。两侧子宫动脉孕脉显著；孕角侧阴道动脉子宫支的孕脉已清楚，但个别牛即使到产前也不明显。

妊娠270天后，胎儿的前置部分进入骨盆入口。所有的子宫动脉均有显著孕脉，手一伸入肛门，不必特别触诊子宫动脉阴道支，只要贴在骨盆侧壁，即可感到孕脉颤动。

妊娠诊断中的常见错误：

1）误将膀胱混淆为妊娠子宫角。膀胱为一球形器官，而不是管状器官，没有子宫颈也没有分叉。正常情况下，在膀胱顶部中右侧可摸到子宫，并且膀胱不会有滑落感。

2）误认瘤胃为妊娠子宫。若摸到瘤胃，其内容物像面团，容易区别。同样，也没有胎膜滑落感。

3）误认肾脏为妊娠子宫角。若摸到肾叶，既无波动感，也无滑落感。

4）阴道积气。阴道内积气膨胀，犹如气球，不细心检查误认为是子宫。若按压此“气球”，并将牛后推，就会从阴户放出空气，并且可感觉到气球在缩小。

5）子宫积脓。检查时，可发现子宫膨大，并且有波动感，有时也不对称，可摸到黄体。但是仔细检查会发现子宫紧且肿大，没有胎膜滑落感，并且阴道往往有黏液排出。

#### 4. 黄体酮水平测定法

根据妊娠后外周血液、乳汁或其他体液内黄体酮浓度明显增高的现象，测定黄体酮水平即可判定妊娠与否。其方法是在母牛配种后18~24天，收集血液或乳汁（还可收集唾液、毛发、粪便等）作为样品，每两天一次，然后用放射免疫测定法或酶免疫测定法测定样品中的黄体酮水平。据报道，在母牛配种后21~24天，由以上方法测定黄体酮水平，做出妊娠诊断的准确率可达85%~94%，做出未孕的准确率可达100%。

另外，也可在母牛配种后20天，肌内注射已烯雌酚（10毫克）一次。已妊娠母牛，无发情表现或表现轻微；未妊娠母牛，2~3天

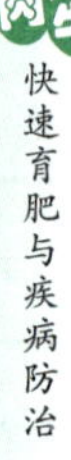



发情明显。

### 5. 超声波诊断法

超声波诊断法是利用超声波的物理特性和不同组织结构的声学特性相结合的物理学妊娠诊断方法。国内外研制的超声波诊断仪有多种，是简单而有效的检测仪器。应用B型超声波诊断仪，能够分辨牛胚胎的最早时间是配种后10～17天。在配种后13天，93%的母牛子宫内出现胎体，所有胚胎都在妊娠黄体同侧的子宫角中。据报道，用3.0MHz或3.5MHz的实时超声扫描仪进行的妊娠诊断，在牛配种后20天的准确率为80%以上，26～33天的准确率可达100%。

## 三 分娩与助产

母牛分娩时，如果忽视护理，又缺乏必要的助产措施和严格的消毒卫生制度，就有可能造成母牛的难产、生殖道疾病、产后不孕或犊牛死亡，更有甚者会造成母牛死亡或丧失繁殖能力。随着胎儿发育的成熟，临产前，母牛在生理上会发生一系列的变化，以适应排除胎儿和哺乳的需要。

### 1. 分娩预兆

**（1）乳房变化** 乳房在分娩前迅速发育，膨胀增大，有时还出现浮肿。初产牛在妊娠4个月时乳房就开始发育，特别是在妊娠后期，乳房发育更为迅速。经产牛的乳房在分娩前胀大迅速，约在产前10天，乳头表面出现蜡状光泽，并可在乳头中挤出少量乳汁和胶样液体；产前2天左右，乳头中充满乳汁；当出现漏乳现象后数小时至1天左右即可分娩。

**（2）阴部变化** 在分娩前约一周，阴唇开始逐渐变肿胀、松软、体积增大，阴唇皮肤上的皱褶展平，并充血且稍变红。阴道黏液潮红，子宫颈在分娩前1～2天开始肿胀、松软，子宫颈内黏液栓变稀，流入阴道，从阴道可见透明黏液流出。

**（3）骨盆变化** 骨盆韧带在临产前数天开始变松软，用手触摸似一团软组织，并且荐骨两侧出现明显的塌陷现象，一般不超过24小时即可分娩。

**（4）行为变化** 临产前母牛表现出食欲不振、精神抑郁、徘徊不安、频频排尿、哞叫等。此时应有专人看护，做好接产和助产的准备。

**（5）体温变化** 母牛的体温从产前1～2个月就开始逐渐上升，在分娩前7～8天高达39～39.5℃，但临产前12小时左右，体温则下降0.4～1.2℃，在分娩过程和产后又逐渐恢复到产前的正常体温。

### 2. 分娩过程

整个分娩期从子宫肌和腹肌出现阵缩开始，至胎儿和附属物排出为止。分娩过程是一个有机联系的完整过程，按照产道暂时性的形态变化和子宫内容物的排出情况，习惯上将分娩过程分为子宫颈开口期、胎儿产出期和胎衣排出期3个阶段。

**（1）子宫颈开口期** 子宫颈开口期是从有规则地出现阵缩开始到子宫颈口完全开张为止。这一期仅有阵缩，没有努责。母牛在开口期维持时间为0.5～24小时，平均为6小时，最初表现出反刍不规律，时起时卧、来回走动，常做排粪姿势，呼吸脉搏加快，哞叫，到开口末期，有时胎膜囊露出阴门之外。

**（2）胎儿产出期** 产出期是指由子宫颈口充分开张至胎儿全部排出为止。在这时期，母体的阵缩和努责共同发生作用，其中努责是排出胎儿的主要力量。母体的行为变化主要表现为极度不安、起卧频繁、前蹄刨地、后肢踢腹、回顾腹部、弓背努责和嗳气等。当胎儿前置部分以侧卧胎势通过骨盆及其出口时，母体四肢伸直，努责的强度和频率都达到极点。努责数次后，休息片刻，又继续努责。据报道，母牛在15分钟内努责次数可达5～7次，脉搏可达80～130次/分钟，同时呼吸加快。在产出期中期，胎儿最宽部分的排出需要较长时间，尤其是头部。当胎儿通过骨盆腔时，母体努责表现最为强烈。正生胎向时，当胎头露出阴门外之后，母牛稍微休息，继而将胎胸部排出，然后努责缓和，其余部分随之迅速被排出，仅把胎衣留于子宫内。此时，不再努责，休息片刻后，母体就能站起来照顾新生幼仔。

**（3）胎衣排出期** 胎衣是胎膜的总称，包括部分断离的脐带。胎衣排出期是指从胎儿被排出开始至胎衣完全排出的持续时间。胎儿被排出之后，母牛稍做休息后，子宫再次出现轻微的阵缩与努责，直至将胎衣排出为止。母牛的胎衣排除期为2～8小时，如果超过12

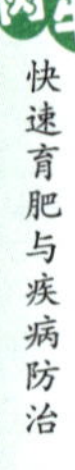


小时胎衣尚未排出或未排尽，应按胎衣不下进行处理。

### 3. 助产

助产是指在自然分娩出现某种困难时，人工帮助产出胎儿。母牛的助产是及时处理母牛难产、进行正确的产后处理、预防产后母牛炎症和保证犊牛健康的重要环节。分娩是母牛正常的生理过程，一般情况下，不需要助产而任其自然产出。但是，如果出现胎位不正、胎儿过大、母牛分娩乏力等情况，需要进行必要的助产。

**（1）产前准备** 助产工作是母牛繁育中的一项重要工作，有时由于准备工作不足而造成母仔死亡或疾病，给生产带来经济损失。因此，在母牛分娩之前，应做好助产的准备工作。

要求选择宽敞、清洁干燥、光线充足、通风良好而无贼风的房舍作为专用产房。产房在使用前要进行清扫消毒，并铺上干燥、清洁、柔软的垫草。

产房内需要准备好助产用具和药械，并将其放在固定地方。要准备的用具和药械有肥皂、毛巾、刷子、棉花、纱布、注射器、针头、体温表、听诊器、细绳、产科绳、大塑料布、照明设备、70%酒精、5%～10%碘酊、0.1%新洁尔灭和催产药品及急救药等。有条件最好准备一套常用的产科器械。另外，要准备好热水和照明设备。

**（2）助产方法** 在一般情况下，分娩可自然进行，助产人员的主要任务在于监视母牛的分娩情况和护理幼仔。幼仔产出后，应立即断脐消毒。

当迫近临产时，助产人员穿好工作服及胶围裙和胶靴，消毒手臂，并做好检查工作。

为防止难产，当胎儿前置部分进入产道时，可将事先消毒好的手臂伸入产道，检查胎儿的胎向、胎位和胎势是否正常，以便对胎儿的异常胎势做出早期诊断，及早发现，尽早矫正。如果胎位正常，可让其自然分娩；若是倒生，后肢露出后，则应及时拉出胎儿，因为当胎儿腹部进入产道时，脐带容易被压在骨盆下；如果胎儿停留时间过久，可能会窒息死亡。

当看到胎儿三件（唇和两肢）已露出阴门外时，如上面盖有羊膜尚未破裂，要立即将其撕裂，使胎儿的鼻、嘴露出，并擦净鼻孔和鼻内黏液，以利呼吸，防止窒息，但也不要过早地撕破羊膜，以免羊水流失过早。

若在分娩时羊水已流出，而胎儿尚未排出，母体的阵缩和努责又较微弱，助产人员可抓住胎头和两肢的腕部，随着母体的努责频率，沿着骨盆轴的方向缓缓拉出胎儿，切不可强行拉出，以免带出子宫，造成子宫脱出。

如果发现母体努责及阵缩微弱，无力排出胎儿，或者产道狭窄，或者因胎儿过大而难以通过阴门等情况而使胎儿产出缓慢时，要迅速拉出胎儿。

胎儿产出后，要迅速用毛巾擦去口、鼻内的黏液，而后进行断脐。若脐带被自行扯断，一般可不结扎，但需要用5%～10%碘酊溶液或5%碳酸溶液浸泡脐带消毒，以防感染或发生破伤风。如果没有扯断，可在距胎儿腹部10～12厘米处涂擦碘酊，然后用消毒的剪刀剪断，在断端再涂上碘酊。

处理脐带后要称初生重、编号，填写犊牛出生卡片，放入犊牛保育栏内，准备喂初乳。

需要注意的是，母牛的助产，特别是难产的处理，应在兽医师的参与下进行，以保证母牛的健康，特别是母牛正常的繁殖力为前提。

## 第五节 繁殖障碍

繁殖障碍又称不育或不孕，是指雌性或雄性动物暂时性或永久性不能繁殖。繁殖障碍是导致动物繁殖力下降的主要原因。因此，了解牛的繁殖障碍的原因，对于正确治疗繁殖疾病、提高动物繁殖率具有重要意义。

### 一 种公牛的繁殖障碍

公牛的繁殖障碍，对牛群的影响很大，所以必须高度重视，尽早发现，并及时采取相应的措施。常见的种公牛繁殖障碍有下列几种：

#### 1. 性欲缺乏

性欲缺乏是指公牛在交配时性欲不强，以致阴茎不能勃起或不愿与母牛接触的现象。生殖内分泌机能失调引起的性欲缺乏，主要表现在雄激素分泌不足或雌激素（饲喂大量含植物雌激素的豆科牧草）使用过多。管理不善也会导致公牛性欲缺乏，如配种时公牛遭蹴踢、鞭打或滑倒及在配种时发生使公牛疼痛的事故。此外，采精技术不当及各种全身性慢性疾病、生殖器官炎症、损伤、长期营养不良等都会造成公牛性欲缺乏。

对缺乏性欲的公牛可肌内注射 PMSG5000 国际单位，一般能明显改善性欲。对原因不明的性欲缺乏，可皮下或肌内注射 100～300 毫克丙酸睾酮或苯乙酸睾酮，也可口服 0.3～0.9 克甲基睾酮。值得注意的是，激素用量不宜过大，使用时间不宜过长，以免激素发生负反馈调节而抑制自身激素的分泌。

## 2. 交配困难

交配困难主要表现公牛爬跨、插入、射精等交配行为发生异常。爬跨无力对于老龄公牛是一种常见现象。蹄部腐烂、四肢外伤、后躯或脊椎发生关节炎等都可造成爬跨无力。阴茎从包皮鞘伸出不足或阴茎下垂，都不能正常交配或采精。由先天性、外伤性和传染性引起的“包茎”或包皮口狭窄，以及由于阴茎海绵体破裂而形成的血肿等，均可妨碍阴茎的正常伸出。

## 3. 精液品质不良

精液品质不良是指公牛射出的精液达不到使母牛受胎所要求的标准，主要表现为射精量少、无精子、少精子、死精子、精子畸形和精子活力不强等。此外，精液中带有脓汁、血液和尿液等，也是精液品质不良的表现。引起精液品质不良的因素包括气候恶劣（高温、高湿）、饲养管理不善、遗传病变、生殖内分泌失调、感染病原微生物及精液采集、稀释和保存过程中操作失误等。环境温度对精液品质和配种受胎率有影响，高温季节的精子密度和活力降低，畸形精子和顶体变化精子比例增高。采精频率也会影响精液产量和质量。间隔时间长，每次射精总量、精子密度、原精活力和有效精子数增加，但每周生产的有效精子总数降低。

由于引起精液品质不良的因素十分复杂，所以在治疗时首先必须找出发病原因，然后针对不同原因采取相应措施。由于饲养管理不良所引起的，应及时改进饲养管理措施，如增加饲料喂量、改善饲料品质、增加运动和暂停配种等。

## 二 母牛的繁殖障碍

奶牛的繁殖障碍发生率高于其他种类的牛，可达15%～20%。母牛常见的繁殖障碍主要有3大类：子宫疾病、卵巢疾病和激素失衡。

### 1. 隐性发情

每个牛场、各年龄段的牛均可发生隐性发情，有的牛场发生率高达50%，特别是高产牛。影响隐性发情的因素包括牛舍、季节、产奶量、营养、遗传及发情鉴定技术等。虽然大部分隐性发情是几种因素综合作用的结果，但发情鉴定不当是造成隐性发情的主要因素。为此，要改进发情鉴定方法，增加发情鉴定观察次数，时常触诊卵巢上的黄体或卵泡情况，估计母牛在发情周期中所处的阶段，推算下次发情的日期，提高发情检出率。

### 2. 持久黄体

母牛分娩后或排卵后未受精，卵巢上的黄体存在25～30天而不消失，称为持久黄体。持久黄体主要表现为母牛长期不发情。直肠检查可发现一侧（有时为两侧）卵巢增大，卵巢表面有或大或小的突出黄体，质地比卵巢实质硬。如果母牛超过了应当发情的时间而不发情，间隔一定时间（10～14天），经过两次以上的检查，在卵巢的同一部位触到同样的黄体，即可诊断为持久黄体。治疗持久黄体最简便的方法是注射25毫克前列腺（$PGF_{2\alpha}$）或0.5毫克前列腺素类似物，使持久黄体消退。

### 3. 卵巢囊肿

卵巢囊肿有两种形式：一是卵泡囊肿，是由于发情中的卵泡上皮变性，卵泡壁结缔组织增生变厚，卵细胞死亡，卵泡液增多而形成；二是黄体囊肿，这是由于未排卵的卵泡壁上皮发生黄体化，或者排卵后由于某些原因造成黄体化不足，在黄体内形成空腔并蓄积液体而形成。卵泡囊肿主要表现为发情无规律，持续时间长，卵泡直径一般大于2.5厘米，至少持续10天不排卵，出现慕雄狂。黄体囊肿主要表现为性周期停止，不发情。除遗传因素外，诱发卵巢囊肿还可能是：①饲料中缺乏维生素A或含有大量的雌激素，饲喂精

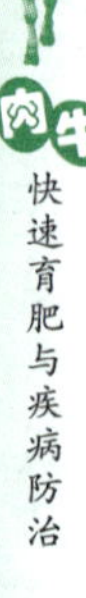



料过多而又缺乏运动；②垂体或其他内分泌腺体机能失调及使用激素制剂不当，如注射雌激素过多等；③生殖道炎症继发卵巢疾病，如卵巢发炎使排卵受到扰乱，因而发生囊肿。

### 4. 子宫内膜炎

子宫内膜炎是子宫黏膜的黏液性或脓性炎症，是母牛最常见的生殖系统疾病，是引起不孕症的主要原因。子宫内膜炎根据炎症性质可分为黏液性、黏液脓性和脓性；根据病程可分为急性、慢性和隐性。急性子宫内膜炎多发生于产后母牛，因分娩和助产时微生物入侵子宫而引起子宫黏膜发生急性炎症。母牛表现为食欲减退或废绝，体温升高，出现弓腰、努责及频频排尿姿势，阴道流出的分泌物呈褐色黏液或脓性分泌物，有腥臭味。慢性子宫内膜炎是由于急性子宫内膜炎治疗不及时或不彻底导致的，主要表现为发情不正常、屡配不孕，或者发生隐性流产，有时从阴道排出混浊带有絮状物的黏液。发生隐性子宫内膜炎时，症状不明显，发情周期也正常，但屡配不孕，有时虽受孕也会造成胚胎死亡或早期流产。母牛是在发情时才排出量较多、稍混浊，有时带有絮状的脓性分泌物。

引起子宫内膜炎的原因主要有：分娩、助产时，不注意消毒或操作不慎，输精时消毒不严格，将病原微生物带入子宫导致感染；产后外阴松弛，外翻的黏膜与泥土、垫草及尾根接触，病菌上行侵入子宫；子宫脱出、难产、胎衣不下，子宫复旧不全，胎儿浸溶和腐败时继发感染；公牛生殖器官的炎症和感染也可通过本交或人工授精传给母牛而引起慢性子宫内膜炎。此外，母牛自身抵抗力差也是原因之一。

防止原则是抗菌消炎，促进炎性分泌物的排出和子宫机能的恢复。一般采用先冲洗子宫，然后灌注抗生素或中药制剂的方法进行治疗。冲洗子宫常用0.1%高锰酸钾溶液、0.02%呋喃西林，也可用3%盐水等。冲洗后可用金霉素粉0.5克溶于300毫升蒸馏水灌注子宫；或者用青霉素$2.4\times10^6$国际单位、链霉素$2\times10^6$国际单位，溶于150毫升蒸馏水中一次注入子宫内。另外，患子宫内膜炎的母牛常常伴有持久性黄体，也可肌内注射0.4~0.6毫克或宫注0.2~0.3毫克氯前列烯醇。

# 第六章
# 肉牛的饲养管理与育肥技术

## 第一节　犊牛的饲养管理

犊牛是指初生至断奶前这段时间的小牛。犊牛处于高强度的生长发育阶段，因此必须饲喂较高营养水平的日粮，并且饲养管理得当，才能使肉用犊牛的潜在发育性能得到充分表现。

### 一　犊牛的饲养

#### 1. 早喂初乳

初乳是母牛分娩后5～7天内分泌的乳汁，其色深黄而黏稠，成分和7天后所产的常乳差别很大。初乳中含有大量的免疫球蛋白，具有抑制和杀死多种病原微生物的功能，使犊牛获得免疫力；其次，初乳含有较多的镁盐，比常乳高1倍，有轻泻性，可促进胎粪的排出；而且初乳的酸度较高，使胃液变为酸性，能抑制有害细菌的繁殖。

犊牛出生后，应尽快让其吃到初乳。肉用犊牛通常是随母牛自然哺乳。犊牛出生后，擦干或由母牛舔干犊牛身体，约在出生后30分钟帮助犊牛站起，引导犊牛接近母牛乳房，若有困难，需要人工辅助哺乳。若实行人工挤乳，应及时及早挤乳喂给犊牛，犊牛至少要吃足3天的初乳，不然就会影响其健康和发育。若母牛产后患病或死亡，可由同期分娩的其他健康母牛代哺初乳，即保姆牛法哺乳。在没有同期母牛初乳的情况下，也可饲喂常乳，但每千克常乳中需要

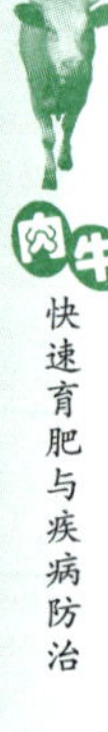



加5～10毫克青霉素或等效的其他抑菌素、2～3个鸡蛋、4毫升鱼肝油配成人工初乳代替，并喂一次蓖麻油50～100毫升，以代替初乳的轻泻作用。初乳的喂量应根据初生犊牛的体重及健康状况确定。

**【注意】** 若需要人工辅助哺乳，初乳挤出后要及时饲喂，奶温应保持在35～38℃。

### 2. 饲喂常乳

一般情况下，肉用犊牛都采用随母自然哺乳的方式，犊牛跟着母牛，让其自由采食。有些母牛由于初产或产后疾病和事故，造成泌乳量减少或没有时，就需要及时采取补救措施。出生后1个月之内母乳不足时，在哺母乳的同时应哺人工乳，并逐渐用人工乳、牛乳代替母乳；出生1个月以后母乳不足时，可完全用人工乳饲喂。人工哺乳时，每次喂奶之后用毛巾将犊牛口、鼻周围残留的乳汁擦净，以防形成舐癖。自然哺乳的前半期（90日龄前），肉用犊牛的日增重与母乳的量和质关系密切，母牛泌乳性能较好，日增重可达到0.5千克以上；在后半期，犊牛可觅草料，逐渐代替母乳，减少对母乳的依赖程度，日增重应达0.7～1千克。若达不到以上标准，应增加母牛的补料量。肉用犊牛的喂乳量见表6-1。

**表6-1　肉用犊牛的喂乳量**

| 周　龄 | 1～2周龄 | 3～4周龄 | 5～6周龄 | 7～9周龄 | 10～13周龄 | 14周龄以后 | 全期用奶 |
|---|---|---|---|---|---|---|---|
| 小型牛喂乳量/千克 | 3.7～5.1 | 4.2～6.0 | 4.4 | 3.6 | 2.6 | 1.5 | 400 |
| 大型牛喂乳量/千克 | 4.5～6.5 | 5.7～8.1 | 6 | 4.8 | 3.5 | 2.1 | 540 |

### 3. 犊牛补饲

为了促进犊牛瘤胃尽早发育，采取犊牛隔栏补饲，犊牛生后1～2周，就可给予一定量的含优质蛋白质的精料和优质干草，这不仅有利于提高日增重，而且还有利于断奶。特别是杂交牛犊，其初生体型大，本地母牛的母乳不能满足营养需要，导致杂交牛犊的生长发育受阻，更应及早补饲。训练犊牛采食精料时，可用玉米、豆饼、高粱等磨成粉，并加入食盐拌匀。开始时，每天喂10～20克，用开水冲成粥状，抹在犊牛口腔处，诱其舔食，几天后可将精料拌成半湿料，喂量逐渐增加，到1月龄可喂到200～300克，2月龄可增至500～700克，3月龄时可采食750～1000克。刚训练采食干草时可在饲喂犊牛的草架上添加一些柔软优质的干草让犊牛自由采食。青贮饲料在犊牛8周龄前不宜多喂，可以补给少量切碎的胡萝卜等块根、块茎饲料，补饲后期可饲喂大量优质青干草、青贮料。犊牛生后8周内严禁喂尿素。另外，在饲喂粗料过程中应选择干净、柔软的饲料，有条件最好随母放牧。在正常情况下，通过补饲的改良犊牛一般在6月龄断乳时体重可达160～170千克，日增重0.7～0.8千克。

#### 4. 犊牛断奶

犊牛断奶的时间应根据实际情况和补饲情况确定。肉用犊牛的哺乳期一般为5～6个月，当犊牛能采食0.5～1千克犊牛料时，就要及时断奶。犊牛料应用含粗蛋白质16%～18%、粗脂肪2%、粗纤维3%～5%、钙0.6%、磷0.4%的配合饲料。精料参考配方：玉米53%、麸皮12%、豆饼32%、石粉2%、食盐1%，另加维生素A、维生素E、维生素D及微量元素添加剂。若犊牛体质较弱，可适当延长哺乳时间，原则上不超过8月龄。在生产实践中，为了缩短哺乳期，提高母牛的繁殖效率，可提前断奶或实行早期断奶。

### 二 犊牛的管理

#### 1. 初生犊牛的护理

犊牛出生后5～7天称为初生期。犊牛出生后，首先用干净的毛巾拭去犊牛鼻孔和口腔中的黏液，确保新生犊牛的呼吸。若发现新生犊牛不呼吸，可用一根干净稻草或手指插入鼻孔5厘米，搔痒使其呼吸。若此办法不见效，可倒提犊牛，轻轻拍打胸部，使黏液流出。犊牛的脐带通常情况会被自然扯断，未被扯断时，用消毒剪刀在离腹部10～12厘米处将脐带剪断，将滞留在脐带内的血液和黏液挤净，并用5%的碘酒浸泡消毒。生后两天要检查犊牛脐带是否有感染，正常的犊牛脐部周围柔软，如发现犊牛脐部红肿并有触痛感，

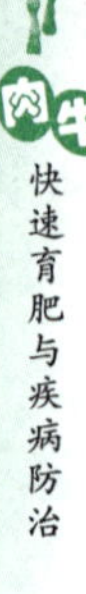



即脐带感染，应立即进行处理，否则脐带感染可能发展为败血症，引起犊牛死亡。

**2. 称重及编号**

犊牛出生后第一次哺乳前应称重。为了便于牛的管理，要对出生后的犊牛进行编号。生产上应用比较广泛的是耳标法和打耳号法。耳标可以选用塑料或金属制作，先在上面打上号或用不褪色的彩色笔写上号码，然后固定在牛的耳朵上；也可以用电烙编号和冷冻编号。电烙编号法是在犊牛阶段，一般是近6月龄，把牛绑定牢靠，把烧热的号码铁按在牛尻部把皮肤烫焦，痊愈后留下不长毛的号码。这种方法打出来的编号能终身留于牛体，成本低，使用较多。冷冻编号是用液氮把铜制号码降温到-196℃，让犊牛侧卧，把计划打号处尽量用刷子清理干净，用酒精湿润后把已降温的字码压在该处。采用这种方法牛不感到痛苦，但操作较麻烦，成本较高。

**3. 防寒、防暑**

冬季天气寒冷，特别是我国北方地区，气温低，风大，应注意犊牛舍的保暖，防止贼风和穿堂风侵入，犊牛栏内要铺柔软干净的垫草，保持舍温在0℃以上。在南方地区，夏季温度、湿度较高，要注意防暑降温。

**4. 去角**

作为育肥用的犊牛去角后便于管理，防止相互间角斗。常用的去角方法有电烙法和苛性钠法两种。电烙法是先将电烙铁加热至一定温度后，牢牢地按压在角基部，直到下部组织烧灼成白色为止，但不宜太深太久，以免烧伤下层组织，烙烫后涂以青霉素软膏或硼酸粉。苛性钠法通常在犊牛7~10日龄时，先剪去角基部的毛，再在犊牛角基周围涂上一圈凡士林，然后用镊子夹着苛性钠棒在角基根上轻轻地擦抹，直到表皮有微量血丝渗出为止。犊牛去角后应经常检查，特别是在夏季，由于蚊蝇多，有可能发生化脓。如果发生化脓，可以用3%双氧水（过氧化氢）冲洗，再涂以碘酊。

**5. 运动**

加强肉用犊牛的运动，以促进其采食量增加和户外阳光照射，增强对疾病的抵抗能力，使其健康生长。舍饲犊牛生后 7 ~ 10 日龄可在运动场做短时间运动，开始时为 0.5 ~ 1 小时，以后逐渐延长运动时间。运动时间的长短应根据气候及犊牛日龄来掌握，如果犊牛出生的季节比较温暖，开始运动的时间可以早一些；若犊牛在寒冷季节出生，则运动的时间可以晚一些。但在酷热天气，午间应避免太阳直接暴晒，以免中暑；雨天不要使 1 月龄以下的犊牛到舍外活动。放牧饲养的犊牛从出生后 3 周到 1 个月开始放牧，放牧时要避免环境和饲养方法的急速改变。放牧前 1 周左右应将牛群赶到户外，使之增强对外界大自然的适应能力，同时加强运动。放牧时应使犊牛跟随母牛，采取就近放牧的方式，逐渐延长放牧时间，放牧完后还要给母牛补饲，在放牧地也可设立犊牛单独饲喂设施。犊牛过度放牧会使其能量消耗过大而影响增重，所以一般每天以 3 ~ 4 千米为宜。

**6. 饮水**

每天应给予犊牛充足洁净的饮水，在冬季应以温热的饮水供犊牛饮用，不能让犊牛饮用冰水，以免造成腹泻。

**7. 刷拭**

犊牛皮肤易被粪便及尘土黏附而形成皮垢，这样不仅降低了皮毛的保温与散热，而且使皮肤血液循环不良，还可造成犊牛舔食皮毛的恶习，增加患病的机会。坚持每天刷拭犊牛皮肤 1 ~ 2 次，不仅能保持牛体清洁，而且能养成牛温顺的性格。刷拭时最好用毛刷，对于皮肤软组织部位的粪尘结块，可先用水浸泡，待软化后再用铁刷除去。对于头部，刷拭时尽量不要用铁刷乱挠头顶和额部，否则易形成顶撞的恶习。

**8. 卫生**

犊牛舍每天都应清扫，保证圈舍通风、干燥、清洁、阳光充足。补饲及饮水器具应定期消毒，犊牛料要少喂勤添，以保证饲料新鲜、卫生。

## 第二节 育成母牛的饲养管理

一般将断奶后直到初次分娩前的母牛称为育成母牛。这一阶段

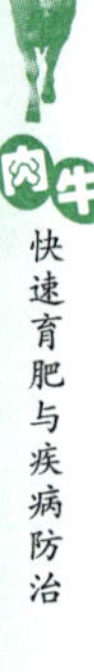



也是性成熟的时期，母牛从发情、配种进入怀孕、产犊的时期。作为牛群后备牛，母牛过肥或过瘦都会影响健康和繁殖。因此，育成母牛生长发育是否正常，直接关系到牛群的质量，必须给予合理的饲养管理。

## 一 育成母牛的饲养

犊牛6月龄断奶后就进入育成期。这一时期小牛生长快，要保证日增重0.4千克以上，否则，会使预留的繁殖用小母牛初次发情期和适宜配种繁殖年龄推迟，肉用的育成牛发育受阻，影响育肥效果。此时期应根据育成母牛的营养需要（见表6-2）进行日粮的配合与饲养。

**表6-2 育成母牛的营养需要**

| 体重/千克 | 日增重/千克 | 日粮干物质/千克 | 粗蛋白质/克 | 维持需要/兆焦 | 增重净能/兆焦 | 钙/克 | 磷/克 | 胡萝卜素/毫克 |
|---|---|---|---|---|---|---|---|---|
| | 0 | 2.2 | 210 | 12.0 | 0 | 4 | 4 | 16.5 |
| | 0.6 | 3.2 | 460 | | 6.23 | 19 | 9 | 19.5 |
| 125 | 0.8 | 3.4 | 520 | | 8.49 | 21 | 11 | 20.0 |
| | 0 | 2.5 | 240 | 13.9 | 0 | 5 | 5 | 18.5 |
| | 0.6 | 4.1 | 480 | | 6.9 | 20 | 10 | 22.0 |
| 150 | 0.8 | 4.7 | 540 | | 9.6 | 25 | 12 | 23.5 |
| | 0 | 3.1 | 290 | 17.1 | 0 | 7 | 7 | 21.5 |
| | 0.6 | 4.9 | 520 | | 8.6 | 20 | 11 | 26.5 |
| 200 | 0.8 | 5.9 | 570 | | 11.9 | 23 | 12 | 30.0 |
| | 0 | 3.7 | 350 | 20.3 | 0 | 9 | 9 | 24.5 |
| | 0.6 | 5.7 | 560 | | 10.2 | 19 | 12 | 31.5 |
| 250 | 0.8 | 6.9 | 610 | | 14.1 | 23 | 13 | 37.5 |
| | 0 | 4.3 | 395 | 23.2 | 0 | 10 | 10 | 36.0 |

（续）

| 体重/千克 | 日增重/千克 | 日粮干物质/千克 | 粗蛋白质/克 | 维持需要/兆焦 | 增重净能/兆焦 | 钙/克 | 磷/克 | 胡萝卜素/毫克 |
|---|---|---|---|---|---|---|---|---|
| 300 | 0.4 | 5.9 | 550 | | 7.4 | 16 | 12 | 34.5 |
| | 0.8 | 7.7 | 640 | | 16.1 | 22 | 14 | 42.0 |
| 350 | 0 | 4.8 | 450 | 26.1 | 0 | 11 | 11 | 30.5 |
| | 0.4 | 6.2 | 590 | | 8.3 | 17 | 14 | 37.0 |
| | 0.6 | 7.8 | 640 | | 13.1 | 19 | 14 | 43.5 |
| 400 | 0 | 5.4 | 490 | 28.8 | 0 | 12 | 12 | 33.0 |
| | 0.2 | 6.2 | 550 | | 4.2 | 16 | 14 | 38.0 |
| | 0.4 | 8.0 | 630 | | 9.2 | 17 | 15 | 46.0 |

### 1. 前期饲养（断奶至1岁）

断乳后的幼牛由依靠母乳为主转为完全靠自己独立生活。刚断奶的牛，由于消化机能比较差，为了防止断奶应激和消化不良，重点把握哺乳期与育成期的过渡，应提供适口性好、能满足其营养需要的饲料。这一时期的幼牛正处于强烈生长发育时期，是骨髓和肌肉的快速生长阶段，体躯向高度和长度两方向急剧增长，性器官和第二性征发育很快，但消化机能和抵抗力还没有发育完全。同时，经过犊牛期植物性饲料的锻炼，其前胃已有了一定的容积和消化青绿饲料的能力，另外，消化器官本身还处于强烈的生长发育阶段，需要增加青粗饲料的喂给量继续进行锻炼。因此，在饲养上要求供给足够的营养物质，满足其生长需要，以达到最快的生长速度，而且所喂饲料必须具有一定的容积，以刺激其前胃的生长。此时期饲喂的饲料应选用优质干草、青干草、青贮料、加工作物的秸秆等，作为辅助粗饲料应少量添加，同时还必须适当补充一些混合精饲料。从9～10月龄开始，便可掺喂秸秆和谷糠类粗饲料，其比例应占粗饲料总量的30%～40%，日粮配方可参考该配比：混合精料1.8～2.0千克，优质青干草2.0千克，青贮料6.0千克，精料应占日粮总量的40%～50%。混合精料配方如下：玉米40%、麸皮20%、豆饼

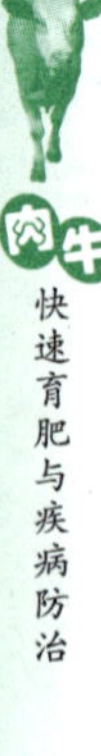


20%、棉籽饼10%、尿素2%、食盐2%、贝壳粉2%、碳酸钙3%、微量元素添加剂1%。

在放牧条件下，每日除放牧以外，回舍后要补饲优质青干草及营养价值全面的高质量混合精料。牧草良好时，日粮中的粗饲料和大约一半的精饲料可由牧草代替；牧草较差时，则必须补饲青绿饲料和精料，如以农作物秸秆为主要粗饲料时，每天每头牛应补饲1.5千克混合精料，以期获得0.6~1.0千克较为理想的日增重。青绿饲料的采食量：7~9月龄为18~22千克，10~12月龄为22~26千克。

### 2. 中期饲养（1岁至配种）

1岁至配种阶段，育成母牛的消化器官进一步扩大，为了促进其消化器官的生长，消化能力增强，日粮应以粗饲料和易消化饲料为主，其比例应占日粮总量的75%，其余25%为混合饲料，以补充能量和蛋白质。由于此时育成母牛既无妊娠负担，也无产奶负担，通常日粮的营养水平只要能满足母牛的生长即可。这一时期的育成母牛肥瘦要适宜，七八成膘，最忌肥胖，否则脂肪沉积过多会造成繁殖障碍，还会影响乳腺的发育。但如果饲养管理不当而发生营养不良，则会导致育成母牛生长发育受阻，体躯瘦小，初配年龄滞后，很容易产生难配不孕牛。

利用好的干草、青贮料、半干青贮料添加少量精料就能满足这一时期母牛的营养需要，可使母牛达到0.6~0.65千克的日增重。在优质青干草、多汁饲料不足和计划较高日增重的情况下，则必须每天每头牛添加1.0~1.3千克的精料。具体配方可参考：玉米青贮料15千克，优质青干草3~5千克，混合精料2.5~3.0千克。分散饲养的母牛以放牧饲养为主。一般情况下，单靠放牧期间采食青草很难满足其生长发育需要，应根据草场资源情况适当地补饲一部分精料，一般每天每头补充0.5~1千克，能量饲料以玉米为主，一般占70%~75%，蛋白质饲料以豆饼为主，一般占25%~30%，还可准备一些粗饲料，如玉米秸秆、稻草等铡短让其自由采食。精料与粗料的补给与否及量的大小，应视草场和牛生长发育的具体情况而定，发育好则可减少或停止饲料补给，发育差则可适当增加饲料补给量。夏季放牧应避开酷热的中午，增加早、晚放牧时间，以利于牛采食和休息。育成母牛在16～18月龄体重达到成年母牛体重的75%～80%为佳，当本地母牛体重达210千克，杂交母牛达260～280千克，即可配种。

### 3. 后期饲养（配种至初次分娩）

配种至初次分娩阶段的母牛已配种受胎，生长缓慢，体躯显著向宽深发展，在丰富的饲养条件下体内容易蓄积过多脂肪，导致牛体过肥，引起难产、产后综合征。但如果饲料过于贫乏，又会使母牛的生长受阻，导致体躯狭浅、四肢细高和泌乳能力差。因此，在此期间，饲料应多样化、全价化，应以优质干草、青草、青贮料和少量氨化麦秸作为基础饲喂，青绿饲料日喂量35～40千克，精料可以少喂甚至不喂。直到妊娠后期，尤其是妊娠最后2～3个月，由于体内胎儿生长发育所需营养物质增加，为了避免压迫胎儿，要求日粮体积要小，但要提高日粮营养浓度，减少粗饲料，增加精饲料，可每日补充2～3千克精料；如果有放牧条件，则育成母牛应以放牧为主，在良好的草地上放牧，精料可减少30%～50%，放牧回来后，若未吃饱，仍应补喂一些干草和多汁饲料。

## 二 育成母牛的管理

### 1. 分群

育成牛最好于6月龄时分群饲养，把育成公牛和育成母牛分开，以免早配，影响生长发育。同时，育成母牛应按年龄、体格大小分群饲养，月龄差异不超过1.5～2个月，活重不超过25～30千克。

### 2. 加强运动

尤其舍饲培育的种用品种母牛，每天可驱赶运动2小时左右。妊娠后期的母牛要注意做好保胎工作，与其他牛分开，单独组群饲养，防止母牛间挤撞、滑倒，不鞭打母牛，不饲喂霉变饲料、冰冻饲料，不饮脏水。

### 3. 刷拭

为了保持牛体清洁，促进皮肤代谢，每天刷拭1～2次，每次5～10分钟。

### 4. 乳房按摩

为了促进育成母牛乳腺组织的发育，提高产奶量，并培养母牛

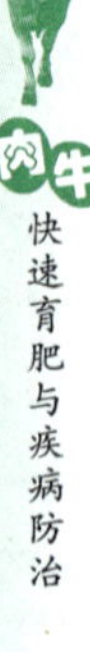



温顺的性格，使乳肉兼用牛分娩后容易接受挤奶，从配种后开始，在每天上槽后按摩乳房1～2分钟，一般早晚按摩2次，到产前1～2月停止按摩乳房。

## 第三节　繁殖母牛的饲养管理

### 一　妊娠母牛的饲养管理

母牛妊娠后，不仅本身生长发育需要营养，而且要满足胎儿生长发育的营养需要和为产后泌乳蓄积营养。妊娠母牛在妊娠初期，由于胎儿生长发育较慢，其营养需求较少，一般按空怀母牛进行饲养，以粗饲料为主，适当搭配少量精料。母牛妊娠最后3个月是胎儿增重最多的时期，胎儿需要从母体吸收大量营养。一般母牛在分娩前，至少要增重45千克，才能保证产犊后的正常泌乳与发情，所以在这一时期，要满足母牛的蛋白质、矿物质、维生素的需要。母牛除供给平常日粮外，每天需补喂1.5千克精料。妊娠最后两个月，母牛的营养直接影响着胎儿的生长和本身营养的蓄积，如果此阶段营养缺乏，容易造成犊牛初生重低、母牛体弱和奶量不足；严重缺乏营养，会造成母牛流产。所以，这一时期要加强营养，每天应补加2千克精料，但不应将母牛喂得过肥，以免影响分娩。

放牧情况下，母牛在妊娠初期，青草季节，应尽量延长放牧时间，一般不补饲；枯草季节，应根据牧草质量和牛的营养需要确定补饲草料的种类和数量。特别是妊娠最后的2～3个月，应重点补饲，每天加喂0.5～1千克胡萝卜以补充维生素A，精料每天补饲0.8～1.1千克，精料配方：玉米50%、麸皮类10%、油饼类30%、高粱7%、石粉2%、食盐1%。

舍饲情况下，按以青粗饲料为主适当搭配精饲料的原则，参照饲养标准配合日粮。粗料如果以玉米秸秆为主时，由于蛋白质含量低，要搭配1/3～1/2优质豆科牧草，再补饲饼粕类，也可以用尿素代替部分饲料蛋白，每头牛每天添加1200～1600国际单位维生素A。妊娠牛禁喂棉籽饼、菜籽饼、酒糟等饲料，也不能喂冰冻、腐败、发霉饲料。饲喂顺序：在精料和多汁饲料较少（占日粮干物质10%以下）的情况下，可采用先粗后精的顺序饲喂，即先喂粗料，待牛吃半饱后，在粗料中拌入部分精料或多汁料碎块，引诱牛多采食，最后把余下的精料全部投饲，吃净后下槽；若精料量较多，可按先精后粗的顺序饲喂。

妊娠母牛应做好保胎工作，要防止母牛过度劳役、挤撞、猛跑而造成流产、早产。对放牧妊娠后期的母牛同其他牛群分别组群，单独放牧在附近的草场，并且不要鞭打、驱赶母牛，不要在有露水的草场上放牧。每天至少刷拭牛体一次，以保持牛体清洁。自由饮水，不饮脏水、冰水，水温要求不低于8℃。在饲料条件较好时，应避免过肥和运动不足。充足的运动可增强母牛体质，促进胎儿生长发育，并可防止难产，舍饲妊娠母牛每日运动2小时左右。临产前应注意观察，做好接产准备工作，保证母牛安全分娩。

## 二 带犊母牛的饲养管理

母牛分娩后的最初几天，身体虚弱，消化机能差，尚处于身体恢复阶段，要限制精饲料及根茎类饲料的饲喂量。这一时期如果营养过于丰富，特别是精料量过多，可引起母牛食欲下降，消化失调，易加重乳房水肿或乳腺炎，还可能因为钙磷代谢失调而患产乳热。体弱母牛要求产后3天内只喂优质干草和少量以麦麸为主的精料，4天后喂给适量的精料和多汁饲料。根据母牛乳房和消化系统的恢复状况适当增加精料喂量，每天不超过1千克，待乳房水肿完全消失后可增至正常，一般产后1周增至正常喂量。母牛分娩3周后，泌乳量迅速增加，此时对能量、蛋白质、钙、磷的需要量增加，所以要增加精料的用量，日粮中粗蛋白质的含量以10%~11%为宜，并提供优质粗饲料。饲料要多样化，一般饲料由3~4种组成，并大量饲喂青绿、多汁饲料。要保证粗饲料的品质，以秸秆为主时应多喂胡萝卜等含胡萝卜素较多的饲料，或者在日粮中每头每天添加维生素A 1200~1600国际单位。分娩3个月后，母牛的产奶量下降，这个时期要适当减少精料的饲喂量，防止母牛过肥。为了避免产奶量急剧下降，母牛要加强运动，并且每天应刷拭牛体，

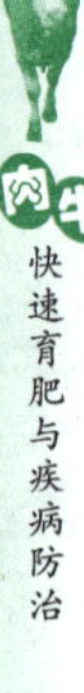



给足饮水。

每天应擦洗母牛乳房，保持其清洁，因为，肉用犊牛一般是自然哺乳，而牛有趴卧的习惯，容易使乳房变脏，如果不定时清洗，很容易使犊牛感染病原微生物而导致腹泻。在整个饲养期，变换饲料时不宜太突然，一般要有 7 ~ 10 天的过渡期，不喂发霉、腐败、含有残余农药的饲料，并注意清除混入草料中的铁钉、金属丝、铁片、玻璃等异物。

## 第四节　肉用架子牛的饲养管理

架子牛通常是指未经育肥或不够屠宰体况的幼牛，是幼牛在恶劣的环境条件下或日粮营养水平较低的情况下，没有导致牛生长发育受阻，但引起牛生长速度下降，骨髓、内脏和部分肌肉优先发育，搭成骨架，形成架子牛。犊牛若在春季出生，然后随母哺乳，随放青草，断奶后已是冬季，天气寒冷，使得牛的维持需要增加，而越冬饲料营养贫乏，不能满足牛的正常生长发育的需要，就形成了架子牛。

### 一　肉用架子牛的饲养

架子牛的营养需要由维持和生长发育速度两方面决定。根据补偿生长的规律，在架子牛阶段的平均日增重，一般大型品种不低于 0.45 千克，小型品种不低于 0.35 千克。架子牛营养贫乏时间不宜过长，否则肌肉发育受阻，影响胴体质量，严重时丧失补偿生长的机会，形成小老头牛。营养贫乏也使得消化器官代偿性地生长，内脏比例较大。当架子牛体重达 250 ~ 350 千克时，即可开始育肥，架子牛阶段时间越长，用于维持营养需要的比例越大，经济效益就越低。普通育肥是选用 1 岁左右的架子牛进行为期 10 个月以内的育肥。

架子牛阶段是消化器官发育的高峰阶段，所以，饲料应以粗料为主，粗料过少，消化器官就会发育不良，而且应用粗饲料还可以降低饲养成本；但所需的精料要注意蛋白质的含量，若精料中蛋白质不足，能量较高时，增重的主要为脂肪，这样会大大降低牛的生产性能。架子牛组织的发育是以骨髓发育为主，日粮中的钙、磷含量及比例必须合适，以避免形成体型小的架子牛，降低其经济价值。

架子牛的饲养方式可以采取放牧饲养或舍饲饲养。舍饲可以采取散放式，充分利用竞食性提高采食量。采取放牧饲养可节约成本，在青草季节放牧，不需要补料也可获得正常日增重。采取放牧饲养方式时必须注意补充食盐，牧草中的钾含量是钠的几倍甚至十几倍，牛在放牧中采食牧草，可吸收大量的钾，满足自身需要，但容易引起钠的缺乏，所以在饲养时应每天补充钠。在生产实际中补充食盐的最好方式是自由舔食盐砖，也可按每100千克体重5~10克喂给，但不能数天集中补一次。

## 二 肉用架子牛的管理

### 1. 分群

架子牛一般按性别、年龄、体型、性情等分群、分圈饲养，避免乱配、以强凌弱、惊扰牛群，引起不必要的麻烦，同时也是适应不同生长发育速度的牛对不同营养需要的要求。

### 2. 驱虫

架子牛阶段往往是比较寒冷的季节，寄生虫会聚集于牛体上过冬，干扰牛群并使牛体消瘦、致病，还可使牛皮等产品质量下降，一般可在春秋两季各进行一次牛体内、体外驱虫。

### 3. 饮水

由于架子牛是以粗饲料为主，食糜的转移、消化吸收、反刍等都需要大量的水，应供给洁净、充足的温水，自由饮水时，控制水温不结冰即可。

### 4. 称重

架子牛每月或隔月称重，检查牛体生长发育情况，以此作为调整日粮的依据，避免形成僵牛。

### 5. 运动

架子牛有活泼好动的特点，但主要用于育肥，一般不强调运动，可把放牧当作一种运动的方式。

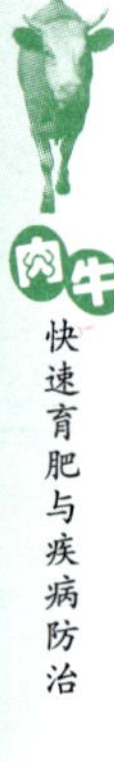



⚠【注意】 选购架子牛应避开疫病流行期，购牛前要逐头检疫，防止有传染病的架子牛在转运过程中传播疾病。此外，远距离运牛应注意预防运输应激综合征，具体方法：启运前两天，口服和肌内注射维生素 A 25 万～100 万单位，出发前给每头牛注射抗应激药物，如黄芪多糖。

## 第五节　肉用牛的育肥

育肥是使日粮中的营养成分含量高于牛本身维持和正常生长发育所需的营养，使多余的营养以脂肪的形式沉积于体内，获得高于生长发育的日增重，缩短出栏年龄，达到育肥。肉用牛育肥的目的是科学应用饲料和管理技术，增加屠宰牛的肉和脂肪，改善肉质，从而在降低饲料成本的条件下获得最高的产肉量和营养价值高的优质肉。肉用牛的育肥一般包括犊牛的育肥、育成牛的育肥、成年牛的育肥。

### 一　犊牛的育肥

犊牛育肥是指犊牛生后至 1 周岁出栏，用全乳、脱脂乳或代用乳、精料等饲喂犊牛。作为育肥用的犊牛应选择优良的肉用品种、乳用品种、兼用品种或杂交牛犊，性别最好是公犊，初生重在 35 千克以上，头方大、前管围粗壮、蹄大、健康状况良好，无遗传病与生理缺陷。犊牛育肥可以生产出小牛肉和犊牛白肉。

小牛肉是按牛出生后饲养至 1 周岁之内屠宰所产的肉。犊牛白肉是指犊牛生后 14～16 周龄内，完全用全乳、脱脂乳或代用乳饲喂，不喂其他任何饲料，使其体重达到 100 千克左右，屠宰后所产的肉。小牛肉和犊牛白肉富含水分，鲜嫩多汁，蛋白质含量高而脂肪含量低，很受欢迎。

犊牛白肉的生产技术要点：3 月龄前的平均日增重必须达到 0.7 千克以上。犊牛生后 1 周内，一定要吃足初乳，然后与其母牛分开，实行人工哺乳，每日哺喂 3 次。为了减少牛奶的消耗，可采用代乳料加人工乳，犊牛代乳料配方见表 6-3。平均每 13 千克代乳料或人工乳生产 1 千克犊牛白肉，犊牛每喂 10 千克全乳大约长 1 千克牛肉，因此，犊牛白肉生产不仅饲喂成本高，牛肉售价也高，其价格是一般牛肉价格的 8～10 倍。

**表 6-3 犊牛代乳料配方**

| 原　　料 | 配方 1 | 配方 2 | 配方 3 |
|---|---|---|---|
| 脱脂乳粉（%） | 78.5 | 72.5 | 79.6 |
| 动物性脂肪（%） | 20.2 | 13.0 | 12.5 |
| 植物性脂肪（%） | | 2.2 | 6.5 |
| 大豆磷脂（%） | 1.0 | 1.8 | 1.0 |
| 乳糖（%） | | 9.0 | |
| 维生素、矿物质（%） | 0.3 | 1.5 | 0.4 |

小牛肉的生产技术要点：犊牛出生后 3 日内可以采用随母哺乳，也可采用人工饲喂初乳，出生 3 日后改为人工哺乳，1 月龄内按体重的 8%～9% 喂给牛奶或采用代乳料。精料从 7～10 日龄开始训练采食后逐渐增加到 0.5～0.6 千克，青干草或青草任其自由采食，1 月龄后喂奶量保持不变，精料和青干草则继续增加，直至育肥到出栏。犊牛育肥期混合精料配方：玉米 60%、油饼类 18%～20%、糠麸类 13%～15%、植物油脂类 3%、石粉或磷酸氢钙 2.5%、食盐 1.5%，混合精料中加适量抗生素、微量元素和维生素。生产小牛肉的饲养方案见表 6-4。

**表 6-4 生产小牛肉的饲养方案**

| 周　　龄 | 体重/千克 | 日增重/千克 | 喂全乳量/千克 | 喂配合料量/千克 | 青草或青干草/千克 |
|---|---|---|---|---|---|
| 0～4 周龄 | 40～59 | 0.6～0.8 | 5～7 | | |
| 5～7 周龄 | 60～79 | 0.9～1.0 | 7～7.9 | 0.1 | |
| 8～10 周龄 | 80～99 | 0.9～1.1 | 8 | 0.4 | 自由采食 |
| 11～13 周龄 | 100～124 | 1.0～1.2 | 9 | 0.6 | 自由采食 |
| 14～16 周龄 | 125～149 | 1.1～1.3 | 10 | 0.9 | 自由采食 |
| 17～21 周龄 | 150～199 | 1.2～1.4 | 10 | 1.3 | 自由采食 |
| 22～27 周龄 | 200～250 | 1.1～1.3 | 9 | 2.0 | 自由采食 |

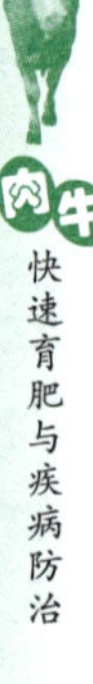



犊牛育肥时饲喂代乳品的温度：1～2周龄为38℃，以后为30～35℃。4周龄以内的犊牛要严格按照定时、定量、定温的制度饲喂，以防消化不良和痢疾的发生。天气晴朗时让犊牛适量地晒太阳和运动。

## 二 育成牛的育肥

犊牛断奶后从犊牛舍转入育成牛舍，进入育成牛培育阶段。这一时期牛的生长速度快，只要经过合理的饲养管理就能生产出大量品质优良、成本较低的牛肉。我国的肉牛育肥70%～80%都是育成牛育肥。育成牛育肥通常采用持续育肥和架子牛育肥两种方法。

### 1. 持续育肥

持续育肥是指犊牛断奶后就地转入育肥阶段进行育肥，或者断奶后由专门化的育肥场收购进行集中育肥。在育肥的全过程中，日粮一直保持较高营养水平，直到13～24月龄前肉牛出栏，活重达到360～550千克。采用这种方法育肥，肉牛生长速度快，饲料利用率好，饲养期短，育肥效果好。持续育肥按不同饲养方式可分为放牧加补饲持续育肥法和舍饲持续育肥法。

**（1）放牧加补饲持续育肥法** 在牧草条件较好的地区，依靠廉价的草原资源，采用放牧同时补料的办法育肥，能收到良好的效果。犊牛断奶后以放牧为主，根据草场情况，适当补充精料或干草，使其在18月龄时体重在400千克以上。一般采用早出牧，午间在牧场休息，晚上在舍内补饲或在放牧场有食槽处补料的放牧方式，每天的放牧距离不要超过4～5千米。补料时，1头牛一个槽，避免抢料格斗；补料量根据体重大小而异，按干物质计，补料量为体重的1%～1.5%；补料时要充分饮水。在枯草季节，对育肥牛每天每头补喂精料1～2千克。放牧补饲应注意在出牧前不要补料，否则会减少放牧时的采食量，放牧时应做到合理分群、分群轮放，每群50头左右，并注意牛的休息和补盐。夏季注意防暑，狠抓秋膘。

**（2）舍饲持续育肥法** 舍饲持续育肥适用于专业化的育肥场。犊牛断奶后即进行持续育肥，犊牛的饲养取决于培育的强度和屠宰时的月龄，强度培育到12～15月龄进行屠宰时，需要提供较高的饲养水平，以使育肥牛的平均日增重在1千克以上。在制订育肥生产计划时，要综合考虑市场需求、饲养成本、牛场的条件、品种、培育强度及屠宰上市的月龄等，以期获得最大的经济效益。

育肥牛日粮主要由粗料和精料组成，平均每头牛每天进食日粮干物质为牛活重的1.4%~2.7%。舍饲持续育肥一般分为3个阶段：

1）适应期：断奶犊牛一般有1个月左右的适应期。刚进舍的断奶犊牛，对新环境不适应，要让其自由活动，充分饮水，少量饲喂优质青草或干草，精料由少到多逐渐增加喂量，当进食1~2千克时，就应逐步更换指定的育肥饲料。在适应期每天可喂酒糟5~10千克，切短的干草15~20千克（如喂青草，用量可增3倍），麸皮1~1.5千克，食盐30~35克。若发现牛消化不良，可喂给干酵母，每头牛每天20~30片；如果粪便干燥，可喂给多种维生素，每头牛每天2~2.5克。

2）增肉期：一般7~8个月，此期可大致分成前后两期。前期以粗料为主，精料每日每头2千克左右，后期粗料减半，精料增至每日每头4千克左右，自由采食青干草。前期每日可喂酒糟10~20千克，切短的干草5~10千克，麸皮、玉米粗粉、饼渣类各0.5~1千克，尿素50~70克，食盐40~50克。喂尿素时要将其溶解在少量水中，拌在酒糟或精料中喂给，切忌放在水中让牛直接饮用，以免引起中毒。后期每日可喂酒糟20~25千克，切短的干草2.5~5千克，麸皮0.5~1千克，玉米粗粉2~3千克，饼渣类1~1.25千克，尿素100~125克，食盐50~60克。

3）催肥期：一般2个月，主要是促进牛体膘肉丰满，沉积脂肪。日喂混合精料4~5千克，粗饲料自由采食。每日可饲喂酒糟25~30千克，切短的干草1.5~2千克，麸皮1~1.5千克，玉米粗粉3~3.5千克，饼渣类1.25~1.5千克，尿素150~170克，食盐70~80克。催肥期可使用瘤胃素，每头牛每日用200毫克，混于精料中喂给效果更好，体重可增加10%~15%。

在饲喂过程中要掌握先喂草料，再喂配料，最后饮水的原则，定时定量进行饲喂，一般每日喂2~3次，饮水2~3次，饮水要用15~25℃的清洁温热水，并在每次喂料后1小时左右进行。每次喂配料时先取干酒糟用水拌湿，或者干、湿酒糟各半混匀，再加麸皮、玉米粗粉和食盐等拌匀。牛吃到最后时，拌入少许玉米粉，让牛把

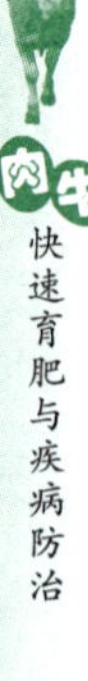



料槽内的食物吃干净。

### 2. 架子牛育肥

架子牛育肥又称为后期集中育肥，它是指犊牛断奶后，由于饲养条件限制，不能保持较高的增重速度，从而拉长了饲养期，只有在屠宰前集中一个阶段进行强度育肥。在集中育肥阶段，由于所需营养得到恢复，牛表现出超过正常的生长速度，将生长前期由于饲料供应量少或饲料品质差所带来的损失弥补回来，除加大体重外，进一步增加了体脂肪的沉积，从而改善了肉质。这种方法饲料消耗少，经济效益高。架子牛育肥是目前我国肉牛生产中肉牛育肥的主要形式。

**(1) 新到架子牛的饲养管理** 新到架子牛的饲养管理内容如下：

1）饮水。若是从外地买进的牛，经过长距离、长时间运输，第一次饮水量应控制在10～20升，第二次在第一次饮水3～4小时后，可自由饮水。第一次饮水时，每头牛补人工盐100克。

2）喂料。对新到架子牛，最好的粗饲料是长干草，不要铡太短，长约5厘米，上槽后以粗饲料为主，长约1厘米。当牛饮水充足后，便可饲喂优质干草，第二次应限量饲喂，按每头牛4～5千克饲喂，第2～3天逐渐增加喂量，5～6天后才能让其自由充分采食。青贮料从第2～3天起饲喂，用青贮料时最好加碳酸氢钠缓冲剂，以中和酸度。精料从第4天开始供给，也应逐渐增加，而不要一开始就大量饲喂。开始时按牛体重的0.5%供给，5天后按1%～1.2%，10天后按1.6%，过渡到每日将育肥喂量全部添加。

3）群养时分群。根据架子牛的年龄、品种、体重分群饲养。相同品种的杂交牛分成一群，3岁以上的牛可以合并一起饲喂，分群的体重差异不超过30千克，便于饲养管理。分群的当晚应有管理人员不定时到围栏观察，如有抢斗现象，应及时处理。

4）围栏内铺垫草。在分群前，围栏内铺些垫草，优质干草更好。其优点是可让牛采食干草，从而减少格斗现象；可以减少架子牛到新环境的陌生感，减少了架子牛的应激反应；铺垫干草后，架子牛躺卧更舒服，有利于恢复运输疲劳。

5）去势。根据实际情况与要求，决定公牛去势与否。2岁前采取公牛育肥，则生长速度快，瘦肉率高，饲料报酬高；2 岁以上的公牛，宜去势后育肥，否则不便管理，会使牛肉有腥味，影响胴体品质。但若要求牛肉有较好的大理石纹，也要对公牛去势。

6）驱虫。架子牛入栏后立即进行驱虫。常用的驱虫药物有阿弗米丁、丙硫苯咪唑（阿苯达唑）、左旋咪唑等。驱虫应在架子牛空腹时进行，以利于药物吸收。驱虫后架子牛应隔离饲养 2 周，其粪便消毒后进行无害化处理。

**（2）架子牛的育肥技术要点** 架子牛的育肥过程一般可分为 3 个阶段：过渡饲养期，约 20 天；育肥前期，约 40 天；育肥后期，约 60 天。

1）过渡饲养期（约 20 天）：进行驱虫健胃，并适应新的饲料和环境。消除运输过程中造成的应激反应，恢复牛的体力和体重，观察牛的健康状况，按新到架子牛的饲养管理规程执行。

2）育肥前期（约 40 天）：干物质采食量逐步达到 8 千克，日粮中精料比例增到 60%，日粮中粗蛋白质水平为 12%，粗料自由采食，在日粮中的比例为 40%，日增重 1.0～1.2 千克。这一时期的任务主要是让架子牛逐步适应精料型日粮，防止发生脑胀病、拉稀和酸中毒等病。

3）育肥后期（约 60 天）：干物质采食量达到 10 千克，日粮中粗蛋白质水平为 11%，精料占日粮总量的 70%～80%，粗料在日粮中的比例由 40% 降到 20%～30%，日增重 1.2～1.4 千克。为了让牛能够把大量精料吃掉，这一时期可以增加饲喂次数，原来喂 2 次的可以增加到 3 次，并且保证饮水充足。

根据日粮组成的不同，架子牛育肥分为放牧加补饲育肥法、青草加尿素育肥法、酒糟育肥法、玉米青贮育肥法、氨化秸秆育肥法及高能日粮强度育肥法等多种育肥方法。

1）放牧加补饲育肥法。放牧加补饲育肥法简单易行，以充分利用当地资源为主，投入少，效益高。我国牧区、山区可采用此方法。7～12 月龄的犊牛采用半放牧半舍饲方式，每天补饲玉米 0.5 千克、生长素 20 克、人工盐 25 克、尿素 25 克，补饲时间在晚上 8 时以后。13～15 月龄犊牛采用放牧形式。16～18 月龄的犊牛经驱虫后，进行

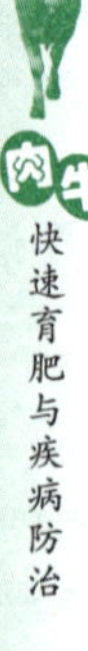



强度育肥，整天放牧，每天补喂精料 1.5 千克、尿素 50 克、生长素 40 克、人工盐 25 克，另外适当补饲青草。

一般青草期育肥牛的日粮，按干物质计算，料草比为1:(3.5~4.0)，饲料干物质总量为体重的2.5%，青饲料种类应在 2 种以上，混合精料应含有能量、蛋白质饲料和钙、磷、食盐等。每千克混合精料的养分含量为：干物质 894 克、增重净能 10.89 兆焦、粗蛋白质 164 克、钙 12 克、磷 9 克。强度育肥前期，每头牛每天喂混合精料 2 千克，后期喂 3 千克，精料每天喂 2 次，粗料补饲 3 次，可自由采食。我国北方地区 11 月以后进入枯草季节，继续放牧达不到育肥的目的，应转入舍内进行舍饲育肥。

2）青草加尿素育肥法。混合日粮的配方：玉米 1.5 千克，人工盐 50 克，尿素 50 克，青草自由采食，吃饱为宜。也可白天野外放牧，早、中、晚为舍饲（喂 3 次），经过 100 天左右的育肥期，日增重 1 千克以上。

3）酒糟育肥法。酒糟饲料育肥效果好，饲料成本也低。一年四季用酒糟育肥肉牛都可以，尤其在冬季育肥效果更好，但是饲喂时间不宜过长。开始阶段，由于牛不喜食酒糟，只给以少许，以干草和粗料为主。半个月以后，逐渐增加酒糟，减少干草喂量，到育肥中期，酒糟量每天可达 20~30 千克，同时配以少量精料和适口性好的饲料，以保证架子牛良好的食欲。

酒糟育肥法饲喂的秸秆粉或禾本科干草每头每天不少于 2.5 千克。另外，再添加 0.002%~0.003% 的瘤胃素（莫能菌素）及 0.5% 碳酸氢钠，同时补以维生素 A 和维生素 D。饲喂时要注意钙、磷比例的平衡，并且注意补饲能量饲料，保证饲料中蛋白质与能量的比例平衡。饲喂的酒糟要新鲜优质，腐败、发霉及冰冻或带沙土的酒糟不能饲喂，以免中毒。饲喂酒糟时，要先喂干草、青贮秸秆，最后喂精料，喂料后 1 小时饮水。

4）玉米青贮育肥法。青贮饲料育肥是农区肉牛饲养的主要育肥方式，成本低，效果好。以玉米青贮饲料为主，在良好的饲养管理条件下，日增重可达 700~900 克。

采用玉米青贮育肥法时，要让牛有一个适应过程，喂量由少到多，习惯以后才能大量饲喂，同时还要给干草 5～6 千克。到育肥后期，减少青贮料，增加精料补充料 3～6 千克，使日增重达到 1000～1200 克。在用玉米青贮育肥时要注意青贮料的品质，发霉变质的青贮料不能喂牛。由于玉米青贮的蛋白质含量较低，只有 2% 或不足 2%，所以必须与蛋白质饲料（如棉饼）搭配，在整个饲养期要保证充足的饮水。

5）氨化秸秆育肥法。农区有大量作物秸秆，是廉价的饲料资源，将农作物秸秆经过氨化处理能提高其使用价值，改善饲料的适口性和消化率。以氨化秸秆为唯一粗饲料，育肥 150 千克的架子牛至出栏，每头牛每天补饲 1～2 千克的精料，能获得 500 克的日增重。但如果选择体重较大的牛，日粮中应适当加大精料比例，并喂给青绿饲料或优质干草，日增重也达 1 千克以上。选择体重在 350 千克以上的架子牛进场后 10 天内为训饲期，训练采食氨化秸秆。开始时少给勤添，逐渐提高饲喂量，进入正式育肥阶段，应注意补充矿物质和维生素。矿物质以钙、磷为主，另外可补饲一定量的微量元素和维生素预混料。秸秆的质量以玉米秸秆最好，其次是麦秸。在饲喂前应放净余氨，以免引起中毒，并且霉烂秸秆不得喂牛。饲喂方法：将牛单槽饲养，日喂 2 次，日粮适量拌水，日饮水一次，60 天育肥期，日增重平均在 1 千克以上。育肥牛日粮组成：氨化玉米秸秆 14 千克，配合饲料 2 千克，添加剂 33 克，食盐 33 克。

6）高能日粮强度育肥法。高能日粮强度育肥法是一种高精料、低粗料的育肥方法，对于体重为 200～300 千克、年龄为 1.5～3 岁的架子牛，要求日粮中精料比例不低于 70%，15～20 天或 1 个月的过渡期，使牛适应。例如，对于 1.5～2 岁、300 千克左右的架子牛，可分为三期进行育肥。前期主要是过渡期，15～30 天，精料与粗料的比例可控制为 40∶60，精料日喂量增加到 1.5～2 千克；中期一般为 1 个月左右，精料与粗料的比例为 65∶35，精料日喂量增加到 3～4 千克；后期一般为 2 个月，精料与粗料的比例为 75∶25，精料日喂量增加到 4 千克以上，精料配方为：玉米粉 75%～80%、麸皮 5%～10%、豆饼 10%～20%、食盐 1%、添加剂 1%。通常情况下，牛的粗料为氨化秸秆或青贮玉米秸秆，自由采食。

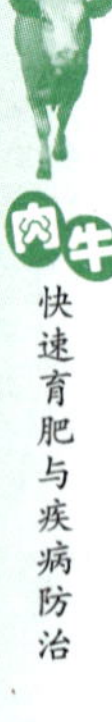



育肥架子牛要限制其活动，以利于架子牛的育肥；饲喂定时定量，本着先粗后精，少给勤添的原则；经常观察反刍情况、粪便、精神状态，如有异常应及时处理；达到市场要求的体重时及早出栏。一般活牛出口要求体重为450千克，高档牛肉生产则为550～650千克时出栏。如果体重太大，会使日增重下降，饲料报酬也降低，最终导致利润下降。

## 三 成年牛的育肥

成年牛的育肥即淘汰牛的育肥。所谓淘汰牛，是指牛群中丧失劳役或产奶量低、繁殖能力差的老、瘦、弱、残牛。这类牛若不经育肥就屠宰，则产肉率低、肉质差，如果将这些牛短期育肥，使肌肉之间和肌纤维之间的脂肪增加，不仅可以改善肉的味道和嫩度，还可以提高屠宰率和净肉率，使经济效益得到提高。成年牛育肥一般只适用于在非专业性饲养场进行。

对成年牛育肥之前，应对它们进行健康检查，淘汰掉那些过老、过瘦、采食困难及一些无法治愈或经常患病的没有育肥价值的牛只，以免浪费劳力和饲料。成年牛在育肥前应根据品种、年龄、体况进行分群饲养，同时在育肥前要进行驱虫，公牛要去势，对食欲不旺、消化不良的牛投服健胃药进行健胃，以增进食欲，促进消化和提高饲料利用率。成年牛育肥通常采用强度育肥法，育肥期一般为2～3个月。

育肥牛的日粮应以消化利用率高、碳水化合物含量丰富的能量饲料为主。初期可采用低营养物质饲喂作为过渡期，以防引起弱牛、病牛或膘情差的牛消化紊乱，过一段时间后，逐渐调整日粮到高营养水平，然后再育肥。另外，要注意饲料的加工调制，提高适口性，使其容易消化吸收。日粮中粗纤维含量可以占到全部饲料干物质的13%以上，要求每100千克体重每日消耗的日粮干物质含量不低于2.2～2.5千克。北方地区，可充分利用青草期对牛放牧饲养，使牛复壮，而后再育肥，这样可节省饲料成本。南方农区进行舍饲、拴系饲养，冬季舍温要保持在5～6℃，夏季要通风良好，气温保持在18～20℃。育肥牛应尽量减少运动，牛舍光线要暗一些，不让牛自由活动，减少饲料消耗。

南方农区可利用酒糟进行育肥，每日喂酒糟15～20千克，加入玉米或米糠1～1.5千克，其他饲料自由采食，日增重可达1～1.2千克；也可利用糟渣类，如豆腐渣和玉米粉，最多每日可喂40千克。饲喂时将切短的干草混入，再加入5千克谷糠或少量精料，分次喂给，日增重可达1千克。

在牧区和半农半牧区，可采用放牧（或收割青草）育肥法，对淘汰牛每日放牧4～6小时，使牛能尽量采食到足够的干物质。如果放牧采食不足，应收割青草补充，最好夜间能加喂一次精料。

在育肥期内，应及时调整日粮，灵活掌握育肥期。精料配方：玉米72%、油饼类15%、糠麸8%、矿物质5%。混合精料的日喂量以体重的1%为宜。粗饲料以青贮玉米或氨化秸秆为主，任其自由采食。

## 四 育肥肉牛的管理

### 1. 牛舍

牛舍消毒在未进牛前，牛舍打扫干净后，再用2%烧碱（氢氧化钠）溶液彻底消毒。进牛后，每周要保证1～2次消毒，牛舍门口要设置消毒池，食槽喂后要清刷干净，保持牛舍清洁卫生，空气新鲜。

### 2. 驱虫

健胃肉牛育肥应进行驱虫。驱虫可从牛入场的第5～6天进行，体内驱虫可用丙硫苯咪唑（阿苯达唑），一次口服剂量为每千克体重10毫克；或者盐酸左旋咪唑，每千克体重7.5～10毫克，空腹服下。如果有体外寄生虫应及时治疗，可用0.25%螨净乳化剂对牛体擦涂。驱虫后3天健胃，可口服人工盐60～100克或每头灌服健胃散350～450克。

### 3. 分群

育肥牛应进行称重、编号，并按年龄、品种、体重、膘情分群饲养，每群数量不宜过多，以15～20头为宜。

### 4. 刷拭

刷拭可保持牛体清洁，增强皮肤血液循环，保持牛温顺的性格，易管理。先从头到尾，再从尾到头，每日在喂牛后对牛刷拭1～2次。

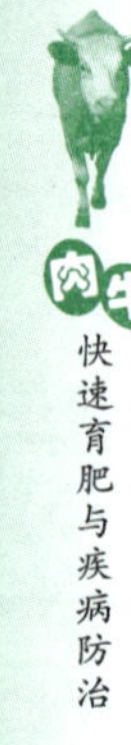

### 5. 定时、定量、定槽位、定桩

饲喂的时间、次数、饲料的数量和槽位要相对固定，一般先喂青粗料，再喂精料或精料与粗料混合饲喂，最后饮水。要尽量减少育肥牛的活动，以减少营养物质的消耗，提高育肥效果。舍饲育肥牛每次喂完后，每头牛单木桩拴系或圈于休息栏内，为减少其活动范围，缰绳的长度以牛能起卧为准，防止牛回头舔毛。放牧育肥牛应注意放牧的距离，这样有利于增重。

### 6. 称重与记录

育肥各个时期要适时进行称重，以便计算体重增长速度，及时调整日粮配方，满足营养需要。记录育肥牛始重、育肥期中间称重、末重及饲料消耗。

### 7. 观察与治疗

牛育肥过程中要勤检查、细观察，发现情况要及时处理。有牛生病应及时隔离治疗，治疗时应尽量使用中草药制剂等天然、绿色和无污染药物，控制各种化学药品和抗生素的使用，严禁使用禁用兽药。

### 8. 适时出栏

牛的体重在500千克以上出栏，但也要根据市场行情变化，及时将达到标准的肉牛出栏，防止以后牛只吃料且长肉慢，饲料报酬降低，饲养成本增加，影响育肥牛饲养的经济效益。

## 五 提高肉牛育肥效果的措施

### 1. 瘤胃素

瘤胃素又叫莫能菌素，它是一种链球菌发酵获得的产物，在饲料中添加能提高牛的增重和饲料报酬，对反刍牛的生长有促进作用，并能降低采食量。它的主要作用是调控反刍动物的消化代谢过程，提高瘤胃挥发性脂肪酸中丙酸的比例，降低乙酸的比例，减少甲烷的产生。由于丙酸在分子水平上可以更有效地被利用，因而有利于肉牛的增重。

瘤胃素作为一种生物活性化合物，不被肉牛消化道吸收，因而不能进入人体代谢，所以也没有残留的问题，对肉牛的胴体质量没有影响，符合无公害肉牛生产的要求。一般每头牛每天添加53～360毫克于精饲料中饲喂，或者把有瘤胃素的精饲料与粗饲料混合饲喂。在放牧条件下，头1~5天，每头牛每天100毫克，6天后每头牛每天200毫克；舍饲育肥，最高使用量每头牛每天不得超过360毫克；以精饲料为主时，每头牛每天150~200毫克，或者每千克饲料干物质中添加33毫克；以粗饲料为主时，每头牛每天200毫克。瘤胃素应均匀地拌混进肉牛的精料日粮中。育肥肉牛饲料中添加瘤胃素不仅能提高肉牛的日增重15%~20%，还能显著提高饲料的利用率，饲料报酬提高10%~20%。

瘤胃素的使用效果会受到以下因素的影响：

**（1）肉牛基础生长速度的高低**　瘤胃素对低生长速度、低生产效率的肉牛效果显著，对高生产水平的肉牛效果相对差一些。

**（2）与日粮的营养水平有关**　低营养水平的日粮添加瘤胃素效果较差。

**（3）受日粮中氮形式的影响**　日粮中的蛋白氮含量高，瘤胃素的效果好，而对非蛋白氮日粮效果差。

### 2. 缓冲剂

缓冲剂可作用于瘤胃、肠道和其他组织。添加适量的缓冲剂，能对瘤胃、肠道和其他组织内环境进行调控，使其保持适宜的弱碱性环境，增加瘤胃微生物的合成，减缓对饲料营养成分的降解速度，提高机体对营养物质的代谢、吸收和利用。在日粮中添加碳酸氢钠、氧化镁和膨润土等缓冲剂，可以防止肉牛瘤胃的pH下降和肝脏肿病的发生，并提高肉牛对高精料的利用率。

各种缓冲剂的添加量为：

**（1）碳酸氢钠**　碳酸氢钠占日粮干物质进食量的0.7%~1.5%，或者占精饲料的1.4%~3.0%。

**（2）氧化镁**　氧化镁占日粮干物质进食量的0.3%~0.4%，或者占精饲料的0.6%~0.8%。

**（3）膨润土**　膨润土占日粮干物质进食量的0.6%~0.8%，或者占精饲料的1.2%~1.6%。

**（4）小苏打**（碳酸氢钠）**和氧化镁**　小苏打和氧化镁混合使用效果更好，两者的混合物占牛精饲料的0.8%左右（混合物中小苏打占70%，氧化镁占30%）。

# 第七章 高档牛肉的生产技术

## 第一节 高档牛肉的概念

我国的牛肉在嫩度上一直无法与猪肉、禽肉相比，这是因为我国没有专门化肉牛品种及真正的肉牛肉，牛肉普遍较老，不容易煮烂。随着我国引进世界上专门化的肉牛良种和肉牛培育技术，对地方种黄牛进行杂交改良，对架子牛进行集中育肥饲养，育肥后送屠宰厂屠宰，并按规定的程序进行分割、加工、处理，其中几个指定部位的肉块经过专门设计的工艺处理，这样生产的牛肉，不仅色泽、新鲜度上达到优质肉产品的标准，而且具有和优质猪肉相近的嫩度，受到国外与星级餐厅的欢迎，被冠以“高档牛肉”的美称，以示与一般牛肉的区别。因此，高档牛肉就是指牛肉中特别优质的、脂肪含量较高和嫩度好的牛肉，是具有较高的附加值、可以获得高额利润的产品。

## 第二节 高档牛肉生产体系

### 一 品种

高档牛肉生产的关键之一是品种的选择。首先，要重视我国良种黄牛的培育，我国黄牛有近 8000 万头，其中能繁殖的母牛约占 40%，这是进行杂交改良、培育优质肉牛的基础。其次，要充分利用引进的良种，用来改良地方黄牛品种，生产杂种后代。

我国良种黄牛数量多、分布广，对各地气候环境条件有很好的适应性，各地养殖农户熟悉当地牛的饲养管理和习性。经过育肥的牛，多数肉质细嫩，肉味鲜美，皮肤柔韧，适于加工制革。主要缺点在于体型结构上仍然保持役用牛体型，公牛前躯发达，后躯较窄，斜尻，腿长，生长速度较慢，与当前肉用牛生产的要求不适应，需要引进国外肉牛良种进行杂交，改良体型，提高产肉性能，同时保持肉质细嫩的特点。

我国产肉性能较好的黄牛品种有蒙古牛、秦川牛、南阳牛、鲁西牛、晋南牛、华南牛（长江以南的品种总称）。从国外引进的肉用牛与兼用牛有安格斯牛、海福特牛、夏洛莱牛、利木赞牛、西门塔尔牛、短角牛及意大利的皮尔蒙特牛。

## 二 饲养管理

### 1. 不同牛种对饲养管理的要求

不同地方的良种黄牛的饲养管理要求不同。例如，秦川牛、南阳牛、鲁西牛等，因为晚熟，生长速度较慢，但适应性强，可采取较粗放的饲养，1 岁左右的小架子牛可用围栏散养，日粮中多用青干草、青贮和切碎的秸秆；当体重长到 300 千克以上，体躯结构均匀时，逐渐增大混合精饲料的比重。

夏洛莱、利木赞等品种牛与黄牛杂交的后代，生长发育较快，要求有质量较好的青粗饲料。饲喂低质饲料往往严重影响牛的发育，降低后期育肥的效果。

### 2. 饲养优质肉牛要求饲料质地优良

各种精饲料原料，如玉米、高粱、大麦、饼粕类、糠麸类必须经仔细检查，不能潮湿、发霉，也不允许长虫或鼠咬，否则将影响牛的采食量和健康。精料加工不宜过细，呈碎片状有利于牛的消化吸收。

优质青粗饲料包括正确调制的玉米秸秆青贮、晒制的青干草、新鲜的糟渣等。作物秸秆中豆秸、花生秧、干玉米秸秆等营养价值较高，而麦秸、稻草要求经过氨化处理或机械打碎，否则利用率很低，影响牛的采食量。若有牧草丰茂的草地，小架子牛可以放牧

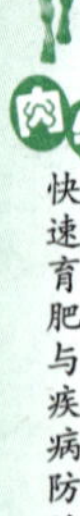



饲养。

### 3. 管理

**（1）保健与卫生** 坚持防疫注射，新购入或从放牧转入舍饲育肥的架子牛，都要先进入专用观察圈驱除体内外寄生虫。根据需要对小公牛进行去势或去角、修蹄。经过检查认为健康无病的牛再进行编号、称重、登记入册，按体重大小和牛种分群，然后进入正式育肥的牛舍。

**（2）圈舍清洁** 影响圈舍清洁的主要因素是牛的排泄物，一头体重300～400千克的牛每天排出粪尿20～25千克，粪尿发酵产生氨气，氨散度过大会影响牛的采食量及健康。此外，圈舍内每天尚有剩余的饲料残渣，必须坚持每天清扫。要保持圈舍干燥卫生，防止牛滑倒及蚊蝇滋生和体内外寄生虫的繁殖传染。经常刷牛，促进血液循环，加速换毛过程，有利于提高日增重。

**（3）饲料保存** 为了保证饲料质量，保管是重要环节。精料仓库应做好防潮、防虫、防鼠、防鸟的工作，虫或鼠及鸟粪的污染，都可能引入致病菌或毒素，一经发现，必须立刻采取清除、销毁或消毒等措施。对于青贮饲料，应防止其长霉或发酵变质，干草及秸秆草堆则要做好通风、防雨雪的工作，避免干草受潮变质，更要注意防火。干草堆被雨雪淋湿后，可能发酵升温引起自燃。此外，夏日暴晒，若通风不良，也可能使干草堆自燃。

## 三 屠宰加工

### 1. 屠宰厂

屠宰厂的建设宜选择离城市较远、交通方便的地方，要防止屠宰后的废弃物污染环境，从长远考虑要有排污或废弃物处理的附属设施。屠宰厂的建设要按规定的标准设计和施工，必须符合国家商品检验局的卫生管理条例和国际兽疫防治组织对畜产品和生鲜食品的防疫卫生要求与规范，并经登记、注册认可，否则难于生产或生产不出优质的商品，无法进入国内外市场。

### 2. 屠宰程序

由各育肥场运来的肉牛，先拴在待宰棚内，只供饮水不喂饲料，使牛恢复正常，消除长途运输的应激状态。停食24小时后进入喷淋间，冲刷牛体，上宰牛台，用刀刺入后脑部将牛放倒，吊挂上传送带，放血，去头、蹄，剥皮，开膛，摘除内脏，锯开成二分体，称重，冲洗，进入预冷车间。

屠宰加工人员需经过严格培训，每天进入岗位之前洗澡更衣，着装应经过清洗消毒。车间呈封闭状态，刀具、工作台均经过消毒，每天屠宰完及时冲洗干净，保持良好的工作状态。

### 3. 分割

屠宰车间将胴体锯成二分体，即沿脊背中线分开，为了销售和出口的方便，从第一腰椎处横切开，称为四分体。分割牛肉是肉牛业产业化以后出现的，因为胴体各部位肉块质地存在一定差别，为实现优质优价，提高牛肉附加值，养牛业发达的国家对牛的胴体按肌肉构成分切成小块。例如，牛的后躯臀部的肉比较丰厚，筋腱较少，分割出的肉块称为优质切块，在牛肉贸易中逐渐流行，优质切块比统货在销售中能获得更大的利润。

各国分割肉的方法不尽相同。例如，加拿大将胴体先分割成6个部位，然后分切成不同等级的肉块共36块。日本的大分割肉为5个部位，再分切成20块。

我国外贸部门及商业部门为对外销售和满足国内星级餐厅的需要，曾对肉牛胴体试行了分割成10个部位的方法。

河南省外贸部门对膘情中上等的牛，屠宰后胴体分割成10个部位，经大量数据统计，各部位所占比例如下：腱子肉5%~6%，西冷6%~8%，烩扒6%~9%，牛柳2%~3%，霖肉5%~7%，牛腩5%~7%，针扒8%~10%，牛胸9%~11%，尾龙扒5%~7%，牛前40%~41%。10个部位中价值最高且肉质最好的为牛柳和西冷两个部位。牛柳嫩度超群，适于各种菜肴的烹调；而西冷肉质均匀，脂肪与肌肉相间似大理石纹，或者呈雪花状，适于制作牛排，价格最高，故称这两部分肉块为高档牛肉。臀部的肌肉由许多块构成，由于肉块饱满，脂肪含量适中，经修整筋腱及脂肪后成为优质切块，价值高于胴体前部的肉。河北地区牛肉的分割普遍采用10~15个部位，包括牛柳、西冷、眼肉、臀肉、大米龙、小米龙、膝圆、腰肉、黄瓜条（仅指后腿腱子肉之上的部位）、腱子肉10

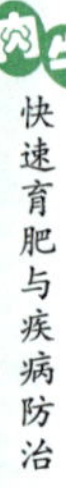



块高档肉。

## 四 排酸与嫩化

牛肉的嫩度是高档牛肉与优质牛肉的重要质量指标。通常生产的牛肉因牛的年龄较大，或者因饲养不当，或者胴体分割后未保鲜，使肌肉收缩，如果不加处理直接销售，会感到质地老、不美观，不受消费者欢迎。为此，对屠宰胴体或分割肉块进行嫩化处理成为牛肉加工生产的关键技术环节。

嫩化效果的度量有专用仪器，国产的有 C-LM 型嫩度计，美国生产的有沃布氏肌肉嫩度计。将一定部位的新鲜肉块样品置于仪器上，仪器的刀口与肉样的肌纤维呈垂直方向切断，记下所消耗的力，即为嫩度，又称剪切值。嫩化处理的方法很多，大体可分为化学方法、电刺激法和吊挂排酸法。

牛肉吊挂的第 3 天嫩度尚未出现明显差异，第 7 ~9 天，牛肉嫩度降低了 24% ~27%，差异显著（见表 7-1）。国外有高温吊挂的方法，即室内温度保持在 12 ~20℃，由于温度较高，室内需要用紫外线消毒灭菌，同时定期通风，维持胴体的新鲜状态，处理时间可缩短至 2 ~3 天，这样处理牛肉嫩化效果好。

**表 7-1　不同处理时间对牛肉嫩度的影响**

| 牛肉部位 | 吊挂天数 | | | |
|---|---|---|---|---|
| | 1 天 | 3 天 | 7 天 | 9 天 |
| 西冷 | 5.93 | 5.70 | 5.26 | 4.53 |
| 臀肉 | 5.97 | 5.49 | 5.06 | 4.33 |

## 五 质量标准与等级评定

### 1. 肉用牛的评定

屠宰厂收购活牛从三个方面制定收购标准：一是年龄，3 岁以内为青年牛，4 ~6 岁为成年牛，6 岁以上为老龄牛；二是健康，屠宰牛必须健康无病，注意观察眼和口鼻，外表器官完好；三是体型，屠宰肉牛要求背腰平直，臀部平且肥满，大腿肉丰厚，颈圆，肩背宽厚，胸部发达，两前肢开张，体躯结构匀称，四肢端正。

### 2. 屠宰加工评定

屠宰加工评定是评定肉牛产肉性能准确且实际的项目，最为通用。

胴体重 = 宰前活重 - 头、血、内脏、腕关节以下的肢蹄及皮的重量。

屠宰率 = (胴体重/活重) × 100%。

净肉率 = [(胴体重 - 骨重)/活重] × 100%。

充分育肥的良种肉牛的屠宰率可达 60% 以上，净肉率可达 45%~50%。上述指标受牛的品种、杂交改良程度、饲养方式及牛的年龄等因素影响而有所不同。

### 3. 牛肉品质与等级

我国目前仅有按部位划分的等级，即内、外脊肌肉为高档牛肉，臀部与大腿部分切的肉为优质切块，其他部位的肉尚未有进一步的区分。牛肉质量评定是从胴体质量的评价开始的，包括胴体脂肪覆盖度，胴体腰、臀部丰厚程度，整体结构是否匀称等。进一步的评价包括：

**（1）眼肌面积** 通常从第 12、第 13 肋处将胴体切断，位于脊椎骨与肋骨夹角之间椭圆形的肌肉，用硫酸纸描绘出眼肌的外形，然后用坐标纸计算面积，也可用求积仪测算。眼肌面积是胴体质量及决定高档牛肉产量的重要指标。

**（2）大理石纹评定** 大理石纹是指肌肉中脂肪分布状况，因形似大理石花纹而得名，也是表明肉牛肥瘦程度的指标。通常按眼肌面积中脂肪分布的多少制订出标准图形。

**（3）脂肪厚度** 脂肪厚度是指皮下脂肪厚，通常测量两个部位：一是从第 6、第 7 肋间切开，量背部脂肪厚度；二是量第 12、第 13 肋间眼肌上方脂肪厚度。当肉牛肥度较大时也测眼肌外的肌间脂肪厚度。

**（4）肉的色泽** 肉的颜色与牛的年龄、品种有关，标准色为樱桃红色。年龄较大的牛肉颜色深一些，黑色安格斯牛的肉色比夏洛莱牛的深一些。肌纤维细胞系水性好、肥度好的肉光泽度好。

**（5）脂肪颜色** 牛肉中的脂肪通常为白色或乳白色，但因品种、

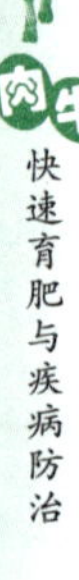


饲草条件的不同会显出黄色。白色脂肪给人以新鲜感，故按白色、微黄色、浅黄色制成标准色板，进行脂肪色泽的评定。

此外，对胴体上出现的刀伤、外伤、放血不净、炎症、水肿、异味等不正常性状必须加以注明。

## 第三节　高档牛肉生产的经济效益评价

### 一　决定牛肉经济价值的因素

牛肉是肉牛生产的最终产品，产品质量的高低除受饲养管理环节的直接影响外，屠宰加工是提高产品质量与经济价值的重要环节，最后要经过市场的检验。从产品生产到市场整个系统有以下几个因素对牛肉的经济价值起决定性的作用。

#### 1. 精心饲养管理与规范的屠宰加工

肉牛饲养水平是培育优质肉牛的基础，包括防疫保健、清洁卫生、饲料与饲草加工及适时调整饲粮，达到满足肉牛的营养需要等。培育的优质肉牛如果送往一般工厂屠宰，将会明显降低产品的附加值，因此，必须选择符合商品检验标准的厂家，使产品的各项指标合格，为进入市场做好准备。

#### 2. 稳定的产品质量与产量

高档次的产品通过稳定的质量建立信誉和争取消费者。稳定的产量要有不断扩大和相对稳定的生产基地的支持，实现农商结合。

#### 3. 包装

包装的目的是卫生、方便、延长产品的新鲜度和加强感官上的吸引力，因此，无论采用方便携带的卫生包装或真空包装都十分必要。

#### 4. 销售渠道

对于销售渠道，一方面要选择，另一方面要开辟，在生产一开始就要考虑到销售，要保证销售渠道的稳定，不能让育肥后的牛在牛圈内等着出售，这样会降低效益。

### 二　屠宰产品的构成

肉牛屠宰后产品的构成见表7-2。

表 7-2　肉牛屠宰后的产品构成

| 名　称 | | 百分比（%） |
|---|---|---|
| 商品肉（45.4%） | 优质切块 | 17.8 |
| | 一般切块 | 27.6 |
| 可食部分（17.2%） | 分割碎肉 | 5.3 |
| | 腹内脂肪 | 4.0 |
| | 内脏 | 7.9 |
| 可利用部分（26.7%） | 血 | 3.2 |
| | 骨 | 8.6 |
| | 头、蹄 | 5.4 |
| | 皮 | 9.5 |
| 胃脏内容废弃物 | | 10.7 |

以上为肉牛屠宰后实测的结果。提高经济效益的潜力在于提高商品肉的产量，尤其是价值较高的优质切块部分仔细分割切块，减少碎肉带来的损耗，开发内脏可食部分的产品（如牛百叶）加工，牛肝、牛尾等的精制，碎肉与脂肪搅碎加工成半成品等。此外，在规模扩大后建立血、骨、皮的初级加工厂或与专业的血粉厂、骨粉厂、皮革厂联合经营，将给肉牛生产带来更高的经济效益。

## 三　胴体的构成

优质肉牛的屠宰率都较高，通常黄牛与引进肉牛繁育的杂种牛育肥后屠宰率约为60%，可以得到较好的胴体。胴体分割肉产量中高档肉与优质切块肉的比重不仅是育肥效果好坏的标志，也是经济效益高低的决定因素。通常肉牛胴体构成比例见表7-3。

表 7-3　肉牛胴体构成比例

| 名　称 | 比例（%） |
|---|---|
| 高档肉 | 6~7 |
| 优质切块 | 24~25 |
| 一般肉 | 41~46 |
| 分割的碎肉 | 9~10 |
| 骨 | 15~16 |

# 第八章
# 肉牛的疾病防控

## 第一节　肉牛的日常保健

### 一　肉牛的防疫

防疫一直是近些年来养牛业的热门话题。通过建立安全有效的防疫制度，不仅可以降低外来病原体的入侵，还可以减少病原体在牛群间的相互传播。实际临床生产中，因病原体感染而导致的肉牛健康水平下降问题，严重地制约着牛群的健康发展，对畜牧业的经济水平产生严重影响。病原体一旦突破牛体的免疫防御系统，会引发各种疾病，防疫的根本原则是控制和根除病原体。疫苗免疫是临床上常用的防疫方法，可起到很好的免疫效果。临床生产中常见有“旧病重现、新病不断”的现象，病原体发生变异，给疾病的传播与防控带来了新的挑战与压力。疫苗的使用成本高，并且不能完全确保牛群均获得足够有效的免疫力。日常应坚持“养重于防、防重于治”的原则，减少牛群接触和感染病原体的机会，将风险降到最低。

随着人类需求的增加，养殖业取得快速发展，养殖数量逐渐上升，人员与动物及其产品间的接触越来越频繁，再加上外界环境越来越恶劣，无形中加重了疫病的防控，故应充分处理好人类、动物和环境三者间的关系。

充分做好牛场选址工作，根据牛的生活与生理特性及对环境的要求，因地制宜、综合考虑，科学合理地选择场区。日常应加强对牛场的饲养管理，建立严格的消毒防疫制度。严禁人员及设备的随意进出，对新购入牛群应严格按照防疫制度进行隔离检疫，并详细登记免疫接种记录。牛场的环境卫生工作对疫病防控至关重要，良好的环境条件下，少数病原体入侵并不会对牛体产生伤害，当病原体累积到一定程度时，才会致牛发病。每天定时定点做好粪便的清理工作，堆积发酵处理，病死畜及污水进行安全无害化处理。

牛病的传播和流行，与人类的活动密切相关。有些病可以通过动物传染人，人也可以传染给动物，临床上常见的口蹄疫、布鲁氏菌病、肺结核等人畜共患传染病，常给人类和牛群的健康带来巨大威胁。因此，人们必须对牛场采取严格的安全卫生措施及针对肉制品建立系统的检疫制度，保障动物性食品的安全和人畜健康。

规模养殖场应配有专门的执业兽医，负责诊疗和治疗相关动物疾病，并制订出科学合理的疫病防控计划。坚持预防为主，积极开展防疫和检疫工作，做好春秋两季的防控工作，对于发病牛群采取积极完善的防治措施，根据病情发展积极上报相关管理部门。

在制订防疫计划过程中，应主要遵循以下 4 个防疫目标：

### 1. 抗生素使用量最小化

随着养殖规模越来越大，动物疾病变得越来越复杂，养殖场的用药也越来越频繁，抗生素的使用更是相当普遍。合理使用抗生素，可很好地控制疾病的发生与流行；抗生素使用不规范，不仅会导致对原有病原菌效力的减弱，更容易引起耐药菌株的产生。不同种类的细菌对应的抗生素敏感性不同，一些适应性较强菌在与相应抗生素作用一定时间后，会适应该抗生素并产生相应抵抗力，该情况往往在用药剂量不足时发生。在抗生素停止使用后，耐药菌株会依然存活并转变为新的菌群。在临床用药中，应根据病畜的具体情况制订出个体化的用药方案，合理有效地选择抗生素，严格按照药物的剂量和周期选择用药。

### 2. 病原体总量最小化

环境卫生对畜牧养殖业的发展至关重要，良好的养殖卫生环境是做好疫病防控的先决条件，关系着畜牧业的可持续健康发展。养殖场的合理选址，场内设施的规范建造设计，污水和粪尿的无害化处理设施的配

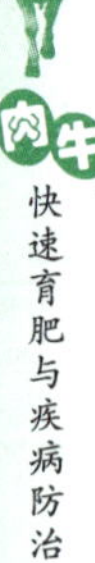


套，疾病防控方案的完善制订，都可以将养殖场中的病原体总量控制在最小化。在养殖过程中，难免会产生大量污水、粪尿等，很容易滋生细菌、病毒、寄生虫等，如果处理不当，会引起病原体快速繁衍增殖，加重疫病防控的难度。这就要求我们要做好养殖场的日常卫生消毒工作（见图8-1），制订消毒方案并严格执行，将传染源彻底消灭。

图8-1 消毒车

### 3. 疾病传播途径最少化

养殖场疾病的传播与流行，受外界多种因素的影响。场址选择不合理、牛舍设计不规范、粪污处理措施不当和牛场管理不严格，都会给疾病的传播与流行提供有利途径。一些病原体可通过直接接触或间接接触而传播，牛场外来车辆及饲料的运输、牛的引进、工作人员的进出等，均增加了牛群感染疾病的机会。牛一旦发病，为防止病情扩散，应立即进行隔离，根据病情采取相应的治疗方案，病情严重者，要严格按照要求逐级上报。养殖场应充分加强日常的管理，处理好环境、卫生、牛群、人员之间的生物安全关系，切断疾病传播途径，尽量使传播途径最少化。

### 4. 牛群免疫功能最强化

在实际临床生产中，通常选用疫苗对牛群进行免疫接种，可以很好地刺激牛体产生抵抗病原微生物的免疫力。养殖场应根据本场牛群的实际抗体水平，制订出一套完善系统的免疫方案。

目前，市场上常见的疫苗主要有灭活苗和弱毒苗。弱毒苗是通过物理或化学方法将强毒株的毒力致弱，但仍保留其免疫原性，免疫剂量小，产生免疫力的速度快且时间持久，可很好地促进细胞免疫反应，同时还可以用于突发疾病的紧急预防接种。但该类疫苗对储存环境要求较高，需要真空冷冻干燥，毒株稳定性差，存在返祖、返强的危险，并且易自然散毒。灭活苗是利用物理或化学方法将毒株灭活，使其失去毒力而保持免疫原性，稳定性好，便于储存运输，毒株易获取，可制作多价苗或多联苗，但该类疫苗抗原浓度要求高，免疫剂量大，临床上一般不用于紧急预防接种。

在实际临床生产中，疫苗免疫工作者要经过正规的技术培训，严格遵循消毒要求，否则会导致免疫部位严重感染（见彩图25）。

## 二 蹄部保健

### 1. 蹄部结构

牛蹄部的健康与否直接关系着牛群的整体健康水平，蹄部疾病是除了繁殖障碍和乳腺炎之外对养殖业造成巨大损失的第三大原因。牛为偶蹄动物，每肢均含有内外两个主蹄和副蹄。蹄表面分蹄壁、蹄底、蹄冠状带（蹄与腿的分界）和蹄球（柔软角质组织）。其中，角质组织为皮肤角化的衍生物，往往形成蹄匣，对蹄内部组织起保护作用，并对牛的体重起支撑作用。

### 2. 蹄部保健方法

为保证蹄部的健康，要定期对牛蹄进行修理保健，以降低各类蹄病的发生率。常用的修蹄工具有蹄刀、蹄铲、削蹄凿、蹄剪、剪蹄钳、蹄锉等，常用的辅助医疗品有硫酸铜、鱼石脂（见图8-2）、酒精棉、医用绷带、高锰酸钾、松馏油等。

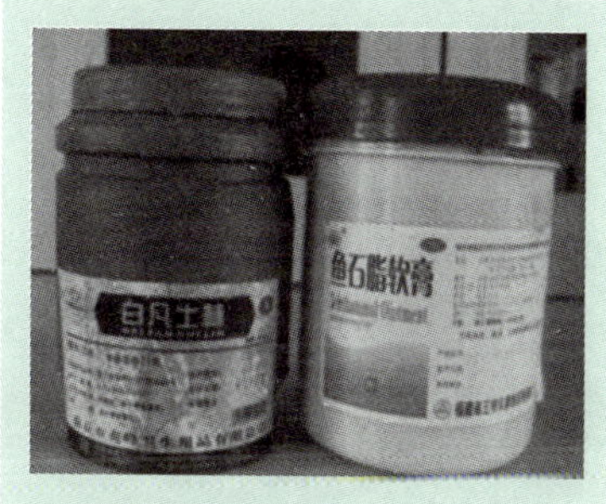

图8-2 蹄部保健常用药物

首先准备好所用器械和药品，然后为了人畜安全和保证修蹄工作顺利进行，对牛进行保定，一般采取卧倒或站立保定，为确保安全可靠，可辅助注射静松灵、肌松剂等药物；其次，采取相应的削蹄方法进行处理，常用的有维护削蹄法和矫正削蹄法。维护削蹄是为防止蹄部发生异常而进行的局部适当的预防性处理。矫正削蹄是对变形及病变异常的蹄部进行的矫正性处理。

养殖场应采取经常性措施来保障牛蹄部的健康。营养方面，日粮营养供应要均衡，注意调节粗料与精料的比例和钙磷比；卫生方面，经常保持牛舍干净卫生，运动场平整干燥，及时清理粪便污水

及砖头、石块等；护理方面，定期进行蹄浴，清除蹄部污物，及时修理病变异常蹄，选取相应的药物对症治疗，促使蹄部快速痊愈。

牛群日常管理水平的高低直接关系着牛蹄状态的好坏。在实际生产中，养殖场应提高综合管理水平，加强对牛蹄部的保健及预防性护理，从而降低蹄部发病率，减少淘汰率，提高养殖场的综合经济效益。

## 第二节　牛病常用的诊断技术

### 一　检查方法

临床检查的基本方法主要包括问诊、视诊、触诊、听诊、叩诊和嗅诊。在临床运用中，综合运用各种检查方法，相互结合，相互补充，建立全面、详细、准确的临床诊断方案。

#### 1. 问诊

问诊主要是向畜主或饲养工作人员询问关于牛发病的具体详细情况，从而为疾病的诊断提供非常重要的第一手资料。问诊的内容包含多个方面，如牛群饲养管理情况、疫苗免疫情况、检查情况、疫病流行特点、临床症状、发病既往史、用药情况等。

问诊只是为临床诊断提供初步的依据，不能单纯地根据问诊情况得出诊断结果，需要结合其他的诊断方法得出全面完整的诊断结果。

#### 2. 视诊

视诊是通过观察病牛的临床症状表现，进而分析疾病的发生情况。视诊内容包括观察牛的精神状态、采食饮水情况、呼吸情况、躯体姿势、被毛生长情况、可视黏膜情况、反刍及排粪情况等。

视诊时尽量与牛保持一定的距离，特别是种公牛，使其处于自然姿势。观察时，首先观察全貌，然后由前向后、由左至右观察，观察头部、颈部、胸部、腰腹部、四肢、乳腺等部位有无异常情况，必要时可以牵蹓病牛观察其运动情况。

#### 3. 触诊

触诊是用手接触牛体近距离观察牛的疾病发生状况，从而判断牛对外界刺激的敏感性。触诊检查内容主要包括牛体皮肤的温度、

湿度、弹性，体表淋巴结大小，心脏与脉搏的跳动次数和强度，以及瘤胃蠕动情况和内容物形状等。

### 4. 听诊

听诊是用耳或借助于听诊器来探听牛体内自行发出的声音。听诊的范围比较广，主要听取牛咀嚼、喘息、咳嗽、嗳气、反刍的声音，以及胃肠蠕动音、心脏搏动音等。听诊在临床应用中分为直接听诊法和间接听诊法。

**（1）直接听诊法** 用耳朵可以直接听取牛比较高朗的声音，如牛的咳嗽、肠鸣、喘息等。该法通常比较简易但也最实用。

**（2）间接听诊法** 间接听诊法主要是借助听诊器进行诊断。听诊尽可能选择在安静的环境下进行，避免喧哗，听诊器头部紧贴牛体表所检查部位，必要时可以剪掉周边被毛。听诊器通常可听取牛内脏器官产生的病理性杂音，如肺泡水音、心包拍水音、心杂音、胸水震荡音等。

### 5. 叩诊

叩诊是指用手叩击牛体表某部位，使之振动而产生声音，根据振动幅度和声音的音调特点来判断被检查部位脏器有无异常的诊断方法。依据叩诊的目的和手法特点，叩诊通常分为直接叩诊法和间接叩诊法。

**（1）直接叩诊法** 直接叩诊法是首先右手中间三指并拢，用其掌面直接拍击被检查部位，借助于拍击的反响和指下的振动感来判断病变情况的方法。该法适用于胸腹部较广范围的病变，如胸膜粘连或增厚、大量胸水或腹水、气胸等。

**（2）间接叩诊法** 间接叩诊法是将左手中指第二指节紧贴于叩诊部位，其他手指稍微抬起，勿与体表接触，用右手中指指端叩击左手中指末端指关节处或第二节指骨的远端，该处与被检查部位比较容易紧密接触，而且振动较敏感。叩诊时，利用腕关节与掌指关节的力垂直叩击，尽量避免肘关节和肩关节用力。为了有效地分辨叩诊音，可以在同一部位连续叩击2~3下，若未获得明确叩诊音，可再连续叩击2~3下，通常避免连续快速的叩击。

临床上根据叩诊音响产生的频率和振幅不同，将叩诊音分为清

音、浊音、鼓音、实音、过清音五种。清音是正常肺部的叩诊音；浊音出现在心脏、肝脏被肺缘覆盖的部位，另外肺脏发生肺炎、萎缩、肉样变性等组织实变时，肺区叩诊也会出现此音；鼓音经常在叩击含大量气体的空腔脏器时出现，正常情况下可见于瘤胃上部1/3处，瘤胃臌气可导致鼓音区扩大；实音可见于牛体大量胸腔积液或肺实变等；过清音介于清音和鼓音之间，常见于牛肺气肿。

⚠【注意】 以上几种检查方法均有其特定作用，在实际临床中，应结合各自的特点综合使用，只有这样才能得出准确合理的判断。

## 二 临床诊断程序

牛体的检查通常要按照一定的临床检查程序进行，从而得出科学合理的诊断结果。通常检查顺序为：病畜登记→问诊→现症检查（包括整体及一般检查、系统检查、实验室检查和特殊检查等）→建立诊断→记录病历。当然，临床检查程序并不是一成不变的，可根据具体情况灵活运用。

### 1. 病畜登记

病畜登记主要是详细系统地记录牛的基本情况和特征，包括牛的品种、性别、年龄、牛号等，注明畜主姓名、联系方式、日期等具体信息，为疾病诊断提供全面的信息记录。

### 2. 临床检查

临床检查要尽可能地做到全面、系统和客观，从而对牛的临床表现、病变特征做出科学的判断。

**（1）一般检查** 一般检查的范围较广，包括体态检查，神经类型和体质的判定，可视黏膜检查，被毛、皮肤及体表的变化，淋巴结的检查，以及体温、脉搏、呼吸次数的测定等。

**（2）系统检查** 系统检查是对牛体各个系统的器官和组织进行全面细致的检查。系统检查包括心脏血管系统检查、呼吸系统检查、消化系统检查、泌尿生殖系统检查、神经系统检查和血液系统检查等。

**（3）实验室检验及特殊检查** 根据病情的需要，有时需要进行必要的实验室检验和特殊检查。实验室检验主要包括病原学检查、粪便检验、尿液化验、乳汁检查、组织病理学检验等。特殊检查一般有 X 射线、心电图和超声波检查等。

## 第三节 牛病常用的治疗技术

### 一 保定方法

#### 1. 牛的接近

检查人员在对病牛进行临床诊断时，首先要考虑到人和牛的安全。当有陌生人接近时，牛一般表现得比较焦躁，容易攻击人。检查人员可以事先通过饲养员了解被检牛的性情，如是否胆小及是否有顶人、踢人的恶习。一般是从牛的侧前方慢慢接近，可以用手轻轻抚摸牛的头颈部，传达友好的信号，然后逐渐摸向胸背部，要时刻防止牛后蹄弹踢伤人。检测时可以一只手按在牛体的适当部位作为支点，另外一只手进行临床诊断，以防病牛的骚闹和攻击。

**【注意】** 牛的体型较大，在接近时，一定要注意人身安全，特别是接近种公牛时，更要加强安全防护。

#### 2. 牛的保定

针对性情比较暴躁的牛，需要进行适当的保定，这样不仅有利于人身安全，更有利于疾病的诊断与治疗。牛的保定方法有多种，可以根据养殖场的设备条件和临诊要求选择有效合理的保定方法。

**（1）简易保定法** 简易保定法主要包括以下 3 种方法：

1）徒手握牛鼻或借助牛鼻钳保定法。徒手握牛鼻或借助牛鼻钳保定法在一般的临床检查中比较常用。关于徒手握牛鼻保定，通常是一手迅速抓住牛角，然后再提拉牛鼻环，或者直接用拇指、食指与中指合力捏住牛的鼻中隔进行保定（见图 8-3）。

另外，牛鼻钳保定分为暂时性保定和永久性保定。永久性牛鼻钳保定是将牛两鼻孔之间的鼻中隔穿透，然后用金属条从穿刺孔穿入，金属条两端弯向牛鼻背部，再与龙头连接在一起。暂时性保定

用的牛鼻钳，是将长柄鼻钳给牛装上，待诊疗结束后再取下鼻钳。

2）捆角保定法。捆角保定法是用一根绳子拴在牛角根部，然后直接打结捆绑在柱子或树干上，该方法在检查牛头部疾病时比较多见（见图8-4）。

图8-3　徒手握牛鼻保定法

图8-4　捆角保定法

3）后肢保定法。后肢保定法一般包括两后肢绳套固定法和“∞”形缠绕固定法。两后肢绳套固定法是取较长的粗绳一条，按照等长对折，从跗关节上方缠绕两后肢胫部，接着将绳子一端穿过折转处并向一侧束紧。“∞”形缠绕固定法是用绳子在跗关节上方做类似“∞”形的缠绕，从而把两后肢固定在一起，紧接着将绳子拉紧并打结。后肢保定法主要是防止牛的乱踢，在检查牛乳房、阴道、子宫等部位的疾病时多见。

**（2）柱栏保定法**　柱栏保定法有多种，包括单柱栏保定、两柱栏保定、五柱栏保定、六柱栏（见图8-5）保定等。比较简单的是单柱栏保定，是直接把牛的颈部紧贴于单柱，然后在颈部打活结固定，适用于一般的牛体检查。两柱栏保定是将牛牵至平行于两柱的前方，首先将颈部打活

图8-5　六柱栏

结固定于前柱一侧，用一条长绳顺着前柱后后柱缠绕一圈，把牛固定在中间，再从牛的腰部或胸部穿绳于肩胛部打结固定，适用于瘤胃手术或修蹄用。五柱栏保定的结构是四柱栏前面外加一根单柱，单柱主要用于牛头部的固定，四柱栏则固定牛的肢体和躯体。该法保定可做牛的前肢、后肢转位。后肢转位时通常选取一条柔软的绳子，在系部打环，绳子从外至内绕过下方横梁，再箍住跖部，用力将绳子收紧，接着用绳子环绕后柱和跖部，使两者紧靠在一起，用绳子绕胫部和后肢一圈，系紧固定。六柱栏保定时需要六根柱子，包括固定头颈部的两个门柱，以及固定前肢和体躯的两个前柱和两个后柱，中间设有上、下横梁，用于垂吊牛的胸腹部。

**（3）倒牛法** 一般常用的倒牛法是一条绳倒牛法。选取一条长绳，一端拴系在牛角根部，另外一端向后牵引，在肩胛骨后角做一绕环，绕胸部一周，再在髋关节前经腹部绕一周，此时前后两方检查人员分别向各自方向拉紧绳子，牛很容易卧倒在地。牛卧倒后，前方人员一只手抓住牛鼻钳，另一只手按住牛角使其枕部着地，即可牢牢控制住牛体。

**【注意】** 针对体型较大的种公牛或奶牛，注意避免绳子对阴茎或乳房造成不必要的损伤。

## 二、给药方法

在牛病预防和治疗过程中，给药是基本的治疗措施。给药的方式有多种，临床上常根据药物的不同理化性质、剂型与剂量、毒副作用及牛的实际病情，选择相应的给药途径。

### 1. 液体药物灌服

针对需要从口腔饮服的液体药物，一般选用长颈橡胶瓶或塑料瓶，将药物装入后直接灌服。灌服时，一般采用徒手保定法，必要时借助于牛鼻钳或鼻环绳固定于牛栏进行保定。助手首先把牛拴于牛栏上，一只手拉紧牛鼻环或抓紧鼻中隔，另一只手向上托起牛下颌，略微抬高牛嘴。术者一只手伸入牛的一侧口角，并稍微轻压牛舌，另一只手持盛有药物的橡胶瓶从牛口角的另一侧灌服（见图8-6）。如果药量过

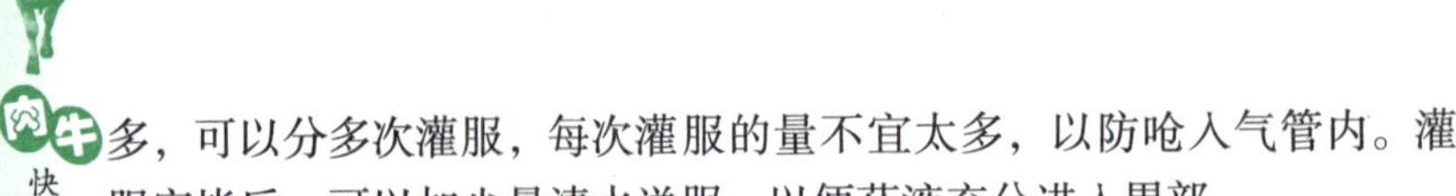



多，可以分多次灌服，每次灌服的量不宜太多，以防呛入气管内。灌服完毕后，可以加少量清水送服，以便药液充分进入胃部。

### 2. 片剂、丸剂药物给药法

使用西药及中成药的片剂或丸剂，一般采用徒手投药或投药器投药。徒手投药是操作者一只手伸入牛的一侧口角，另一只手直接取片剂或丸剂药送入牛舌背部。投药器投药要求首先把药装入投药器内，然后持投药器从牛一侧口角伸入并直接送到舌根部，迅速将药推出，再取出投药器。投药完毕后观察牛是否有吞咽动作，如果没有，需要灌饮少量清水，以确保药物全部吞咽下去。

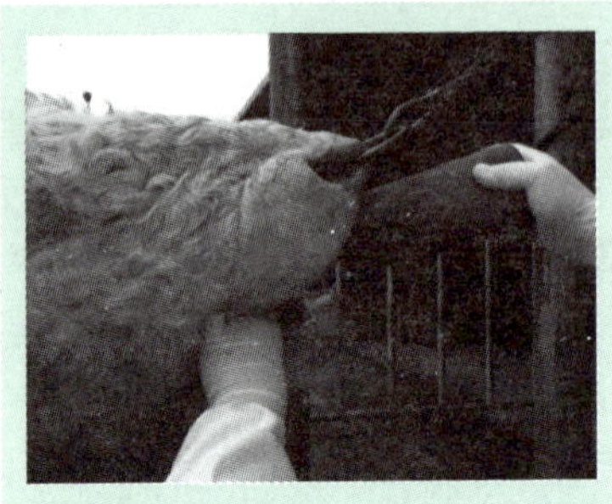

图 8-6　液体药物灌服

### 3. 胃管投药法

针对有特殊气味的大剂量液体药物或经口不易灌服的药物，可以采用胃管投药法。将药物放置于盛药漏斗内，通过鼻腔或口腔插入到胃管内，从而直接将药物灌入胃内。对于患支气管炎、咽炎的病牛禁止使用此方法，另外在投药的过程中，注意观察是否有咳嗽或气喘的症状，一旦发现应立即停止给药。

在进行胃管投药时，首先将牛的头部按照一定的方法固定，胃管表面涂以润滑剂或湿润剂，然后随着牛的吞咽动作，将胃管经口腔或鼻腔送入食管。此时需要检查胃管是否完全进入，一般会在牛左侧颈沟部触摸到胃管，往管内吹气可观察到波动感，同时在胃管口可嗅到酸臭气味。若操作不当插入气管内，可在管内观察到明显的呼吸样气体流动，此时应立即拔出，需要重新插入；从鼻腔进入时，若观察到鼻腔黏膜出血，应先止血再重新操作。

### 4. 注射给药法

注射给药法是借助于注射器将药物注入牛体内的比较常用的一种方法。所用注射器和针头全部要经过高压灭菌或煮沸消毒处理。根据药物的不同性质和牛个体的大小，可选用相对容量和针头的注射器，使用前要检查注射器的密封度和完整度。注射前要对注射部位剪毛消毒（见图 8-7），以防止操作不当引起局部感染，首先用 5% 碘酊做圆环状涂擦，再用 75% 酒精棉涂擦。临床上常用的注射方法有以下几种：

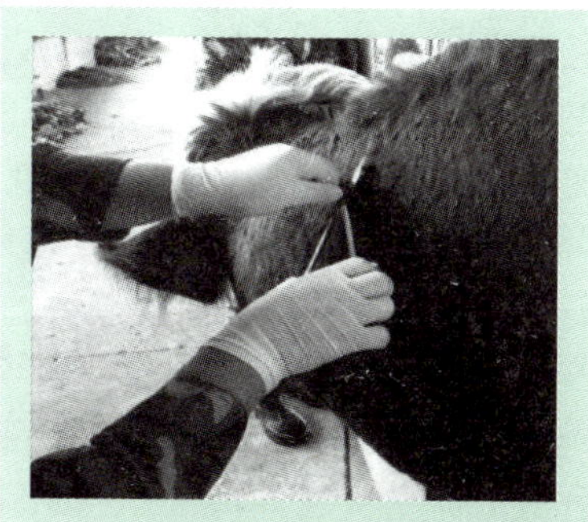
图 8-7　剪毛

**（1）皮内注射法**　皮内注射法是将药物注射到牛的皮肤内，一般注射部位选取牛颈部上 1/3 处或尾根两侧皮肤皱裂处，该法主要用于变态反应试验。一般选用 1 毫升注射器和专用的皮内注射针头，左手拇指和食指捏起注射部位皮肤，右手持注射器以针头几乎与皮肤平行的角度刺入，深度为 1.5 ~ 2.0 厘米。待针头刺入后，左手松开皮肤，右手缓缓地注入药液，此时在皮肤表面会形成一个圆丘。针头拔出后，不需要再对注射部位进行压迫或消毒。

**（2）皮下注射法**　皮下注射法是将药物注射到牛皮肤较薄的皮下疏松组织内，适用于刺激性比较弱、用药量比较少的药物，如肾上腺素、阿托品、防疫疫苗等。若注射量较大，可选用分点注射法。对于刺激性较强的药液或油剂，由于皮下吸收能力较差，一般不适用于此方法。皮下注射的操作方法与皮内注射法大致相同，但进针的角度与皮肤表面约呈 45°，一般选用 16 号针头注射。

**（3）肌内注射法**　牛的肌肉内血管丰富，药物吸收速度快，肌内注射法是临床上应用比较多的一种方法，一般选取牛颈部或臀部肌肉较丰厚的部位注射。该法适用于各种混悬剂、油乳剂疫苗、常用抗生素药物等。但对于刺激性较强、极难吸收的氯化钙、水杨酸钠、水合氯醛等溶液不能采用此法。该法的操作比较简单，药物配制完毕后，对准消毒好的部位直接刺入，缓缓将药物注射进去，待针头拔出后，注射部位用碘酊消毒。运用该法进行注射时，避免把针头全部刺入肌肉内，以防针头折断不易取出。

**（4）静脉注射法**　静脉注射是一种将药物直接注入牛的静脉血管

内且药效作用产生较快的给药方法。药物进入静脉血管后，直接随血液循环遍布全身，用时短，见效快。静脉注射法分为短暂性静脉注射和连续性静脉注射。短暂性静脉注射多以针筒直接注入静脉，即一般常见的“打针”。连续性静脉注射通常施以静脉滴注，俗称“点滴”。牛的注射部位一般选取在颈静脉上1/3和中1/3交界处（见图8-8）。

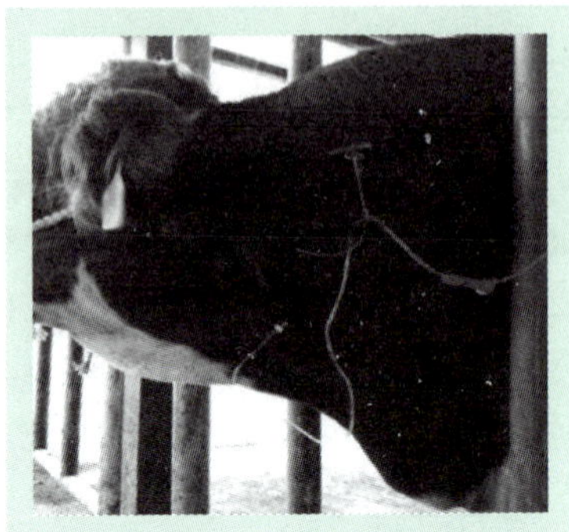
图8-8　静脉注射给药

操作者左手按压住颈静脉的近心端，阻断血液回流，使血管怒张，然后右手持针，在按压部位的上方约2厘米处，使针头按照垂直或45°刺入静脉内，当见回血后，把针头顺血管继续向前推进约2厘米，接下来连接上针筒或输液管，用手扶持或用夹子把胶管固定在牛的颈部，药液注入速度应缓慢。当注射完毕后，迅速地拔出针头，然后用棉球压住注射点，按压几秒钟后涂以碘酊。在进行连续性静脉注射时要特别把握好药液滴注的速度，一般为每分钟30～60滴最佳。对于刺激性较强的药液避免漏至血管外，如果不慎漏出，可向周围组织注射适量的生理盐水；如果是高渗溶液漏出，可以注射无菌蒸馏水加以稀释；如果注射氯化钙溶液时漏出，可以注入10%硫酸钠溶液相互作用。

> **【注意】** 不同的药物对输入速度均有一定的要求，应严格按照说明进行操作。静脉滴注时，若速度过快，不仅会引起牛体局部疼痛，还可能导致心脏骤停，危及牛体安全。

**（5）胸腔注射法**　胸腔注射法是将药物直接注入牛胸腔的一种方法，该方法不仅提高了肺脏局部吸收药物的浓度，而且药物作用的时间比较快，吸收的时间也比较短。注射部位一般选取在牛倒数第5～6肋间，与肩关节水平线相交的上方约2厘米处。

**（6）腹腔注射法**　腹腔注射法是将药物直接注入牛的腹部，通过腹腔膜的吸收作用达到治疗的目的。腹腔注射一般选取在牛右侧肷窝部，针头以垂直方向刺入。刺激性比较大的药液避免使用此法。另外，药液的温度尽量与牛体温相同，防止药物温度过低引起肠痉挛。药物注射完毕后，将针头拔出，局部需要进行消毒处理。

**（7）乳池注射法** 乳池注射法是利用专门的导乳针头将药物直接注入牛乳房乳池中的一种有效防治牛乳房疾病的方法。在注射前，首先将乳房清洗并擦拭干净，挤出乳房内部的炎性乳汁，确保彻底挤出后，用75%的酒精棉在乳头和周围的乳头管开口处消毒。操作者左手托住牛的乳房，右手持针缓缓插入到乳头管内约30厘米处，然后将药液缓缓注入乳房的乳池内。操作完毕后，轻轻地按摩乳房，使药物充分的扩散吸收。

### 5. 穿刺法

穿刺法是选用专门的穿刺工具刺入牛的瘤胃、腹腔、胸腔、心包等部位，从而排出内部气体或内容物，同时辅以药物注射达到防疫和治疗的目的。常用的穿刺工具有套管针、骨髓穿刺器等。另外，可以通过穿刺法获取牛体的病料组织或特定器官，为实验室诊断提供帮助，有利于疾病的快速确诊。在穿刺过程中，如果操作不当，极有可能引起组织的损伤，导致局部感染，所以，操作者一定要严格按照操作程序进行。临床上常用的穿刺方法包括瘤胃穿刺法和腹腔穿刺法。

**（1）瘤胃穿刺法** 瘤胃穿刺法是主要针对牛瘤胃急性臌气时的急救排气并向瘤胃内部注入药物的一种临床穿刺法。穿刺部位主要在牛的左侧肷窝部，位于髋结节向最后肋骨所引中点连线的中央，距离腰椎横突约10厘米处，同时也可以选取在瘤胃隆起的最高点进行穿刺。

操作者首先在选取的穿刺点旁边约1厘米处做一小的皮肤切口，左手将局部皮肤上移，移至穿刺点，右手持套管针将针尖刺入皮肤的切口内，向对侧肘头方向刺入约10厘米深，此时左手固定住套管，右手拔出内针，用手指堵住套管口进行间歇性的放气，从而间断地排出瘤胃内气体。放气速度应缓慢，从而防止牛发生急性脑贫血。当气体排出后，为防止臌气复发，可向瘤胃内注入制酵剂，如松节油、1%~2%福尔马林溶液、乳酸等。药液注入完插入内针，用手压住切口处，拔出套管针，对创口消毒并进行结节缝合。创口消毒一定要彻底，如果处理不当，往往会引起局部感染，并伴随有泡沫样液体流出，感染严重时会继发腹膜炎。

**（2）腹腔穿刺法** 腹腔穿刺法在临床上应用比较广泛，往往用于排出牛腹腔内部的积液和洗涤腹腔，同时注射药物辅以治疗，还可应用于腹腔积液的采取，进行腹膜炎、内脏出血、肠破裂等疾病的鉴别诊断。穿刺部位主要选取在牛脐部和膝关节连接线的中点位置。

操作者身体下蹲，左手稍微前移皮肤，右手持套管针按照由下向上的方向垂直刺入腹腔，深度为3~4厘米，针头连接注射器，缓缓注入相应的冲洗药液，再通过穿刺部位排出，反复冲洗腹腔3次左右。冲洗液排出不畅时，可以通过内针进行疏通。冲洗完毕后，再输入治疗性药物。操作结束后，拔出套管针，穿刺部位做消毒处理以防感染。在穿刺过程中可能会遇到腹腔出血，此时应充分进行止血处理，然后再更换位置继续穿刺。

# 第九章
# 肉牛常见的寄生虫病

## 一 吸虫病

### 1. 日本血吸虫病

日本血吸虫病又名“日本分体吸虫病”，是一种由分体科分体属的日本分体吸虫寄生于牛门静脉和肠系膜静脉而引起的人畜共患传染病。该病主要以下痢、消瘦、便血、实质内脏器官寄生虫卵结节等为主要特征。该病目前主要分布于我国降雨量比较多的南方省份，对人、畜均有不同程度的危害，是水牛、黄牛的主要寄生虫病之一，对我国的养牛业危害极大。

【流行特点】本病主要的传染源是带虫哺乳动物和人，一般血吸虫主要经表层皮肤、黏膜、胎盘等途径传播。日本分体吸虫的中间宿主为钉螺，主要为我国的湖北钉螺。本病的流行与发生存在明显的季节性和区域性。一般每年的 5 ~ 10 月为主要感染期，丘陵地区的牛群感染率最高，平原和山区的牛群很少感染。

【临床症状】犊牛感染率相对来说比较高，临床症状也比较明显，黄牛的临床症状比水牛明显。牛感染血吸虫后，呈现急性型、慢性型和带虫无症状 3 种类型。

**（1）急性型** 当牛大量感染时，常表现为急性型。病牛精神不振，食欲减退，体温呈现为不规则间歇热。随着感染时间的延长，病牛发生腹泻下痢，粪便夹杂有带血黏液物。长期感染导致病牛严重消瘦、贫血、四肢无力，严重的可引起死亡。

**(2) 慢性型** 在实际临床中，病牛主要以慢性型经过居多。病牛饮食无规律，精神不振，有的病牛出现腹泻，粪便带血，夹杂有腥臭味，排便表现为里急后重，后期产生肝硬化并出现腹水。病牛日渐消瘦、贫血，经济价值大幅下降。奶牛的产奶量急剧下降，母牛伴有不孕或妊娠牛发生流产。犊牛生长发育迟缓，往往转化为侏儒牛。

**(3) 带虫无症状型** 当牛感染不严重时，表现为带虫无症状型，一般无明显的临床症状。

**【病理变化】** 剖检病死牛，可见尸体消瘦，脂肪严重萎缩，肝脏、脾脏肿胀，腹腔存在大量积液，脏器被膜呈增生性灰白色，在肝脏和肠壁表面可观察到粟粒大小的灰色虫卵结节，有时在心脏、胃、肾脏等部位也可发现少量结节。

**【防治措施】** 日本血吸虫是一种严重危害人类和牲畜健康的人畜共患传染病，应采取综合措施进行彻底防控：加强牛场环境卫生管理，收集的粪便采取生物发酵处理；管理好牛场用水问题，可以安装自来水或深挖水井，充分避免人、畜通过饮水而感染血吸虫；消灭中间宿主钉螺，常用的灭钉螺药物有氯硝柳胺和五氯酚钠，该类药物对水体污染较大，一般在钉螺高发期使用；认真做好检疫工作，加强防治日本血吸虫的宣传教育，提高自我防范意识。

目前，针对血吸虫常用的药物为吡喹酮和硝硫氰胺，均为广谱抗虫药。吡喹酮的使用按照一定的剂量进行：黄牛以300千克体重为限，每千克体重添加30毫克的药量，一次口服；水牛以400千克体重为限，每千克体重添加25毫克的药量，一次口服。硝硫氰胺的使用按照每千克体重30~50毫克药量一次口服。

> ⚠ **【注意】** 日本血吸虫病与球虫病、消化道线虫病、鸟毕吸虫病的临床症状比较相似，应注意鉴别诊断。吡喹酮对牛的肝功能损害比较大，在用药的时候一定要特别注意剂量。

### 2. 片形吸虫病

牛片形吸虫病又称“牛肝片吸虫病”，是由片形科片形属的大片或肝片形吸虫寄生于牛肝脏、胆囊和胆管中所引起的一种严重影响牛体健康的寄生虫病。一般流行于夏秋两季，呈地方性流行，对幼畜的危害特别严重。本病主要破坏牛体肝脏，引起急性或慢性肝炎，以及破坏胆管，引起胆管炎，同时伴发中毒性营养代谢障碍，最后导致牛过度衰竭而死，特别是犊牛死亡率比较高，成年牛一般可耐过，给畜牧业造成巨大的经济损失。

**【流行特点】** 牛片形吸虫病呈世界流行性分布，是我国对牛体危害最严重的寄生虫病之一。片形吸虫的中间宿主主要为椎实螺。成虫主要寄生于牛的肝脏、胆囊和胆管等部位，虫卵随着胆汁入肠腔，最后经粪便排出体外。排出的虫卵在适宜的环境下经 20 天左右可孵出毛蚴，毛蚴游离于水中，寄生在中间宿主椎实螺体内，再经胞蚴、雷蚴、尾蚴、囊蚴等繁殖阶段，牛一般因吞食含囊蚴的水草而感染。囊蚴进入牛体后，穿过肠壁寄生在肝脏、胆等部位，成虫存活时间可达 5 年之久。

病牛是本病的主要传染源，随粪便源源不断地向外界排出虫卵，外界适宜的温度、水体及中间宿主椎实螺等因素为片形吸虫的流行与传播提供了适宜的条件。

**【临床症状和病理变化】** 片形吸虫引起的急性型感染多发于夏秋两季，主要是由于牛短时间内遭受严重感染，病势急，引起牛突然发病死亡，一般较少见。牛的临床发病多呈慢性型经过，病牛食欲下降，日渐消瘦，可视黏膜苍白，被毛粗乱，贫血，常继发周期性瘤胃鼓胀或导致前胃弛缓，便秘与腹泻常常交替发生，后期颌部、胸部出现水肿，触诊呈波动状，无热痛感。犊牛早期感染会严重影响正常发育，母牛感染常发生流产，如不及时治疗常常导致死亡。

剖检病死牛可观察到可视黏膜苍白或黄染，肝脏萎缩变硬，胆管产生增生性结缔组织，钙化变硬，在肝脏和胆管部可观察到大量的片形吸虫。

**【防治措施】** 针对牛片形吸虫病的防治，养殖场平时一定要做好预防工作，定期对牛群驱虫，每年开春一次，入冬一次，既能很好地杀死当年感染的片形吸虫的幼虫，又可以杀死因越冬虫蚴而感染的成虫；放牧场所尽量选择在高燥的牧场，避开螺的污染；加强牛场粪便的管理，收集粪便进行微生物发酵处理；利用药物消灭椎实

螺，杜绝传染源。

常用的灭螺药物有溴酚磷、三氯苯唑、硝氯酚、阿苯达唑等，按照一定的比例进行对症治疗，均可起到很好的驱虫效果。

1）溴酚磷，按照每千克体重10~15毫克药量，一次口服，可有效驱杀成虫和童虫。

2）三氯苯唑，按照每千克体重10毫克药量口服，对防治各日龄的片形吸虫均有很好的效果。

3）硝氯酚，分片剂和针剂，片剂按每千克体重3毫克药量口服，针剂按每千克体重1毫克药量肌内注射，对成虫效果显著，该药对牛敏感性较高，要严格按照规定剂量用药。

4）阿苯达唑，是一种广谱驱虫药，对各种吸虫、线虫均有很好的疗效，按照每千克体重15~25毫克药量，一次口服。

> ⚠【注意】 牛群感染片形吸虫的临床症状较轻时，一般一次用药即可，若处于常发区，则需要进行多次驱虫；片形吸虫的虫卵与前后盘吸虫的虫卵外形相似，但颜色不同，前者多为金黄色，后者多为浅灰色。

## 二 绦虫病

### 1. 牛囊尾蚴病

牛囊尾蚴病又称“牛囊虫病”，是由寄生于人体内的带绦虫科带吻属的肥胖带绦虫的幼虫——牛囊尾蚴寄生于牛体肌肉内引起的一种绦虫病。黄牛和水牛是肥胖带绦虫最主要的中间宿主，人是唯一的终末宿主。该囊尾蚴寄生于牛各肌肉组织及脑、肺脏、肝脏等部位，人往往是通过误食感染有囊尾蚴虫的牛肉而得病。该病不仅严重影响畜牧业的健康发展，也给人类的健康带来巨大的威胁，是肉食品进行卫生检疫的重要项目之一。

【流行特点】牛囊尾蚴病多呈现世界性分布，亚洲和非洲国家比较多见，大多在喜好吃牛肉尤其是有生吃牛肉习惯的国家和地区呈地方性流行，一般地区仅散在感染。我国呈地方流行性的地区主要集中在西藏、内蒙古、台湾、广西等地区。

牛囊尾蚴成虫主要寄生在人体小肠，孕节随粪便从肛门排出，孕节破裂，排出虫卵污染饮水、饲料等，牛误食后则感染，虫卵定居于肌肉进行发育，经过3～6个月的中绦期，发育为成熟的囊尾蚴，在牛体内存活长达半年以上。

**【临床症状和病理变化】**病牛感染初期，临床症状比较显著，精神不振、食欲异常、体温升高，达到40～41℃，有时病牛长时间静卧，病情严重可导致死亡。症状较轻的病牛经8～10天后，往往会耐过，囊尾蚴长时间寄生在肌肉内。

剖检病死牛，可在全身大部分肌肉内检测出虫体，比较明显的部位集中在舌肌、咬肌、骨骼肌、心肌等处。当病牛大量感染时，也可在肾脏、肝脏、肺脏等处检测到虫体的存在。

**【防治措施】**针对牛囊尾蚴病的防治，目前尚无专一特效药物，可以用吡喹酮、阿苯达唑、甲苯达唑等辅助治疗，主要还是在于加强平时的预防工作：

1）要广泛开展牛囊尾蚴病的普查工作，对于感染者应采用药物驱虫，排出的粪便做无害化处理，充分消灭传染源。

2）养殖场工作人员养成良好的日常卫生习惯，饭前饭后勤洗手，严谨牛采食人的粪便，选择无污染的牧场进行牛的饲养。

3）严格按照国家相关规定，对屠宰牛进行详细检疫，确保牛肉食品的安全卫生。

> ⚠**【注意】**临床诊断时，牛囊尾蚴病的确诊比较困难，通常采用血清学实验进行检测，但多呈假阳性。在常发区，通常选取临床症状特别明显的病牛进行解剖确诊。

### 2. 牛棘球蚴病

牛棘球蚴病又称“牛包虫病”，是由带绦虫科棘球属的中绦期绦虫棘球蚴寄生于牛等多种动物及人类的肺脏、肝脏等器官而引起的一种绦虫蚴病，是一种严重危害人类和牲畜健康的人畜共患传染病。棘球蚴的虫体较大，可压迫虫体周围组织，引起继发感染。

**【流行特点】**根据棘球绦虫的病原学特点，棘球绦虫可分为细粒棘球绦虫、福氏棘球绦虫、多房棘球绦虫和少节棘球绦虫4种，我

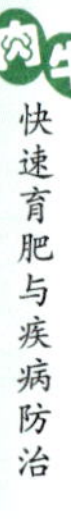


国主要以细粒棘球绦虫居多。

牛棘球蚴病呈世界性分布，主要集中在放牧区。犬、狼等肉食兽为终末宿主，成虫寄生于小肠，孕节随粪便排出体外，在适宜环境下孕节破裂后排出虫卵，牛通过采食污染的水、草等而感染。虫卵穿破肠壁通过血液循环散布于体内各个器官，主要以肝脏、肺脏居多。牛棘球蚴病主要以犬和牛之间循环流行的方式传播，犬在流行学上发挥了主要作用。牛细粒棘球绦虫的虫卵对外界环境有很强的抵抗力，一般化学物质作用不明显，在0℃存活可达4个月之久。

**【临床症状和病理变化】** 感染牛棘球蚴病的终末宿主犬，一般临床特征不明显。当牛体寄生少量虫卵时，症状比较轻微；严重感染时，牛饮食无规律，精神不振，被毛粗乱，逐渐消瘦，当运动剧烈时牛的症状加重。奶牛感染常伴发产奶量急剧下降，犊牛感染则影响其正常发育。

剖检病死牛，可在肝脏、肺脏等处发现有粟粒大乃至鸡蛋大的棘球蚴寄生，可视黏膜增生性坏死。

**【防治措施】** 目前针对牛棘球蚴病的治疗主要应用吡喹酮和阿苯达唑，可起到一定的防治作用。针对该病的预防，主要从以下几点做起：

1）定期对终末宿主犬驱虫，犬粪进行无害化处理，防治病原扩散。

2）对牛群进行定期检疫，对于屠宰牛，严格遵守国家相关规定进行检疫，一经发现感染牛，应立即淘汰处理。

3）加强牛场环境卫生管理工作，保持饲草、饮水的清洁卫生。

> **【注意】** 针对牛棘球蚴病，牛生前诊断十分困难，在多数情况下，需要经解剖才可确诊。目前针对该病特别有效的药物不多，吡喹酮和阿苯达唑起一定作用，但要注意用药剂量。

### 3. 莫尼茨绦虫病

牛莫尼茨绦虫病是由裸头科莫尼茨属的莫尼茨绦虫寄生于牛小肠而引起的一种严重危害牛体健康的绦虫病。感染牛的莫尼茨绦虫主要包括贝氏莫尼茨绦虫和扩展莫尼茨绦虫。该病对犊牛的危害比较严重，主要以饮欲增加、食欲下降、腹泻下痢为主要特征。

**【流行特点】**莫尼茨绦虫病的传播需要中间宿主地螨的参与。寄生于牛小肠的莫尼茨绦虫，孕节随粪便排出体外，在适宜条件下，虫卵爬出孕节，被中间宿主地螨所吞食，六钩蚴钻入地螨肠腔并繁殖发育，经一个月之久转为具有感染性的幼虫，称作似囊尾蚴。牛主要是在吃草时误食含有似囊尾蚴的地螨而感染。似囊尾蚴在牛肠道内发育为囊尾蚴成虫，其中，扩展莫尼茨绦虫大概需要40天，贝氏莫尼茨绦虫大概需要50天。成虫的寿命长达2～6个月，此后则由肠道排出。

本病的流行与地螨的生物学特性息息相关。地螨白天隐蔽在潮湿植物下，黄昏或黎明时进行活动，牛在此时间段放牧最容易感染。犊牛易感贝氏莫尼茨绦虫，随着年龄的增长，牛的感染率逐渐降低。

**【临床症状和病理变化】**莫尼茨绦虫主要感染犊牛，初期表现为精神不振、食欲下降、逐渐消瘦、腹泻下痢等症状，粪便中夹杂有孕节。病程后期症状加剧，口有泡沫，贫血，伴发有明显的神经症状，最后衰竭而死。

剖检病死牛可见小肠内有大量虫体，肠黏膜显现增生性和卡他性炎症，偶见肠扭转和肠阻塞。剖开脑部，可见明显的出血性浸润。

**【防治措施】**针对该病的药物比较多，常见的有吡喹酮、阿苯达唑、硫苯咪唑、氯硝柳胺等，按照一定的剂量进行驱虫，均可以起到很好的保护和治疗作用。

1）吡喹酮：作为常见的驱虫药，按照每千克体重10～12毫克药量，一次口服。

2）阿苯达唑：剂量和服用方法与吡喹酮相似，针对绦虫效果显著。

3）氯硝柳胺：按照每千克体重50～70毫克药量，一次口服，驱虫效果也比较明显。

平时要做好该病的预防工作，在流行区，牛群开始放牧1个月期间，要进行一次彻底的驱虫，驱虫后转移到新鲜牧场放牧；对牧

场进行改造，控制中间宿主地螨的污染，避免在阴雨天气、清晨或黄昏进行放牧，杜绝传染源。

【注意】莫尼茨绦虫病主要引起牛的腹泻，与弓首蛔虫病、隐孢子虫病的临床症状比较相似，应注意鉴别诊断。

## 三 线虫病

### 1. 犊牛弓首蛔虫病

犊牛弓首蛔虫病又称“犊牛新蛔虫病”，是由弓首科弓首属的犊弓首蛔虫寄生于犊牛小肠内而引起的主要以腹泻、肠炎、腹部膨胀和腹痛为特征的线虫病。初生犊牛大量感染可导致死亡，对养牛业的健康发展影响很大。该病在我国主要分布于南方地区。

【流行特点】犊牛弓首蛔虫病常见于5月龄内的犊牛，主要分布于热带、亚热带和温带地区，我国主要以南方地区为主。犊牛弓首蛔虫有其特定的发育过程。雌虫首先在宿主小肠内寄生，卵随粪便排出体外。在外界环境适宜的条件下，约经3天时间发育为第1期幼虫，再经2周时间发育为具有感染性的第2期幼虫，当牛误食含感染性虫卵的牧草后，又寄生在牛小肠中，虫卵穿破肠壁，进入血液，然后循环至肝脏、肺脏等器官并发育为第3期幼虫，此时在器官内寄生增殖。当母牛妊娠至9个月左右时，幼虫移行至子宫，并进入到胎盘羊膜液内，发育为第4期幼虫，此时幼虫被胎牛吞食入小肠。当犊牛产出后，经1个月时间幼虫在小肠内发育为成虫，成虫在犊牛肠内可存活3~5个月。

【临床症状和病理变化】出生2周左右的犊牛表现出比较明显的临床特征，病牛精神沉郁，食欲下降，后肢无力，喜卧嗜睡，吮乳无力，日渐消瘦，呼酸臭气体。当虫体寄生量达到一定程度时，可导致肠穿孔或肠阻塞，引起病牛死亡。

解剖病死牛，可在小肠内发现大量的幼虫，肠黏膜溃烂出血，在肺脏组织中也可观察到幼虫，造成肺部点状出血。

【防治措施】治疗本病的药物常见的有伊维菌素、哌嗪和阿苯达唑。其中，伊维菌素按每千克体重0.2毫克药量口服或皮下注射；

哌嗪按每千克体重 250 毫克药量，一次口服；阿苯达唑按每千克体重 15 毫克药量口服。

本病的预防主要从以下几个方面做起：

1）对于常发区，在母牛妊娠后期进行伊维菌素驱虫，防止虫体垂直传播。

2）患有该病的犊牛，一般于 15 日龄进行伊维菌素驱虫，经 1 个月后再次驱虫，一般会起到很好的防控效果。

3）加强牛场日常的卫生管理工作，收集牛粪进行微生物发酵处理，充分杜绝传染源。

> ⚠【注意】 犊牛弓首蛔虫病属于犊牛性疾病，与隐孢子虫病和莫尼茨绦虫病均会引起腹泻症状，在临床诊断时应加以鉴别。当犊牛体内寄生大量虫体时，要进行多次驱虫，药量为正常药量的 1 倍，1 周后重复用药一次。

### 2. 牛捻转血矛线虫病

牛捻转血矛线虫病是由毛圆科血矛属的捻转血矛线虫寄生于牛的真胃而引起的主要以牛体消瘦、贫血、胃肠炎等为特征的严重影响牛体健康的一种线虫病，偶见虫体寄生于牛的小肠。

**【流行特点】**牛感染捻转血矛线虫病主要发生于温度适宜的季节，一般起始于 4 月，5 ~ 9 月为该病的高发期，10 月之后为低潮期，冬季很少发生。牛通过采食虫卵污染的低洼潮湿区牧草而感染，也可由饮水感染，虫卵主要寄生于真胃和小肠。

**【临床症状和病理变化】**牛感染该病后，往往表现为食欲下降、精神不振、牛体日渐消瘦、贫血，犊牛感染严重时可影响正常生长发育。感染严重的病牛，四肢外侧发生似开水烫过的脱毛状，高度贫血，眼结膜苍白，腹泻下痢，下颌水肿，犊牛常引起腹部膨隆，因此又称作“牛大腹病”。感染后期病牛卧地不起，食欲完全废绝，迅速消瘦死亡。

剖检病死牛，在下颌水肿处流出大量的黏性浅黄色液体，真胃和小肠呈出血性、卡他性炎症，并可发现有大量的虫体寄生，皮下脂肪组织呈胶冻样变性坏死。

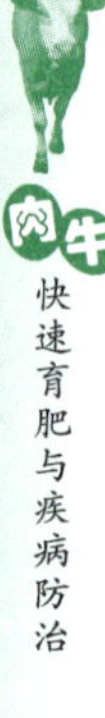



【防治措施】通过常规的临床特征即可诊断出该病，常用的治疗药物主要为伊维菌素和阿维菌素，按照每千克体重 0.2 毫克药量口服。另外，左旋咪唑、噻咪唑对该病也有很好的疗效，在治疗的同时往往辅助用硫酸亚铁进行补铁。

目前最有效的控制该病的措施是每年的春秋两季各进行 1 次驱虫，收集牛舍粪便进行生物学发酵处理。另外，采取科学的方法进行放牧，尽量不要在低洼潮湿的地区放牧，避免清晨、黄昏时间放牧，减少牛感染该病的机会。

### 3. 牛食道口线虫病

牛食道口线虫病是由盅口科食道口属的线虫寄生于牛肠壁和肠腔而引起的以顽固性腹泻下痢为特征的线虫病，常见的食道口线虫包括粗纹食道口线虫、哥伦比亚食道口线虫和辐射食道口线虫。此病通常由于幼虫寄生于肠黏膜而使肠壁发生结节，故又名为牛结节虫病。

【流行特点】牛食道口线虫呈世界性分布，在我国各地普遍存在，给我国养牛业造成了巨大的经济损失。虫体寄生于牛肠壁和肠腔而产卵，虫卵随粪便排出体外，牛误食虫卵污染的饮水和水草而感染。幼虫在真胃、肠腔中脱鞘后，在肠壁形成结节，结节大量存在时影响牛的消化与吸收。该病一般 1 年有 2 次高发期，分别为 4 月和 8 月。

【临床症状和病理变化】牛食道口线虫病轻度感染一般无明显的临床症状，重度感染时可引起牛的持续性顽固性下痢，粪便常呈暗绿色并夹杂有黏液，有时粪便带血。病牛在弓腰时表现为腹痛症状。感染严重的犊牛往往因过度消瘦、脱水而死亡。

病死牛剖检时，主要表现为肠腔的结节性病变，在辐射食道口线虫和哥伦比亚食道口线虫感染的牛肠壁上可观察到 5 ~ 10 毫米结节。结节破溃往往引起腹膜炎，并继发化脓性和溃疡性结肠炎。

【防治措施】针对该病主要是每年定期驱虫，春秋两季各 1 次。一般临床上常用的药物主要有以下几种：

1）阿苯达唑，按照每千克体重 20 毫克药量进行灌服。

2）伊维菌素、阿维菌素系列的药物，按照每千克体重 0.2 毫克

药量进行口服或皮下注射。

> ⚠【注意】由于食道口线虫卵与其他的圆线虫卵相似，很难加以区分，故生前诊断不准确，应根据病牛的临床表现，结合剖检进行系统的鉴定。

### 4. 牛肺丝虫病

牛肺丝虫病是由网尾科网尾属的胎生网尾线虫为病原并寄生于牛的气管、支气管、肺脏等部位而引起的一种严重影响牛体健康的线虫病。该病主要表现为以不同程度的咳嗽和呼吸困难为特征的寄生性支气管肺炎，犊牛的感染程度比较重，症状也更明显。该病呈地方流行性，我国西南地区多发。

**【流行特点】**牛肺丝虫病的病原为胎生网尾线虫，该病呈世界性分布，我国常见于西南地区的黄牛和牦牛感染该病。寄生于牛体的线虫在气管和支气管部产卵，经宿主咳嗽入口，一部分排出体外，另一部分吞咽至胃肠，卵发育为幼虫后随粪便排出体外。在外界适宜环境下发育为感染性幼虫，牛误食污染的水草或饮水而感染，此时幼虫进一步穿过肠壁进入淋巴系统，随后感染至心脏、肺脏等部位，最后寄生在气管和支气管部，发育为成虫。该病主要发生于每年的夏秋两季。

**【临床症状和病理变化】**病牛初期表现为干咳，然后转为湿咳，咳嗽次数由少次转变为频繁多次，有时伴随阵发性咳嗽和气喘。病程后期流黏稠性黄色鼻涕，牛体日渐消瘦，精神不振，贫血，听诊肺部有湿啰音，症状严重的病牛往往由间质性肺气肿而导致死亡。

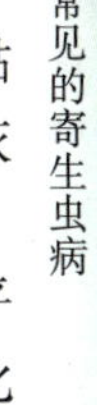



剖检病死牛，可观察到明显的胸腔积水和皮下水肿。支气管黏膜充血，有黏脓性分泌物附着于内壁。肺泡表现为膨胀气肿，呈灰白色，触摸有硬感，大量虫体寄生于内部。

**【防治措施】**在该病常发区，在每年春秋两季严格进行驱虫。平时加强牛场的环境管理，避免牛饮污水、脏水，对粪便进行无害化生物发酵处理。

临床上常用的药物有左旋咪唑、阿苯达唑、伊维菌素等。其中，左旋咪唑按照每千克体重 5 ~ 10 毫克药量进行口服或肌内注射；另外，阿苯达唑也可起到很好的防治作用，按照每千克体重 7～10 毫克药量，一次口服；伊维菌素，按照每千克体重 0.2 毫克药量，一次性皮下注射。

> 【注意】根据病牛的临床表现，一般一次性用药即可达到治疗效果。若遇到雨水较多季节，则需要进行多次驱虫。特别注意，左旋咪唑对妊娠母牛禁用，否则会导致母牛流产；另外，泌乳期的奶牛也严格禁止使用该药物。

## 四 原虫病

### 1. 牛伊氏锥虫病

牛伊氏锥虫病又称“苏拉病”，是由锥体科椎体属的伊氏锥虫寄生于牛体内而引起的一种血液原虫病。伊氏锥虫主要寄生于牛的血浆、淋巴液、脑脊液内，随血液循环流至各组织器官内。该病呈世界性分布，我国大部分地区均有报道。

**【流行特点】** 由于伊氏锥虫主要寄生于牛的血液内，故该病主要靠吸血类昆虫，如虻、蝇等进行传播。当虻吸食病牛血液后，再吸取健康牛血液的同时即把病原传播出去，虫体进入牛体内寄生繁殖。临床上常表现为急性感染、慢性感染，感染牛体内长期带虫，是主要的传染源。妊娠母牛感染该病后，往往会通过胎盘垂直传播给胎牛。每年的夏秋两季是该病的高发期，常流行于 7～9 月。

**【临床症状和病理变化】** 该病有一定的潜伏期，一般为 1～2 周。临床急性感染主要表现为牛体温突然升高，呈弛张热，食欲下降或废绝，目光呆滞，牛体日渐消瘦，病程严重的牛可导致卧地不起甚至死亡，急性病例一般较少见。临床多表现为慢性型症状，体温升高，呈不定型间歇热，眼结膜有出血点，病牛皮肤粗糙，日渐消瘦，体表淋巴结和四肢肿胀，四肢表现尤其明显，随着病情的延长，蹄匣腐烂脱落，皮肤出现坏死斑，母牛感染导致流产死胎，治疗不及时往往因极度衰竭而死亡。

解剖病死牛可观察到血液凝固不全，尸体极度消瘦，全身皮下呈胶冻样浸润，胸腹部水肿明显。内脏器官表现为肿大，主要表现在心脏、肝脏和脾脏等处，心肌切面似熟肉样，小肠呈出血卡他性炎症。

【防治措施】治疗该病常用的药物有喹嘧胺、三氮脒、苏拉明、沙莫林等，按照常规剂量进行治疗均可以起到很好的防控效果。

1）喹嘧胺，按照每千克体重 3～5 毫克药量，使用注射用水将其稀释成 10% 注射液，分多点进行肌内注射。

2）三氮脒，又名贝尼尔，为慢性驱虫药，按照每千克体重 3～4 毫克药量，使用注射用水将其稀释成 7% 注射液，进行肌内注射，每天 1 次，连用 3 天，目前市场上售有配制好的三氮脒溶液，可按照使用剂量直接灌服。

3）苏拉明，学名称作萘磺苯酰脲，按照每千克体重 4～5 毫克药量，使用注射用水稀释成 10% 注射液，静脉注射，针对该病的效果比较明显。

4）沙莫林，是一种化学性盐酸盐，药性较强，按照每千克体重 1 毫克药量，使用注射用水将其稀释成 2% 注射液，分点肌内注射。

针对该病的日常预防保健：要加强牛场的卫生管理工作，及时消毒灭蚊，消灭传播媒介；另外在高发区，于每年流行季前注射药物进行预防，一般注射喹嘧胺可预防 2～5 个月，注射沙莫林可达 4 个月之久；加强该病的日常检疫，对发病牛及时进行隔离处理，防止病原的扩散。

【注意】 牛伊氏锥虫病的发生有明显的季节性，特别是蚊蝇活动的季节。实验室诊断多采用全血压滴标本法，显微镜观察视野尽量调低调暗，便于观察活动的虫体，若虫体量比较少，可进行动物接种试验，增加检出率。

### 2. 牛毛滴虫病

牛毛滴虫病是由毛滴虫科三毛滴虫属的胎儿三毛滴虫寄生于牛的生殖器官所引起牛繁殖障碍的一种原虫病。该病主要感染牛的生殖器官，通过牛的交配传播，母牛常引起早期流产，公牛引起生殖系统炎症等临床症状。

【流行特点】牛毛滴虫病在世界各地广泛流行，病牛和带虫牛是主要的传染源，主要通过交配进行传播，是一种繁殖障碍性疾病。该病多发生于牛配种季节，另外，在人工授精过程中，如果虫体污染配种器械或带虫体的精液，也会引起该病的传播与流行。

**【临床症状和病理变化】** 当母牛感染后，阴道红肿有结节，常导致屡配不孕、发情周期异常，严重者可引起胚胎的早期死亡，导致流产。母牛子宫内积脓，排出脓性黏液。母牛往往在妊娠后 1～3 个月流产，胎儿死亡但并不发生腐败，胎衣包裹正常，无其他明显的全身或局部症状。

公牛感染后通常作为带虫者，一般无特别明显症状。但感染严重时可导致公牛的包皮发生肿胀，内流脓性黏液，阴茎黏膜呈虫性结节，拒绝交配。

**【防治措施】** 该病严重影响牛的正常繁殖，临床上通常采取局部冲洗疗法和全身疗法相结合。可以用 0.5% 碘溶液、0.5% 硝酸银溶液、0.1% 雷佛奴耳溶液等药物冲洗包皮腔、阴道及子宫；口服二甲硝咪唑，按每天每千克体重 50 毫克药量连续用药 5 天；静脉注射甲硝唑，按照每千克体重 80 毫克药量，每天 2 次。

针对该病的预防工作：加强牛场饲养管理，定期防疫消毒，改善牛舍环境；对发病牛及时隔离并及时治疗，淘汰病症严重牛；人工授精的器具要彻底消毒，规范授精流程，选用健康牛精液，严禁使用发病牛的精液。

> **【注意】** 采用局部冲洗治疗时，要让药物在体腔内停留数分钟，便于药物充分作用于病变组织，达到治疗效果。甲硝唑可通过胎盘屏障作用于牛体，故妊娠早期的母牛严禁使用该药物，防止影响胎牛的正常发育。

# 第十章 肉牛常见的传染病

## 一 牛流行热

牛流行热又称“三日热”或“暂时热”，是由牛流行热病毒引起的以感染牛为主的急性热性传染病。本病的明显特征是病牛突发高烧，一般持续2~3天即可恢复正常，在牛发热期常伴有流泪、流鼻涕、流涎等，伴随有呼吸急促和关节肿胀等症状。

**【病原】** 牛流行热病毒（BEFV）属于弹状病毒科暂时热病毒属的单股负链RNA病毒，病毒粒子包含N、P和L三个核颗粒蛋白及G和M两个囊膜蛋白。其中，G蛋白为囊膜糖蛋白，可刺激牛体产生中和抗体；N蛋白与病毒的转录和复制相关，可刺激牛体产生细胞免疫和体液免疫。BEFV接种细胞，发现病毒粒子可在牛肾细胞、仓鼠肾传代细胞和牛睾丸原代细胞上面繁殖，并引起一定的细胞病变。

**【流行特点】** 牛流行热的发生与流行有明显的周期性和季节性，一般为夏秋两季，特别是夏末和秋初蚊虫大量滋生的季节，牛场经过一次大流行之后，间隔3~5年会再次流行。牛对于BEFV最易感，病牛是主要的传染源，一般多发于青壮牛，犊牛和老龄牛少发。本病主要靠吸血昆虫进行传播，一旦发病，传播迅速，可感染整个牛群，多呈流行性或大流行。本病的死亡率比较低，经过相应治疗一般会恢复正常。

**【临床症状和病理变化】** 本病的潜伏期为4~7天，牛只往往突然体温升高，达40~43℃，经2~3天恢复正常。病牛高温期，表现为食欲下降，精神不振，眼睑水肿，眼结膜充血，呼吸急促，流线状鼻涕和泡沫状涎液（见彩图26）。病情加重的牛只，伴随有四肢关节肿胀，行走困难，呈跛行，另外表现为腹泻便秘。

本病的病理变化主要集中在肺部，表现为肺气肿和肺水肿，病变区多位于尖叶、新叶和膈叶。肺膨胀增宽，触摸有捻发音，切面流泡沫样液体。另外，本病伴随有淋巴结肿胀，消化道呈出血性卡他性炎症。

**【防治措施】** 目前针对本病仍无特效的疗法，在疫区和周边可以采取定期免疫接种，一般在流行季节前免疫牛流行热灭活苗，可起到很好的预防效果。平时要加强牛场的卫生管理，及时消灭蚊、蠓等昆虫，从而切断疫病的传播途径。针对该病一般早发现、早治疗，根据临床症状采取相应的治疗措施，包括放血、解热镇痛、抗感染等。

1）体温低于40.5℃且无明显呼吸急促症状的病牛，可肌内注射氨基比林或30%安乃近30～40毫升、柴胡40～50毫升、青霉素钠400万～800万单位，每天2次。

2）体温高于40.5℃并伴有明显急性呼吸症状的病牛，可首先对牛放血100～200毫升，在上述措施的基础上再补液葡萄糖盐水1000毫升，添加10%维生素C进行静脉注射。

3）对于四肢关节肿胀跛行牛，可静脉注射10%葡萄糖酸钙1000毫升和10%水杨酸钠200毫升，每天2次，3天为一个周期；关节肿胀严重的牛，可穿刺排出积液，辅以全身抗菌消炎处理。

> **【注意】** 平时应加强对牛群的饲养管理，炎热的季节做好防暑降温工作，根据病牛的临床症状采取对应的治疗方法。对于呼吸困难特别严重的牛，可进行输氧辅助治疗。

## 二 结核病

牛结核病是一种由牛型结核分枝杆菌引起的以组织器官的结节性肉芽肿和干酪样坏死为特征的人畜共患慢性传染病，我国将其列为二类动物疫病，世界动物卫生组织（OIE）将其列为B类疫病。

【病原】牛结核病的病原为分枝杆菌属的牛分枝杆菌，革兰氏染色呈阳性，是一种很强的抗酸菌。结核分枝杆菌呈短粗的杆状，无荚膜和芽孢，不能运动。该菌体一般选用抗酸染色法，一旦染色则很难再脱色。菌体为严格的需氧菌，最适的 pH 为 5.9~6.9，最适的培养温度为 37~38℃。

结核杆菌对外界环境有很强的抵抗力，在土壤中可以存活 7 个月，在牛的粪便内可存活 5 个月。该菌对一般消毒药的抵抗力较弱，75%酒精、氯胺、3%甲醛等均具有很好的消毒作用。

【流行特点】患有结核病的病牛是主要的传染源，病牛排出的粪便、尿液、乳汁均含有病菌，严重污染周围环境。该病主要经过消化道和呼吸道传播，也可经胎盘或交配感染。结核杆菌可分布于牛体各组织器官病灶内，牛对牛型菌易感，奶牛最易感，水牛、黄牛次之，牛群之间可互相感染。该病无明显季节性，一年四季均可发生，一般舍饲牛多发，牛舍环境差、过度劳役、营养不良等很容易促进该病的发生与流行。

【临床症状】结核病的潜伏期一般在 10~15 天，有时也可达数月以上。病程一般呈慢性经过，临床表现为咳嗽、呼吸困难、牛体进行性消瘦，体温一般无明显异常。病原菌侵入牛体后，根据病原菌毒力、牛体抵抗力和侵害器官部位的不同，表现出不同的临床症状。在牛体内，病原菌常侵害肺脏、乳房、肠和淋巴结等部位。具体的临床症状如下：

**（1）肺结核** 病牛表现为进行性消瘦，初期为短促干咳，逐渐转为湿咳。肺部听诊有啰音，患胸膜结核时还可以听到摩擦音。肺部叩诊有实音区并伴有疼痛感。

**（2）乳房结核** 乳房淋巴结表现为坚硬肿胀，无热痛感。母牛伴随有泌乳量下降或停乳，乳汁稀薄，有时夹杂有脓块。

**（3）淋巴结核** 经常观察到牛下颌、咽部、颈部及腹股沟等部位的淋巴结肿大，无热痛感。往往是由于其他型结核病的发生而诱发组织周围淋巴结的病变。

**（4）肠结核** 肠结核多发于犊牛，常以便秘与腹泻交替发生或以顽固性下痢为主要特征。

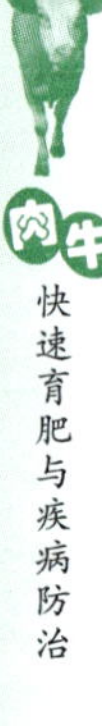


**（5）神经结核** 当病原体侵害牛的中枢神经系统时，可在脑和脑膜等部位引发粟粒状或干酪样结核，表现出明显的临床症状，如运动障碍、癫痫样发作等。

**【病理变化】**牛结核病表现出的特征性病变是在肺部及其他病变的组织器官处形成灰白色结核性结节，结节为粟粒至豌豆大，多呈散在半透明状硬结。另外，病变在牛胸膜和腹膜处的结节密集排列，呈珍珠状，俗称“珍珠病”。本病发病期较久的，会在结节中心形成干酪样坏死，或者呈脓腔和空洞。通过病理组织学检查，可在结节病灶内检测到大量结核分枝杆菌。

**【诊断】**一般根据牛的临床特征和病理组织学变化即可做出初步诊断，若需要确诊，应开展实验室诊断。国际贸易指定的诊断方法为结核菌素试验。临床上一般采取迟发性过敏试验，即皮内注射牛结核菌素，3天后测量药物注射部位，根据肿胀程度进行判定。该方法为检测牛结核病的标准方法，同时也是国际贸易指定的诊断方法。另外，该病还可以通过血清学反应，运用酶联免疫吸附试验和γ-干扰素试验进行检测。

**【防治措施】**目前针对牛结核病尚无特别明显的药物，也无理想的疫苗，发病早期使用链霉素、对氨基水杨酸钠具有一定疗效，但不易根除此病。重在加强日常的预防工作，包括定期检疫、隔离病畜、培养健康牛群、制订净化方案等。

**（1）定期检疫** 临床上常用的检疫方法是皮内注射牛结核菌素的变态反应试验。针对健康牛群，每年春季、秋季分别进行一次检疫，以便及时发现，及时采取应对措施。对于曾检出阳性的牛群，年检阳性率低于3%的牛群，每年最少检疫4次；年检阳性率高于3%时，应增加检疫次数，不能少于4次，淘汰阳性牛，逐渐向健康牛群过渡。对于犊牛群，分别于出生后1个月、4个月和6个月分别检疫一次。

运用γ-干扰素试验检测结核病是近几年比较流行的实验方法，通过采取牛的抗凝血，运用相关试剂盒进行检测，该方法的准确度和灵敏度都比较高。在配套设施允许的情况下，可采用此种方法进行检测。

**（2）隔离病畜** 根据临床检测的结果，可将牛群分为阳性牛群、假定健康牛群和健康牛群。对于假定健康牛，1 个月后重新进行检测，若仍为阳性，则做阳性处理；若检测为阴性，转至健康牛群饲养。对于患开放性结核病的阳性牛，应立即进行捕杀并进行无害化处理，一般症状的阳性牛转移至隔离舍，运用药物及时治疗，增加检疫的频率和次数。

**（3）加强管理，完善消毒** 加强养殖场的环境卫生管理是杜绝结核病发生与流行的前提条件，提高工作人员的防疫意识，做好日常检疫，建立并健全牛群防疫制度。

做好养殖场各个环节的消毒工作，定期对整个养殖场进行彻底消毒，切断传播途径，消灭传染源。养殖场大门口和牛舍进出口设置消毒池，内置常规消毒剂，如 10%～20% 石灰乳、5% 来苏儿溶液、2% 烧碱等，进出人员和车辆严格消毒，每周对牛舍和饲养用具消毒 1 次，粪便进行生物发酵处理，生产污水进行无害化处理。

> **【注意】** 病牛为结核病的主要传染源，应做好定期检疫工作。该病治疗周期较长，根治不彻底，医疗费用成本较高，对检出患开放性结核病的牛，一般饲养价值不高，应做淘汰处理。

## 三 布鲁氏菌病

牛布鲁氏菌病，简称“布病”，是一种由布鲁氏菌引起的急性或慢性人畜共患传染病。多种动物对本病均存在不同程度的易感性，自然感染常以牛、羊和猪多见，表现为生殖器官和胎膜发炎，引起流产、不孕、关节炎及睾丸炎等症状。人也可感染该病，表现为神经关节痛、肝脏和脾脏肿大等。该病严重威胁着人类和动物的健康。

【病原】布鲁氏菌呈球状或短杆状，不形成芽孢和荚膜，革兰氏染色呈阴性。菌落分为光滑型和粗糙型，对低温、干燥的环境有较强的抵抗力，但对消毒剂和湿热环境抵抗力不强，一般用烧碱溶液、来苏儿等消毒剂在数分钟内即可杀死病原菌。

【流行特点】布鲁氏菌的宿主有很多，已知的可达六十多种动物。布鲁氏菌一般通过皮肤黏膜、呼吸道、消化道等方式传播，布病一般首先在家畜或野生动物间传播，随后再传染给人类，人的感染途径一般与生活习惯、所从事的职业性质有关。

【临床症状】牛感染布病后，可导致流产、不孕、关节炎、睾丸炎、乳腺炎等。牛流产多发于妊娠后7~9月。人感染后常表现为精神萎靡、浑身乏力、关节疼痛、体温升高等，有时会导致孕妇流产。

【病理变化】布病产生的特征性病理组织学变化为肝脏、脾脏、子宫、睾丸、淋巴结等器官产生结节性肉芽肿。结节中心聚集大量上皮样细胞，病原菌属于兼性细胞内寄生菌，使得抗菌药物和抗体不易进入，导致该病难以根治。病原菌侵入血液，往往会产生菌血症和毒血症。

【诊断】根据病牛的临床症状和病理组织学变化可进行初步的诊断。进一步确诊需要进行血清学和病原学诊断。进行病原分离的病料组织一般选取流产或死胎的主要脏器组织，常用的血清学检测方法有虎红平板凝集试验、补体结合试验、ELISA（酶联免疫吸附测定）试验等。

【防治措施】目前针对布鲁氏菌病尚无有效的治疗方法，一般的药物很难达到防治目的。临床上通常采取定期检疫、淘汰病畜、建立净化牛群等措施防止该病的发生与流行。

坚持预防为主的方针，对牛群采取定期检疫。健康牛群每年至少检疫2次，对于外地引种牛群，隔离期间和隔离后分别检疫1次，均为阴性方可混群饲养。一经检出阳性，应立即转移至隔离舍治疗或做淘汰处理，并及时上报当地动物卫生防疫机构。

根据地方流行性情况，选择性地进行疫苗免疫接种。目前，国内常用的疫苗有马耳他布鲁氏菌五号弱毒苗（M5）和猪布鲁氏菌二号弱毒苗（S2），两种苗均可产生良好的免疫效果。对于人感染布病的预防，首先要求养殖场、屠宰场的工作人员及兽医、实验室人员严格遵守防护制度，增强自我防护意识，做好平时的消毒自检工作。

一旦养殖场发生疑似疫情，应立即上报当地动物卫生防疫机构。对于疑似病例，隔离可疑病牛，经工作人员现场调查取样，送至实验室进行检测，一旦确诊，应做如下处理：

1）扑杀病牛：对发病牛全部扑杀。

2）隔离牛群：对同栏饲养的牛群进行隔离饲养，禁止与其他健康牛群发生接触，杜绝疾病的传播扩散。

3）无害化处理：对于发病母牛所产的流产胎牛、胎衣及其他污染物，随同发病牛一起进行无害化处理，消灭传染源。

4）彻底消毒：对发病牛污染的栏舍、器具及其他物品进行彻底的消毒，采用高锰酸钾甲醛溶液熏蒸或火焰燃烧等消毒方法。废弃的垫料或饲料进行焚烧或深埋处理，粪污进行生物发酵。对全场所有配套设施及场地进行彻底的消毒处理。

**【注意】** 引发布鲁氏菌病的原因较多，主要是缺乏关于该病的防疫知识和防范意识，防护措施不到位，缺乏足够的检疫力度。我国有的省份对牛群采取非免疫方案，除了不从免疫区引种外，一定要做好定期的检疫工作。

## 四 牛瘟

牛瘟又名“烂肠瘟”，是由牛瘟病毒引起的一种感染偶蹄动物的急性热性高度接触性传染病。病牛表现为体温升高、下痢、消化道黏膜出血坏死。世界动物卫生组织（OIE）将其列为A类传染病。

**【病原】** 牛瘟病毒属于副黏病毒科副黏病毒亚科麻疹病毒群的单股负链RNA病毒，只有一个血清型。病毒在冷冻或湿冷的环境下可存活很长时间，对干燥高温环境的适应性较弱，56℃约60分钟即可杀死病毒，对大多数消毒剂（如氢氧化钠、石炭酸等）敏感。

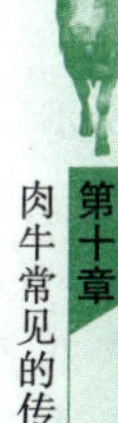



**【流行特点】** 关于牛瘟最早记载于公元4世纪，是比较古老的动物传染病之一。该病主要分布于亚洲、非洲、欧洲等地区，我国于1956年彻底消灭了该病。黄牛、水牛、牦牛及大部分野生动物对本病均易感，其中牦牛易感性最强，其次是黄牛和水牛。牛瘟病毒主要经消化道、呼吸道、上皮组织等途径传播。病牛为主要的传染源，病毒随着鼻液、唾液、尿液及粪便大量排出。该病的传播存在着明显的季节性和周期性，每年的4月和12月多发，具有很高的发病率和死亡率，一旦感染则发病率接近于100%，病死率严重者可高达90%以上，一般为25%~50%。

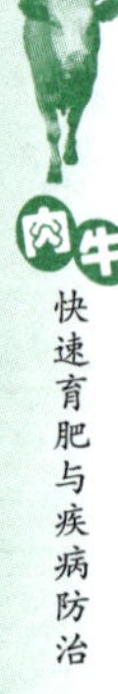



【临床症状】牛瘟病的潜伏期一般为2～10天，临床一般表现为急性型、亚急性型、非典型性及隐性型。其中，急性型一般发生于新生青年牛及新发地区，病牛无明显的前驱症状即发生死亡；亚急性型多见病牛呈高度稽留热，一般高达41～42℃，口腔、鼻腔及性器官黏膜充血潮红，流黏脓状鼻涕，随着病情的加剧，口腔黏膜生成灰黄色粟粒状突起，脱落后形成不规则、底部深红的烂斑，高热过后会产生严重的腹泻，粪便恶臭带血，内含坏死的组织和黏膜碎片，随着腹泻的加重，病牛日渐消瘦，不久衰竭死亡；非典型及隐性型多发于长期流行地区，病牛表现轻微的腹泻、口炎、发热等临床症状。

【病理变化】牛瘟病毒对淋巴细胞和上皮细胞有很强的亲和性，对牛体内部的淋巴器官有严重的损害，尤其是肠系膜及周边淋巴组织。病死牛外观可见严重脱水、身体消瘦、全身散发恶臭。剖检可观察到口腔、肠道、呼吸道黏膜等部位糜烂坏死，存在不同程度的出血点，淋巴结坏死、肿胀。

【诊断与防治措施】一般根据病牛的临床症状和病理变化可做出初步的诊断，如果需要确诊，则应开展进一步的实验室诊断。

常用的实验室诊断方法为国际贸易检测中指定的酶联免疫吸附试验，一般可用中和试验进行替代。对于病原的鉴定，常用的方法有琼脂糖凝胶免疫扩散试验、免疫电泳等。

一旦发现疑似感染牛瘟，应立即上报疫情，按照规定，采取强制性扑灭措施，立即扑杀病牛及同群牛，牛尸体进行无害化处理。对牛舍和周边环境进行彻底消毒，并销毁被污染器具，彻底消灭传染源。受威胁区常采用紧急免疫接种，建立安全免疫带。常用的疫苗为细胞培养的弱毒苗和牛瘟—牛传染性胸膜肺炎二联苗。

## 五 口蹄疫

口蹄疫（FMD）是由口蹄疫病毒（FMDV）所引起的主要感染偶蹄动物的一种急性、热性、高度接触性传染病。该病主要侵害偶蹄动物，偶见于人和其他动物。其临诊特征为口腔黏膜、蹄部和乳房皮肤发生水疱。该病可经多种途径传播，传播速度非常快，在世界范围内曾多次大流行暴发，造成了巨大的经济损失，世界动物卫生组织（OIE）将其列为A类传染病，我国将其列为一类传染病。

**【病原】**口蹄疫病毒是最小的RNA病毒，属于微核糖核酸病毒科口蹄疫病毒属，电镜显示为约25纳米的圆球颗粒。FMDV的基因组是具有感染性的单股线状正义RNA，总共由5′非编码区（5′UTR）、3′非编码区（3′UTR）、开放阅读框（ORF）和尾巴poly（A）4部分组成。

FMDV具有多型性和易变性的特点，根据血清学特性，目前已知有7个血清型，分别为A型、O型、C型、南非1型、南非2型、南非3型和亚洲Ⅰ型，各个血清型又包含多个亚型。

FMDV对外界环境有很强的抵抗力，耐干燥，但对酸和碱比较敏感，多种消毒药对该病毒均有很好的杀灭效果。在冷冻条件下，粪便和血液中的病毒可以存活150天左右。在阳光直射下，60分钟即可杀死病毒；在85～100℃条件下，病毒几分钟即可死亡。

**【流行特点】**FMDV主要侵害偶蹄动物。家畜中牛最易感，其次是猪，然后是绵羊、山羊、骆驼。幼龄动物较老龄动物更易感，并且死亡率更高。本病具有流行速度快、传播面积广、发病速度急、危害程度大等流行特点，疫区发病率可达60%～100%。犊牛的死亡率较高，其他较低。发病牛和潜伏感染牛是最危险的传染源。病牛的水疱液、尿液、乳汁、泪液、口涎和粪便中均含有该病毒。该病的传播方式主要是消化道传染，也可经过呼吸道进行传染。本病的传播虽然无严格的季节性，但流行却存有明显的季节规律。一般以春秋两季为主，尤其是春季更易大流行暴发。

**【临床症状和病理变化】**口蹄疫病毒侵入牛体后，一般潜伏期为2～3日，有时甚至达到1～3周才出现临床症状。成年牛感染后死亡率不高，犊牛一般因心肌炎或出血性肠炎而存在较高的死亡率。临床特征一般为鼻部、口腔、舌部、蹄部和乳房等部位出现水泡，经24小时左右水泡破溃，表现为鲜红色的糜烂；病牛精神沉郁，呼吸和脉搏加快，食欲下降，体温升高达到40～41℃；病牛蹄部水泡破溃，导致跛行，破溃严重导致蹄壳脱落。发病的母牛会继发乳腺炎或流产，发病的犊牛会因心肌麻痹而死亡。解剖病牛可于心脏处观察到点状或带状、灰白色或浅黄色的条纹，状如虎皮，故称作“虎斑心”。

**【诊断与防治措施】**根据口蹄疫的流行特点、临床症状和病理组织学特点，可做出初步的诊断，进一步确诊需要进行实验室的病原学分离与鉴定。实验室一般采取酶联免疫吸附试验和 PCR 鉴定等方法，可确诊感染哪一种血清型。

口蹄疫与水泡型口腔炎的临床症状比较相似，不容易用肉眼区分。一般分离病毒接种 1 ~2 日龄小鼠，如果小鼠死亡，可判定为患水泡型口腔炎；如果未死亡，可判为感染口蹄疫。另外还可以通过实验室的进一步检测进行病原学鉴定。

防治口蹄疫应根据我国的具体政策采取相应措施。无该疫病国家一旦暴发，应立即屠宰病畜，消灭传染源；已经消灭该疫病的国家，应禁止从有疫病国进口活畜或相关动物产品；仍有流行的国家或地区，多采取疫苗免疫的措施进行防控。

我国仍未从根本上杜绝该病的传播与流行，对于未发生口蹄疫的牛群，平时要积极进行预防、加强检疫，对疫病常发区要定期免疫接种口蹄疫疫苗。目前，常用的疫苗有口蹄疫弱毒苗、基因工程苗和口蹄疫亚单位苗。一般牛注射疫苗后 14 天即可产生免疫抗体，免疫力可维持 4 ~6 个月。对于牛场的管理，要严格执行公共卫生防疫制度，保持牛舍的卫生清洁，粪便要及时清除并进行堆积发酵处理，定期对全场及用具进行彻底消毒。为杜绝传染源，不从疫病区引进牛只，不把发病牛引入场内。另外，要严禁场内饲养羊、猫、猪、犬等动物。

对于发生口蹄疫的牛群，首先应立即上报疫情，确切诊断后，划定疫点、疫区及受威胁区，采取相应的措施进行隔离封锁或监督管理，禁止人、畜及物品的流动。对发病的牛只及同群牛进行扑杀，并且对尸体进行无害化处理；对牛场内的饲料、饮水、牛舍等进行全面彻底的消毒处理。一般当疫点最后一头患病牛捕杀后，三个月内未出现新的病例，上报相关部门审批，进行大消毒后即可解除封锁。对疫区内易感动物群紧急接种流行株的血清型或多价型灭活苗。对受威胁区的健康牛群进行免疫预防，防止病原的扩散。

**【注意】** 目前我国主要流行的血清型为 A 型、O 型和亚洲I型，现在临床上免疫多采用口蹄疫二联苗或三联苗。在进行疫苗免疫时，要注意防范牛的应激，准备好盐酸异丙嗪、0.1% 肾上腺素等药物。由于各种原因，口蹄疫在我国一直未从根本上消除。

# 第十一章 肉牛常见的内科病

## 一 瘤胃积食

瘤胃积食又称瘤胃阻塞、急性瘤胃扩张、急性消化不良，中兽医称作宿草不转。导致瘤胃积食的原因有多种，牛采食大量劣质坚硬饲料，贪吃或偷吃过多适口性较好的精料，另外采食过多干料而饮水不足，均会导致积食，前胃和真胃的其他一些内科疾病也会继发瘤胃的积食。

**【临床症状】** 瘤胃积食首先导致食欲废绝，反刍、嗳气停止，腹围增大，左下腹部膨大下坠，瘤胃蠕动次数减少、音减弱、持续时间缩短；过食精料导致瘤胃内容物坚硬或黏硬，瘤胃中上部出现半浊音甚至浊音；积食往往导致排粪滞迟，甚至停止，后期排稀软恶臭且带黏液的粪便，其中含有未消化的饲料颗粒或指头大小的干粪颗粒球。

**【防治措施】** 应加强牛场的日常饲养管理，合理搭配粗饲料与精饲料，防止过度饲喂，同时避免其他不良因素刺激，综合改善饲养管理水平。治疗原则主要以排除瘤胃内容物、恢复前胃运动机能、防止脱水和自体中毒为主。当病情比较严重时，则需要进行瘤胃切开手术。具体的治疗方案如下：

**（1）促进瘤胃内容物外排** 取硫酸镁500～1000克，加温水配制成5%溶液，添加液状石蜡500～1500毫升，分多次灌服；植物油500～1500毫升，马钱子酊20～40毫升，充分混匀，一次灌服。

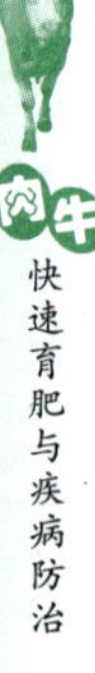



**（2）恢复前胃运动机能** 大蒜泥100～200克，食用盐200克，植物油500毫升，混匀，一次灌服；硫酸钠100克，稀盐酸、苦味酊各30毫升，加温水混匀，一次灌服；皮下注射硝酸毛果芸香碱0.01～0.03克，促进泻下；静脉注射10%氯化钠注射液1000～1500毫升，促进反刍。

**（3）防止脱水和自体中毒** 灌服5%碳酸氢钠溶液500～1500毫升，洗胃；5%葡萄糖生理盐水1000～1500毫升，5%碳酸氢钠溶液500～1500毫升，添加10%安钠咖20～30毫升，静脉注射，每天1次，连用2～4天；取20～30毫升10%维生素C注射液，10～30毫升2%～3%维生素$B_1$注射液，20～30毫升10%安钠咖，生理盐水1500～3000毫升，静脉注射。

**（4）中药疗法** 山楂、槟榔各100克，大黄150克，芒硝350克，厚朴、香附各50克，麦芽、青皮各200克，加水煎服；党参、藿香、干姜、砂仁、半夏、枳壳各30克，甘草、大黄各20克，加水煎服，有很好的温脾通气作用。

**【注意】** 瘤胃积食多发生在育肥牛，放牧牛较少见。在临床诊断时，应根据每一病例的实际临床表现对症治疗，切勿采取“一刀切”。

## 二 瘤胃臌气

瘤胃臌气通常是由于采食大量易发酵饲料和自身前胃神经性反应减弱，而引起瘤胃发酵异常，产生大量多余气体，导致瘤胃鼓胀，消化机能发生紊乱。

瘤胃臌气按照气体性质分为泡沫性臌气和非泡沫性臌气。牛采食大量的易发酵食物，如蛋白质含量丰富的豆科牧草和淀粉含量高的块根及谷类饲料，往往会引起泡沫性臌气；采食幼嫩禾谷类植物、青草、菜叶、多汁青贮料和含氰苷类的有毒植物，会导致非泡沫性臌气，另外，食道的梗阻、前胃迟缓、创伤性网胃炎、慢性腹膜炎、迷走神经性消化不良等也会加剧非泡沫性臌气的发生。

【临床症状】根据发病原因与臌气程度的不同，瘤胃臌气表现出急性型和慢性型临床症状。急性型常发生于牛采食后不久，左肷部臌隆较明显，叩诊该区域呈鼓音，听诊呈捻发音，随着病情的加重，病牛弓背踢腹，食欲下降，体温正常，呼吸加深加快，如抢救不及时，很容易因窒息死亡（见彩图 27）；慢性病例一般呈周期性，臌气时有发生，临床症状不是特别明显，自行恢复后易复发，时间长久，病牛逐渐消瘦，影响正常生长。

【防治措施】防治瘤胃臌气首先要做好饲养管理工作，严禁过量饲喂幼嫩多汁的易发酵青草。由于新收割或雨水淋过后的青草含水量比较高，需要晾晒处理后再饲喂。收割的青草尽量不要大面积堆积存放，以防发酵。另外，严禁直接饲喂腐烂、发霉、冰冻的饲草，冰冻的饲草经蒸煮处理后再行饲喂。

针对该病主要以排出瘤胃内部气体和制止内容物持续发酵为主，同时增强瘤胃的收缩能力，改善内部微环境。具体的治疗措施如下：

1）取食用油 200～400 毫升，加水一次灌服，每天 1 次，2～3 天为一个疗程。

2）硫酸镁 400～600 克，鱼石脂 20～40 克，酒精 100 毫升，加温水混匀，一次灌服。

3）豆油 200～400 毫升，乳酸 50 毫升，松节油 100～150 毫升，调节瘤胃内的 pH，混匀后一次灌服。

4）鱼石脂 20～40 克，马钱子酊 5～10 毫升，改善瘤胃收缩功能，加水混匀，灌服。

5）中药疗法：党参、木香、香附、建曲、茯苓各 50 克，白术、山楂、枳壳、甘草、丁香、砂仁各 20 克，加水煎服，可健脾通气；陈皮、山楂、麦芽、木香、大黄、建曲各 50 克，枳实、青皮各 30 克，槟榔 40 克，芒硝 200 克，加水煎服，可通肠消滞。

【注意】科学合理的饲喂方法是预防瘤胃臌气最直接有效的方法。瘤胃臌气通常发病比较急，在户外放牧时，常因药物不齐或治疗不及时而导致牛的死亡。因此，养殖场日常准备一些基本药物很有必要。

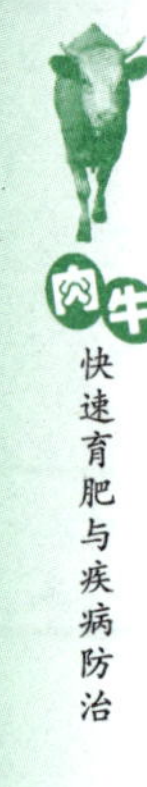



## 三 瓣胃阻塞

瓣胃阻塞又称“百叶干”，前胃植物性运动机能紊乱，导致瓣胃蠕动收缩力减弱，食糜难以排向真胃，使得瓣胃内蓄积部分干涸的内容物，病情严重者可引发瓣胃肌层麻痹及胃小叶坏死。

【病因】常见的瓣胃阻塞包括原发性瓣胃阻塞和继发性瓣胃阻塞。

原发性的病因是由于牛长期采食较细的饲草料，如麸糠或其中混杂有大量泥沙的饲草；另外，饲喂难以消化的粗饲草，如秸秆、苜蓿杆等，再加上饮水不足会加重该病的发生。

继发性的病因主要是由于前胃迟缓、创伤性网胃腹膜炎、真胃变位等继发引起的。

【临床症状】病初，牛精神不振，反刍减少，食欲下降，鼻镜干燥，眼结膜充血。随着病情的加重，食欲废绝，鼻镜龟裂，眼结膜发绀，全身肌肉震颤，排粪初期呈胶冻状，后期便秘，排球状干粪。触诊瓣胃区有疼痛感，浊音区扩大，听诊时蠕动音减弱甚至消失。发病后期可检测到牛体温升高，呼吸加快，如果治疗不及时，往往会导致牛衰竭而死。

【病理变化】临床解剖病牛，可观察到瓣胃饱胀，触摸坚硬，指压无痕。剖开瓣胃，可观察到瓣胃叶与内容物粘连在一起，呈大面积坏死。由于瓣胃的阻塞，可观察到周围的内脏组织有不同程度的炎症发生。

【防治措施】针对该病通常采取综合防控措施，加强牛的饲养管理，避免饲喂过细或过粗的饲草，多饲喂维生素含量高的青绿饲料，补充足够水分，加强运动，增强前胃蠕动消化功能。

治疗的首要原则是促进瓣胃内容物软化，充分补充水分，防止酸中毒。具体措施如下：

**（1）补充水分** 静脉注射5%的葡萄糖生理盐水1000～2000毫升，5%碳酸氢钠500～1000毫升，每日2次，连用2～3天。

**（2）软化内容物** 向病牛投服盐类或油类泻剂，如硫酸镁、液状石蜡、植物油等，分次灌服。灌服效果不佳时，可静脉注射10%氯化钠500毫升，恢复瓣胃蠕动机能。为了加快治愈进程，可将硫酸镁、液状石蜡等泻剂直接注入瓣胃。

> ⚠【注意】针对年老体弱的牛群，尽量采取分槽饲养的方式，多饲喂易消化饲料，注意加强日常的运动，冬季做好防寒保温工作。另外，将泻剂直接注入瓣胃时，为确保安全准确，可先取适量蒸馏水注射，注射后抽出胃液，如混杂草屑，则表明针头已准确刺入瓣胃，接下来可进行药物注射。

## 四 真胃变位

真胃变位又称作皱胃变位，是一种由真胃的位置发生向左、向右或向前移动并引起消化障碍的真胃疾病。按照真胃的方向变化，真胃变位可分为左方变位和右方变位。临床上比较常见的是左方变位，常发生于分娩后6周的成年高产母牛；右方变位又称作“真胃扭转”，是真胃在右侧各种位置变换的总称，包括真胃前方变位、后方变位、右方扭转等，常发生于犊牛断奶前。

【病因】发生真胃变位的原因目前不是特别明确。关于该病的发生有两种假说：一种是真胃弛缓，另一种是真胃机械性移位。

**（1）真胃弛缓学说** 真胃弛缓的病理学基础是胃壁平滑肌弛缓，母牛产后的各种疾病，如胎衣不下、脓毒性乳腺炎、蜂窝织炎等，是促发本病的原因。另外，牛饲喂优质谷物饲料也可促进本病的发生。当真胃发生弛缓时，真胃功能紊乱，形成扩张和充气，容易因胃部压迫发生游走，移动到瘤胃背囊和左侧腹壁间。

**（2）真胃机械性移位** 母牛妊娠后期，随着胎儿的逐渐增大，瘤胃逐渐向前推移，此时真胃从瘤胃的腹囊与腹底间隙间向左方发生移位。当胎儿产出后，被抬高的瘤胃腹囊重新下沉，而之前变位的真胃被压在瘤胃与左侧腹壁间。同时，真胃会产出大量的气体，部分气体会游走到左侧腹壁上方。

分析真胃变位的病因，一般认为真胃弛缓学说是引发该病的主要因素，真胃机械性移位起促进作用。真胃变位的同时，其他脏器也会附带发生位置变动，从而引起牛的消化机能紊乱和营养失调。

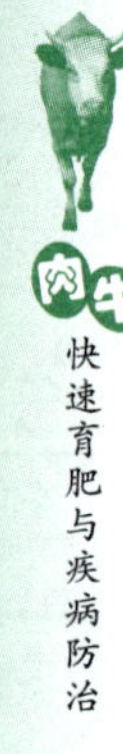



【临床症状】

**（1）左方变位** 左方变位多发于母牛产后1～2周，表现为产奶量下降，病牛食欲减退，消化紊乱，厌食谷类和青贮饲料，反刍减弱，粪便减少且呈深绿色糊状。病牛腹围缩小明显，在左侧肋弓后下方出现凸起，触之有震水音，叩诊呈鼓音，听诊有钢管音。在钢管音区下方穿刺，可获得酸臭味浑浊液体，pH小于4，观察不到纤毛虫。

**（2）右方变位** 右方变位一般发病比较急，常表现出食欲急剧下降，泌乳量锐减。病牛腹痛不安，表现踢腹症状，呼吸减弱，瘤胃蠕动消失，粪便呈带血的糊状。视诊可见右侧腹壁膨大凸起，听诊、叩诊见有大面积钢管音区和冲击式震水音。在钢管音区下方穿刺，可获得带血色酸性液体。

【治疗措施】

**（1）左方变位的治疗** 临床上常用的方法有药物疗法、手术疗法和牛体滚转法等。

牛体滚转法是比较简单的治疗单纯性左方变位的常用法。首先牛空腹一日，适当的限制饮水，使瘤胃容积变小。选取平坦松软的地面，使牛向右侧横卧1分钟，然后四蹄朝天仰卧1分钟，接着以背部为轴，向左转45°，恢复到正中，再向右转45°，再恢复到正中。按照此方法向左右两侧来回摆动多次，每次恢复到正中位置时静止大约3分钟，此时真胃悬浮于腹中线并恢复到正常位置。适当地延长仰卧的时间，尽可能多地排出真胃内部的液体和气体。将牛转变为左侧横卧，确保瘤胃与腹壁接触，然后驱赶牛快速站立，防止再次左方变位；也可以将牛左右来回摆动约5分钟，突然一次以快速有力的动作向右摆动，使牛呈右横卧姿势，至此完成一次翻滚，直至真胃复位，若仍未复位，则可以重复进行。

另外，单纯性的左方变位还可以通过药物疗法进行治疗，口服制酵剂和缓泻剂，同时配用促反刍和拟胆碱类药物，促进胃肠蠕动，加速真胃的复位。

病牛通过牛体滚转和药物治疗后，适当添加优质干草进行饲喂，增加瘤胃容积，从而防止左方变位复发。但上述两种方法有一定的局限性，治愈率不高，并且往往会复发。对于病情严重的牛，往往采取治愈率比较高的手术疗法。

手术整复一般有 4 种途径，分别为左髂部切口、右髂部切口、左右髂部同时切口和腹正中线切口。这 4 种手术方法各有利弊，可根据实际情况选择操作。

**（2）右方变位的治疗** 病牛发生右方变位时，一般采取手术疗法进行复位。手术途径包括 2 种，即左肷窝切口和腹正中线旁切口。对于可以站立的病牛往往采取左肷窝部手术，不能站立的病牛采取腹正中线部手术。

> ⚠**【注意】** 平时应加强牛场的饲养管理，在满足牛正常营养需求的基础上，应合理搭配日粮，日粮中的谷物饲料和优质干草比例应适当。对于发生乳腺炎、酮病、子宫内膜炎等疾病的牛应及早发现、及时治疗。

## 五 创伤性网胃腹膜炎

创伤性网胃腹膜炎又称作心包炎，是由于牛采食的饲料中混杂有铁钉、铁丝、针头等尖锐金属物，误食进入网胃，刺伤胃壁，严重者穿透胃壁并刺损心脏、肝脏、脾脏和胃肠所引起的慢性炎症性疾病。

**【病因】** 由于平时饲养管理不当，牛的饲料中往往会混杂有尖锐的金属异物，牛误食后，首先停留在瘤胃，随着反刍消化的进行，金属异物被送入网胃，由于网胃特殊的结构，异物缠绕于网胃黏膜，随着网胃的收缩或牛体态的改变，异物很容易刺伤网胃引起发炎。随着病情的加重，特别是在母牛妊娠后期，随着子宫体在腹腔的摆动，压迫网胃，此时网胃内部的金属异物很容易刺破网胃引起炎症，所以，创伤性网胃腹膜炎多发于妊娠的母牛。

**【防治措施】** 针对该病的防治，主要是提高日常的饲养管理水平，避免饲料中掺杂有其他异物，一旦发现，应立即拣出，严禁饲喂混杂有金属异物的饲料。避免外界各种不良因素的影响，防治胃部穿孔或破裂。对于该病的治疗，主要采取局部和全身的综

合疗法：

**（1）局部疗法** 对于病情比较严重的牛，往往会导致腹腔内产生大量的渗出液，可通过腹腔穿刺术进行引流，排出腹腔积液；当渗出液比较黏稠时，需要手术切开腹腔，取出网胃内部的金属异物。渗出液排出后，可用生理盐水冲洗腹腔，辅以药物治疗。一般将200万国际单位的普鲁卡因青霉素和链霉素溶解于200毫升的0.25%盐酸普鲁卡因内，腹腔注射，效果比较明显；病情加重者，稀释100～200毫克的氢化可的松注射液，进行静脉注射。

**（2）全身疗法** 通常将抗生素和磺胺类药物配合使用，可起到很好的治疗效果。取10%磺胺嘧啶钠注射液50～150毫升，稀释于1000毫升的5%葡萄糖溶液中，静脉注射，每天2次，连用5～6天；400万国际单位的普鲁卡因青霉素和200国际单位的链霉素混合，肌内注射，每天2次，连用6～7天；根据临床症状，有时需要进行利尿排水，取250毫克的依他尼酸，稀释于500～1000毫升的5%葡萄糖注射液内，静脉注射。

> ⚠**【注意】** 根据病牛对外界的反应敏感度，可确诊是否患创伤性网胃腹膜炎。用力压迫牛的剑状软骨或胸椎脊突，或者在网胃与肩胛水平线上用力捏紧肩胛部皮肤，病牛常表现出疼痛不安。在临床上，向病牛胃内投放永久性磁棒以预防该病的发生，可起到很好的预防效果。

# 第十二章 肉牛常见的外科病

## 一 损伤

### 1. 创伤

创伤主要是由于受到锐性或钝性外力作用于牛体，导致牛某部位的皮肤或黏膜乃至深部组织发生的开放性损伤，在临床上通常表现为局部疼痛、出血、伤口开裂等。

**【病因】** 临床上常见的创伤主要包括刺创、挫创、切创、压创、砍创、咬创等。引起创伤的病因有多种，不同的外界因素会导致相对应的牛体损伤。

**【临床症状和病理变化】** 临床常见的刺创主要表现为牛体深部组织出血或形成血肿，外界锐物遗留在组织内引起炎症，如不及时取出，很容易导致化脓性感染；砍创主要见于外界力度比较强的较重物体作用于牛体，产生较大裂口的损伤，牛疼痛感明显，并且伤口不易愈合，很容易导致严重感染；压创主要是由于受到外界强而有力的压力导致的牛局部皮肤破损或骨折，不同的外部压力导致的损伤程度不同，一般无出血，创伤严重时可导致化脓性感染；咬创通常是由于其他动物锋利的牙齿引起的局部出血性创伤，往往被口腔内细菌和外界污染源所感染，常继发蜂窝织炎或化脓性炎症。

**【防治措施】** 临床上通常根据不同的创伤类型及损伤感染程度选取不同的方法进行治疗，平时要加强牛场的饲养管理，尽量避免各种创伤的发生。

## 2. 血肿

血肿是指因血瘀而产生的水肿，通常是由于各种外力的作用导致牛体血管破裂，溢出的血液与周围组织分离，形成一个充血的腔洞。

**【病因及临床症状】** 引起牛体血肿的原因有多种，常见于非开放性的软组织损伤。刺创、骨折、巨大外压等各种因素导致的局部血管破裂均会导致牛体血肿。

常见的临床表现为损伤后局部出现肿胀，并迅速增大，呈局部圆形，初期触诊有弹性和波动感，后期周缘变硬，穿刺处理可抽出暗红色血液。当牛体发生较大的血管破裂时，血液可沿筋膜浸润，形成弥漫性的水肿，并继发其他的临床症状。

**【防治措施】** 临床上治疗血肿主要是活血化瘀，通常采取的措施为控制溢血、排出积血、防止继发感染。局部小血肿可自愈，对于较严重的血肿，一般采取5%碘酊消毒，施以冷敷或加置绷带，发病5~6天后进行穿刺处理，较严重者需要实施手术治疗。

## 3. 淋巴外渗

淋巴外渗是由于牛体受到钝性外力的作用，导致肌间或皮下部的淋巴管破裂，使得大量的淋巴液聚集于周围组织而形成的一种非开放性损伤。淋巴外渗常发生在淋巴管丰富的肩胛部、腹部、胸前等部位。

**【病因和临床症状】** 淋巴外渗通常由于钝性外力作用于牛体，如牛只间顶撞和相互爬跨等，经过高强度滑擦，使得筋膜或皮肤与周围组织分离，淋巴管断裂形成肿胀。另外，局部的炎性病灶也会引起淋巴外渗的发生。

在受伤3~5天后，肿胀逐渐显现，随着病程的延长逐渐增大，遇周边组织有明细界限，触诊有波动感，无明显热痛症。经穿刺可排出橙黄色液化淋巴液，有时混杂有少量血液。后期由于结缔组织增生呈坚实感。

**【防治措施】** 防治该病坚持预防为主，公牛尽早去势，提供足够的饲养位置，防止相互追逐顶撞。临床治疗通常是抑制淋巴液外渗，防止感染。隔离病牛，使其减少运动，提供安静的饲养环境。对于轻微淋巴外渗，可穿刺治疗，排出淋巴液后，注入福尔马林酒精溶液，作用10分钟左右，再抽出药液，加装压迫绷带。对于比较严重的淋巴外渗，则需要采取手术疗法，切开肿胀处排出淋巴液，用福尔马林酒精溶液消毒处理，用无菌纱布蘸取该药液填入囊腔，次日换药，一般经过1周时间断裂的淋巴管即可闭塞。

## 二 脐疝

脐疝是临床上常见的一种主要发生于犊牛的疾病，在很大程度上影响了养牛业的健康发展。引发该病的因素有多种，脱出的脏器主要为肠系膜。

**【病因】** 脐疝形成的原因主要包括先天性遗传因素和后天性因素。首先关于先天性遗传因素，脐疝作为一种遗传性疾病，多发于近亲交配的牛群，通常是由于先天脐孔发育不全，无闭锁或腹壁的发育存在缺陷等原因造成的。后天性因素主要是人为原因引起的，断脐过短造成脐带抽回腹腔内，而此时脐孔闭锁不全，当犊牛过度饮食或努责时，导致腹内压增大，使得腹腔内容物通过脐孔进入皮下形成脐疝。当犊牛舍环境较差时，往往引起细菌感染而导致脐孔化脓，致使脐孔增大，引起闭锁不全，很容易产生脐疝。

**【临床症状】** 犊牛脐疝初期呈拳头大小，后期严重者会膨大至皮球状。在脐部表现为局限性膨胀，触诊柔软，无明显炎症表现。病初内容物往往可还原至腹腔，可触摸到疝轮；随着病情的发展，腹腔压逐渐增大，脐疝也随着增大。患有该病的犊牛往往无特别明显的全身性症状，采食和精神正常。临床上如果表现为箝闭性脐疝时，病牛表现为极度不安，有明显的全身症状，手术不及时往往会引起病牛死亡。

**【防治措施】** 临床上通常根据病情的发展采取相应的保守疗法和手术疗法。

**（1）保守疗法** 当病牛的疝孔比较小且脐疝刚形成时，可在脐部加置压迫绷带，恢复疝囊内容物至腹腔，用绷带吊于脊背部进行固定，适当降低饲喂量，降低腹内压；有时在疝轮周边分点注射95%酒精，每点5毫升，然后压迫绷带，使得疝孔产生增生性组织而闭合。

**（2）手术疗法** 当疝孔较大且疝囊与内容物发生广泛性粘连时，必须采取手术治疗。首先进行术前的准备工作，病牛禁饲48小时，但要给予牛适量的饮水；其次进行保定，一般采取右侧半仰卧式，抬高前肢和后肢，并固定于木桩的上方，尽量减轻腹内压力并暴露疝囊；另外进行麻醉，一般在疝囊基部用2%盐酸普鲁卡因进行菱形浸润麻醉。

进行手术时，按照梭形于疝囊底部开口，沿着疝轮缘做钝性分离。在切开疝囊壁时，要格外小心，防止损伤囊内器官组织。检查疝内容物是否存在粘连与坏死。若存在粘连与坏死，需要仔细剥离肠管，行肠管切除术；若无粘连与坏死，可把内容物还纳腹腔，然后行荷包式缝合或纽孔式缝合。对于病程较长的牛，疝轮缘会增厚变硬，则需要对疝轮进行切割，形成新鲜创，再行纽孔式缝合。

**【注意】** 为确保手术的成功，一定要保证整个手术过程的无菌操作，还有就是要拉紧两侧的疝轮。缝合时，每缝合一层组织，可撒青霉素粉一层，抗菌消炎。

## 三 直肠脱出

直肠脱出又称为脱肛，是指牛直肠的一部分或大部门自肛门外翻并脱出而不能自行回缩的一种疾病。各个年龄段的牛均会发生，以犊牛和妊娠牛多见。

**【病因】** 引起直肠脱出的原因有多种，主要是由于肛门括约肌弛缓和腹盆腔内压增大引起的，另外病牛长期腹泻、便秘、直肠炎、阴道炎及阴道脱出等原因也会促发该病的发生。

**【临床症状】** 临床症状主要为直肠的末端脱出，当牛排粪时，部分直肠黏膜脱出于肛门外部，可自行回缩于直肠，一般脱出部位较小，呈柔软球状，触诊有水肿。对于病情严重者，常表现为圆筒状直肠脱出，自肛门部位下垂，一般脱出肠段水肿加重，伴发黏膜出血性坏死，病牛排粪时疼痛不安，频频努责，呈食欲下降和体温升高等全身性症状。

**【防治措施】** 一般根据病情采取应对措施，主要有整复脱出、肛门固定和手术切除。

**（1）整复脱出** 整复必须早发现早进行，主要目的是将脱出的黏膜或直肠还纳到原状。若处理及时，一般会慢慢恢复机能。方法是首先用0.1%高锰酸钾溶液冲洗患部，患部洗净后用纱布温敷，然后缓缓还纳于肛门。对于脱出较久且黏膜水肿严重者，可在荐尾硬膜外腔进行麻醉，然后换用0.25%高锰酸钾溶液冲洗消毒脱出的直肠，剪去发生糜烂水肿的组织，再进行缓缓整复。

**（2）肛门固定** 肛门固定主要采用酒精注射法和袋口缝合法。酒精注射法主要是利用酒精的刺激作用在直肠周围进行酒精注射，使得直肠外缘结缔组织增生来固定直肠。操作方法是在肛门上方和左右两侧分多点注射95%酒精10毫升，使得酒精均匀分布于肠壁与肌肉间的缝隙内。一般术者先将手指伸入直肠内部掌握进针的方向，防止刺入直肠内。

袋口缝合法一般是选用较强韧性的缝线缩小肛门口，阻止肠黏膜和肠壁脱出。在距肛门口1厘米处进行环状连续性缝合，留二指宽出粪口，约1周后牛不再努责时，可拆除缝线。利用该法进行治疗要加强日常护理，及时用手指抠除直肠内粪便。

**（3）手术切除** 针对脱出的直肠坏死比较严重或通过上述方法仍然效果不明显的病牛，需要进行手术切除。首先在荐尾硬膜外腔注射3%普鲁卡因40毫升进行麻醉，接着对脱出肠管清洗消毒，用两根长的无菌封闭针头靠近肛门处进行十字交叉刺入固定，与固定针间隔2厘米处切除坏死组织，然后止血消毒，断端进行连续螺旋式缝合，对缝合部位消毒处理后拔出针头。

> ⚠【注意】 手术结束后，根据临床症状表现注射抗生素以防止继发感染，将牛转移至清洁的隔离舍内饲养，平时注意观察手术部位的愈合程度。

## 四 常见的牛蹄病

### 1. 指（趾）间皮炎

指（趾）间皮炎通常是指未扩延至牛体深层组织的指（趾）间

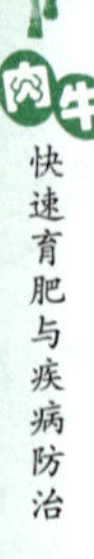



皮肤的炎症，各种牛均可发生，常表现为皮肤的湿疹性皮炎，散发刺鼻的腐败味。

【病因】引起该病的主要原因通常是由于牛舍饲养环境差，阴暗潮湿，诱发各种条件的致病菌。目前已知的感染菌有螺旋体和结节状杆菌等。

【临床症状】指（趾）间皮炎常引起牛运步不自然，蹄表现敏感，但不引起急性型跛行。通常可在蹄球与蹄底间观察到 V 型黑色带，病变表皮增厚，指（趾）间隙渗出物形成痂皮。该病常发展为蹄底溃疡和蹄糜烂。

【防治措施】防治该病的首要任务是保持牛蹄的干燥整洁，另外可以局部使用收敛剂和防腐剂，每天 2 次，连用 3 天。病牛蹄浴硫酸铜溶液也会起到很好的治疗作用。

### 2. 指（趾）间蜂窝织炎

指（趾）间蜂窝织炎又称指（趾）间坏死杆菌病，通常是指牛指（趾）间皮肤及皮下组织发生的主要表现为皮肤开裂和坏死的炎症，诱发该病的主要病原为坏死杆菌。

【病因】当指（趾）间隙受到异物造成的刺伤或挫伤，再加上牛舍粪尿污水的浸渍，会导致指（趾）间皮肤的抵抗力明显下降，微生物伺机进入指（趾）间，经长时间感染很容易滋生该病。

【临床症状】该病随着时间的延长，病情逐渐严重。首先在发病后几个小时内，病牛表现为轻跛，患肢常见于后肢，以蹄尖着地；在发病约 1.5 天后，牛指（趾）间隙及蹄冠部出现红肿，有小的裂口出现，并散发出难闻的恶臭气味，在表面形成伪膜；发病 2 天以后，病症加重，指（趾）间皮肤发生坏死，从中间明显分裂，周边有明显的肿胀，病牛的蹄不敢着地，疼痛明显，往往伴有发病牛的体温升高和食欲下降等症状。

【防治措施】治疗该病要早发现、早治疗。首先局部用消毒药冲洗，去除指（趾）间坏死组织，伤口处涂撒粉剂抗生素或磺胺结晶粉，用绷带环绕两指（趾）进行包扎，尽量避免绕过指（趾）间隙；另外，应用抗生素或磺胺类药物进行全身治疗，直接灌服硫辛酸也会起到很好的治疗效果；平时要加强牛舍的环境管理，及时清除粪尿污物，保持牛舍干净整洁。

### 3. 蹄裂

牛蹄裂主要表现为与蹄背侧平行的纵裂或与蹄冠缘平行的纵裂，蹄壁角质开裂，前肢多发该病，临床一般呈慢性经过。

**【病因】**引起牛蹄裂的原因有多种，通常是蹄冠受到一般外力的直接损伤，表现为小开裂。当蹄冠部受到剧烈外力时，常表现为不完全开裂，一般发生于牛奔跑、跌倒或爬跨的情况下。另外，牛的营养代谢障碍、热性病、过于干燥等情况下也会诱发该病。

**【临床症状】**临床中该病常突然发生，可在开裂的蹄冠部观察到明显的红肿，并混杂有化脓性分泌物，当发生严重感染时，病灶扩展至指（趾）关节，表现出明显的跛行。一般蹄部的全裂很难观察，呈细而短的裂口，往往需要仔细观察。当外界异物、粪尿等进入裂口后，引起化脓性感染，处理不及时往往会导致蹄部组织坏死（见彩图28），牛严重跛行。

**【防治措施】**对于患有蹄裂的牛首先对蹄部进行彻底的消毒处理，采用足浴将蹄部角质泡软，用手术刀剔除分离段的角质层，然后涂抹鱼石脂软膏，用绷带包扎。当病变延伸至蹄深部关节时，可在真皮脓肿部位消毒处理后使用金属锔子对裂缝进行锔合。平时加强对病牛的蹄部护理，尽量转移至干燥环境饲养，限制牛大量活动。

### 4. 蹄叶炎

蹄叶炎又称弥散性无败性蹄皮炎，是发生在蹄部真皮和角小叶的弥散性、非化脓性炎症，临床上常呈急性、亚急性和慢性经过，一般侵害几个指（趾），通常前肢内侧指和后肢外侧趾多发。

**【病因】**蹄叶炎的发生目前尚无准确定论，属于全身代谢紊乱的局部性临床表现。牛日常饲料中如果粗饲料不足或精料过多，会诱发该病。另外，家用牛长期高强度的负重劳作，也会促使该病发生。牛体采食霉变的饲料，以及母牛胎衣不下、乳腺炎、乳房水肿和酮病等，也常常是该病发生的原因。临床上向牛瘤胃内注射乳酸等酸性物质时，引起瘤胃的酸中毒，很容易诱发该病。

**【临床症状和病理变化】**当牛发生急性病例时，病牛临床症状特别明显，食欲下降、精神不振、体温升高、举步困难、肢体不敢着

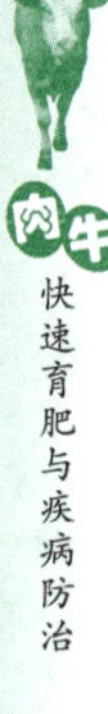



地，有时可看到蹄球部角质层的真皮出血。当牛站立时，躯体弓背，四肢内收。当前肢发病时，后肢向前伸至腹下，减轻前肢负重。偶见前肢相互交叉，以减轻内侧患指负重。

慢性病例常无明显的全身症状，常表现为患指（趾）的变形，前缘弯曲向上，趾尖上翘，蹄壁延长，蹄轮向后下方延伸。

病理变化可见蹄系部和球节下沉，指（趾）间静脉扩张。蹄冠发红，角质软化呈蜡样，蹄小叶发生广泛性纤维化。

**【防治措施】** 充分做好日常的防控管理工作。饲料营养要均衡，注意精饲料和粗饲料的添加比例；加强饲料的保管力度，严禁饲喂变质、发霉的饲料。根据病情的需要采取对应的药物治疗：

1）采用抗过敏疗法，内服0.5～1.5克盐酸苯海拉明，或者静脉注射20毫升20%维生素C溶液和100～200毫升10%氯化钙溶液。

2）对于瘤胃酸中毒病例，可静脉注射500～1000毫升5%碳酸氢钠溶液，维持酸碱平衡。

3）定期使用硫酸铜溶液进行蹄浴，对于慢性病例，平时加强牛蹄护理，维持正常的蹄形，防止蹄底穿孔。

4）蹄部放血，加速体内毒物的外排，随后补充生理盐水和葡萄糖溶液。

### 5. 蹄底溃疡

蹄底溃疡又称局限性蹄皮炎，是指蹄底和蹄球结合处发生真皮裸露和角质破损，进而转变为增生性肉芽肿，严重可引起蹄深部组织感染，是临床上常见的蹄病。

**【病因】** 牛舍长期处在阴暗潮湿环境下及饲喂精料过多，往往会诱发该病的发生。牛舍地面过硬，铺撒炉渣、砖渣等异物，会导致蹄底损伤严重，冬天牛粪尿结冻，牛长期踩在上面，极易导致牛蹄底溃疡。日常蹄部护理不到位，或者削蹄过度，造成角质异常，也均可引发该病。

**【临床症状】** 病牛常表现为跛行，病程常由最初轻跛转为重跛。外侧趾发病时，病牛常用内侧趾负重。有时趾尖负重，可观察到肢体抖动明显。发病初期，可观察到蹄球和蹄底结合部脱色，触之柔软，患蹄疼痛明显。后期角质破损，真皮裸露，长出菜花样肉芽组织。

该病的病程较长，治愈时间久，常引起奶牛产奶量下降，种公牛的种用能力下降，导致提前淘汰。

【防治措施】针对该病的治疗，首先彻底清洗牛蹄，暴露出病变组织，手术切除病变角质及增生性肉芽组织，涂抹鱼石脂软膏，使用防腐剂包扎。如果继发感染且有脓液流出时，采用抗生素全身治疗。尽量减少病牛的运动，可在两指（趾）尖钻洞用金属丝固定在一起，于健康指（趾）下黏附一个木块，减少患指（趾）的负重，利于尽早康复。

### 6. 慢性坏死性蹄皮炎

慢性坏死性蹄皮炎是临床上常发的一种蹄病，常称作蹄糜烂，是牛蹄底部和球负面发生糜烂坏死。

【病因】日常蹄部护理不规范，再加上牛舍环境的阴暗潮湿，极易诱发该病。当牛蹄发生指（趾）间皮炎等其他蹄部疾病时，往往会引起蹄球负面的糜烂。临床试验发现结核状杆菌也会引起该病的发生。

【临床症状】一般该病的临床症状较轻微，当并发其他蹄病时，会引起轻度跛行。临床常见蹄球部、底部、轴侧沟呈小的深黑的坑洼。发生严重蹄糜烂时，常见糜烂深部裸露出真皮组织。糜烂进一步发展为潜道，流出黑色腐臭的脓汁，表现出肉芽肿，牛跛行明显。

【防治措施】

1）对于单纯性的蹄糜烂，首先彻底清洗患蹄，削除异常角质，挤出黑色腐臭脓汁，再用10%硫酸铜清洗创口，涂以10%碘酊，在创口处进行松馏油绷带包扎。

2）当发生深部感染时，辅以抗生素、磺胺类药物全身治疗。

3）合理安排牛蹄浴时间，常用4%硫酸铜溶液浸泡。

4）加强牛舍日常的环境管理，定期对牛群进行削蹄护养，防止蹄变形。

> 【注意】 牛蹄部疾病在日常生产中很常见，主要在于加强日常的饲养管理，做好环境卫生工作。做好蹄部疾病的预防工作，对于种公牛来说至关重要。种公牛患蹄部疾病时，很容易导致精液质量下降，严重者可能失去种用能力。

## 五 风湿病

风湿病是一种临床上常见并反复发作的表现为急性或慢性的非化脓性炎症疾病，主要特征表现为胶原纤维呈纤维素性样变，结缔组织多病变，发病部位主要集中在心肌、骨骼肌、关节囊和蹄关节等。骨骼肌和关节囊风湿表现为对称性游走，随着牛体运动疼痛减轻。根据该病的病程长短，表现为急性和慢性；按照患病部位不同，分为关节风湿病、肌内风湿病和心脏风湿病。该病在我国各地均有发生，主要以冬春两季发病为主，北方较多见。

【病因】风湿病是一种与溶血性链球菌感染有关的非化脓性变态反应性疾病，异种抗原或半抗原物质也会促发该病的发生。牛舍环境阴冷潮湿或过度劳作后冷雨浇淋，都会引起该病发作。当牛患病导致机体的免疫力下降时，也会诱发该病。

【临床症状】根据患病部位的不同，病牛表现出相对应的临床症状。首先对于肌内风湿病，该病多发于牛体活动性较大的肌肉组织，如颈部、肩部、背腰部等区域，表现为肌肉酸痛、步态不稳，伴发跛行，随着牛运动量的增加，症状减轻，肌肉群表现为间歇性游走。急性症状表现明显，局部有结节性肿胀，肌肉僵硬。

关节风湿病多发于肩、肘、膝、股等活动量较大的关节，表现

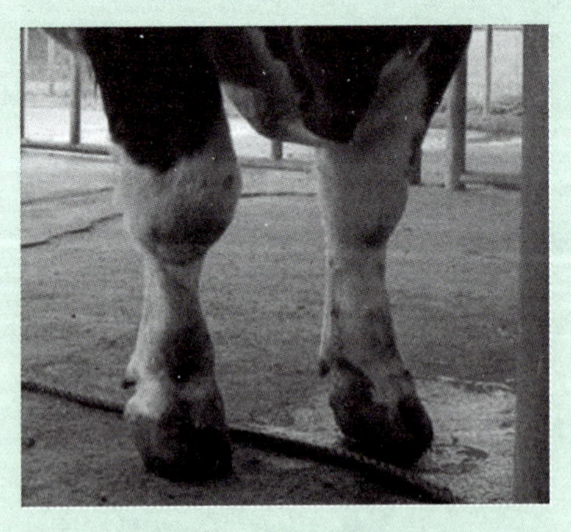

图 12-1　前肢关节肿胀

为对称性游走。急性病例表现为关节滑膜炎，关节肿胀（见图 12-1、彩图 29），触诊疼痛、肿大，运步跛行，随着运动量的增大，疼痛症状减轻或消失，当多肢发病时，病牛不愿走动，喜卧。对于心脏风湿病，常与心肌炎症状相似，心律不齐，呈进行性心力衰竭。

**【防治措施】** 临床上针对牛风湿病主要是加强护理、祛风止痛、消除炎症，常用的药物主要有水杨酸钠、氢化可的松等。按照常规的剂量使用，均可起到很好的治疗效果：

1）取 200 毫升 10% 水杨酸钠溶液和 300 毫升 5% 小苏打溶液混合，每天 1 次，静脉注射，连用 1 周。

2）取病牛的自身血液 150 毫升，添加 100 毫升 10% 水杨酸钠溶液进行混合，静脉注射。

3）取 20 毫升氢化可的松和 100 毫升 10% 水杨酸钠溶液混合，静脉注射。

4）直接静脉注射撒乌安溶液 200 毫升，5 天为一个疗程，每天 1 次。

5）在风湿病急性发作期，可使用抗生素全身治疗，控制链球菌的继发感染。

6）针对关节肿胀病例，可涂擦水杨酸甲酯软膏、樟脑酒精等刺激性药物。

> **【注意】** 风湿病对牛的生命危害虽不大，但会导致牛发育不良，影响其正常生长，丧失一定的饲养价值。截至目前，风湿病仍然缺乏特异性的诊断方法，通常是根据临床表现和发病史加以诊断。

# 第十三章 肉牛常见的产科病

## 一 不孕症

牛不孕症又称为难孕症，为母牛产后经三次配种仍不孕和产后长期不能配种的总称，是一类严重影响牛群健康发展的繁殖障碍性疾病。根据引起该病的各种不同因素，该病可分为先天性不孕症和后天获得性不孕症。

### 1. 先天性不孕症

母牛从出生就不能正常的发情配种，主要表现为牛幼稚病、异性双胎的母犊、生殖器官发育异常、近亲繁殖表现的遗传缺陷等。患该类型不孕症的牛不能通过后天的治疗进行康复，一般不能做种用。

### 2. 后天获得性不孕症

后天获得性不孕症在临床上常表现为营养性不孕、管理性不孕、疾病性不孕等，是目前影响牛不孕的主要原因，其中疾病性不孕在临床上造成的经济损失尤为严重。

**（1）营养性不孕症** 母牛在繁殖阶段对营养的要求很高，营养不均衡会延迟发情期，降低母牛的排卵率和受胎率，妊娠牛导致流产或死胎，产奶量下降，产后乏情期延长。

【病因】牛体过度瘦弱会引起不孕。日常饲料营养供给不足，不能满足日常需要，母牛日渐消瘦，生殖机能受到严重影响，发情无规律，配种受胎率降低。另外，长期单饲青贮料，导致营养失衡，也会诱发胎儿发育异常和繁殖障碍。

营养过剩导致牛体过度肥胖会降低受孕率。日常营养过剩很容易导致牛体过度肥胖，肥胖会导致卵巢周围沉积脂肪组织，发生脂肪性变化，母牛常表现为不发情，直肠检查无卵泡发育，子宫发生萎缩。

**【防治措施】**针对瘦弱引起的不孕，首先要改善牛日常的饲料营养，精饲料与粗饲料配合比应科学合理，适当调节饲料的多样化，充分补充维生素及矿物质，配合胡萝卜、南瓜、大麦芽及新鲜青贮料饲喂，对改善母牛的繁殖性能起到很好的调节作用。一般经过适当调理，母牛的繁殖性能会逐渐恢复。

对于过度肥胖的母牛，平时应加强运动，合理搭配饲料营养。降低精料饲喂量，添加多汁青料辅助饲喂，适当补充矿物质饲料。对于卵泡发育成熟而不排卵的病症，可注射激素刺激排卵。过度肥胖导致卵巢周边脂肪组织增生，可人工剥离周边脂肪囊，常起到很好的治疗效果。

该病的防治重在加强日常的饲养管理，按照合理的饲喂要求饲养，避免多喂或少喂现象的发生。发病牛一般经过适当的调理会逐渐恢复发情。

**（2）管理性不孕症** 管理性不孕主要是由于母牛泌乳量过多而引起的生殖机能降低或暂时性停止。日常饲养管理不善很容易导致该病发生。母牛发情异常和卵巢发育异常常表现为持久黄体。

**【病因】**母牛如果没有按照合理的时间及时进行断奶，泌乳量过多会导致促乳素作用增强，而促乳素抑制素作用减弱，内分泌系统发生紊乱。促乳素抑制素的分泌作用下降，导致促性腺激素释放激素分泌减少，继发促黄体素分泌减少，卵泡不能正常发育而影响排卵。泌乳量过多会导致母牛体内某些必需营养物质流失严重，导致生殖系统营养不良。哺乳犊牛的刺激也会影响卵巢正常的发育机能。

**【防治措施】**加强日常的饲养管理，充分把握好乳牛断奶时间，科学分析饲料营养成分，保证泌乳牛的合理营养需求。辅助注射催情药物，加速不孕症的康复。

**（3）疾病性不孕症** 疾病性不孕症通常是由于母牛生殖器官或

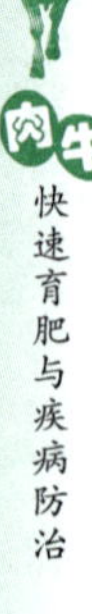



其他器官功能发生异常而产生的。临床上常见的主要有卵巢静止、卵巢萎缩、卵泡萎缩、卵泡囊肿、持久黄体和黄体囊肿等。

【病因和临床症状】

1）卵巢静止：母牛表现为长期不发情，卵巢检查指标均正常，但无卵泡发育，无黄体产生。直肠检查卵巢表面光滑，无卵泡和黄体生成，有时检测有旧黄体痕迹，呈蚕豆大小。间隔一个性周期重复直肠检查，卵巢仍无任何较大变化。直肠检查子宫缩小，收缩力下降，临床表现与持久黄体相似。

2）卵巢萎缩：直肠检查母牛卵巢体积变小，卵巢无黄体和卵泡，子宫缩小并伴随收缩力下降。母牛发情无规律，不发情或发情不明显，排出的卵细胞无受精能力，屡配不孕。

3）持久黄体：母牛外部特征无明显异常，但发情停止，个别表现为不排卵、不爬跨的隐性发情。母牛外阴干涩有褶皱。直肠检查卵巢质地坚硬，黄体持久存在，无卵泡或卵泡发育不良。

【防治措施】针对母牛的卵巢静止，首先可以施人工按摩，定时对卵巢、子宫颈、子宫体进行按摩；另外可采用激素疗法进行治疗，肌内注射促卵泡素150～200国际单位或孕马血清促性腺激素10～40毫升，临床上还可以将黄体酮和绒毛膜促性腺激素配合使用，均会起到很好的促发情效果。

运用激素疗法治疗持久黄体，可肌内注射促卵泡素100～200国际单位，直肠检查黄体，若黄体仍存在，重复用药1次，待黄体消失后，肌内注射绒毛膜促性腺激素，对卵泡的发育和成熟起到很好的促进作用。另外，对于疾病性不孕，通常可以采取直肠把握法对子宫灌注“促孕灌注液”100毫升，每两日灌注1次，连续使用3次。

## 二 妊娠期疾病

### 1. 自发性流产

自发性流产是由于妊娠母牛摄取营养不足，日常饲养管理不当，外部损伤或有毒化学物质作用，以及母体和胚胎的某些影响繁殖性疾病所引起的妊娠自行中断的过程。该病若发生于妊娠初期，胎儿易被母体自身吸收；若发于中后期，往往产出弱胎或死胎。有时胎儿在子宫内死亡后会继发各种病理性疾病，形成干尸胎或气肿胎。

【病因】临床上有多种原因引起该病的发生，常见的主要是由于妊娠母牛营养不足和饲养管理不当引起的。妊娠母牛采食的营养物质不均衡，搭配不合理，不能充分地供应母体及胎儿所需，时间长久会引起流产；外部严重的机械性损伤会引起母体各功能器官异常，也会导致流产；另外，母牛自身感染繁殖障碍性疾病或胚胎发育异常等原因，不可避免地引发流产；临床上常见一些不规范用药，如滥用催产、发情药物或一次性大剂量泻药等，均会引发流产。

【临床症状和病理变化】根据胎儿的发育程度表现为不同的临床症状。当流产发生于妊娠初期，胎儿容易被母体所吸收而在子宫内不留任何痕迹，不被吸收的胎儿有时会随着排尿或发情排出体外，很容易被忽略，此时母牛流产后未见明显临床症状，表现为正常发情。

在妊娠的中后期发生流产，往往会产死胎或弱胎，弱胎一般不能发育成活。母牛排死胎前表现为轻微的分娩症状，直肠检查感觉不到活体存在，死胎往往连同胎衣一起排出体外。有时会发生死胎停滞，死胎留在母体子宫内不被排出，极易导致胎儿干尸化或胎儿浸溶、气肿等。

【防治措施】首先根据妊娠母牛的流产症状分析原因，采取相应的防治措施进行治疗。针对营养不良导致的流产，应调节饲料营养配方，改善营养，加强日常饲养管理。对于自身感染外部疾病所引起的流产，采取相应的对策分析病因，对症治疗。及时发现及早治疗。对于导致永久性繁殖障碍的母牛，可做育肥牛或淘汰处理。

> ⚠【注意】母牛发生流产时，尽快排出体内死胎，防止影响母体健康。死胎积留在母体内时间过长，可能会导致母牛永久性不孕。通过了解母牛的饲养史，根据流产的原因，制订专门的治疗方案。

### 2. 子宫捻转

子宫捻转是指妊娠母牛子宫内部的一侧子宫角或子宫角一部分

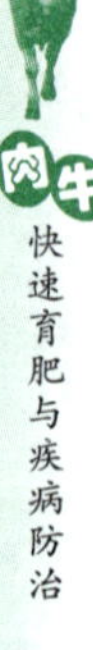



围绕其纵轴发生的扭转。该病常发生于妊娠末期，与母牛子宫结构及日常起卧特点有关，特别是当母牛急剧起卧或下滑陡坡时，极易发生扭转。

**【临床症状和病理变化】** 母牛在妊娠期间发生子宫捻转，常无明显临床症状，偶见后蹄踢腹，表现轻度腹痛；在临产前或分娩时发生子宫捻转，母牛表现为烦躁不安，频繁踏步、踢腹，腹痛表现明显，发生剧烈努责或阵缩，但观察不到胎儿或胎水排出。

直肠检查可发现不能直通直肠深部，扭转一侧的子宫阔韧带紧张，对侧表现松弛。紧张区阔韧带动脉无搏动，或者搏动紧张似击鼓。

根据病情有时需要进行阴道检查。当扭转发生于子宫颈前部时，阴道无明显临床症状；当发生于子宫颈后部时，常表现为阴道壁紧张，呈螺旋状褶皱，通向阴道腔内部逐渐变窄，阴唇发生椭圆形肿胀，子宫内部夹杂有黏液或细胞碎片。

**【防治措施】** 该病发生后，常采用矫正术促使子宫复位。对于妊娠期发生的子宫捻转，常采用翻转牛体矫正法。利用子宫本身的惯性，快速翻转母体，使得子宫复位。方法是侧卧绑定母牛，四肢固定于腹下，使牛躯体呈圆筒状。当发生左侧扭转时，使母牛左侧卧，向左快速翻转母体，重复多次，直至复原；发生右侧扭转时，右侧卧并向右扭转。

在分娩过程中发生扭转，对于临床症状不严重者，常采用产道内矫正法和直肠内矫正法。产道内矫正法是将牛尾椎进行硬膜外腔麻醉，产道灌注润滑剂，术者戴一次性无菌长筒手套，从阴道伸入并握住胎牛前部向对侧翻转，与此同时，术者在相应腹侧部位进行有规律压迫，促使子宫复原。直肠内矫正法是术者将手伸入子宫下部将其托起并进行翻转，助手用木板顶住扭转侧向上托举，方便术者进行矫正操作。

经上述各种操作仍无明显效果时，需要进行剖腹矫正或取胎。对于病情严重者如不及时剖腹处理，很容易导致母牛或胎牛的死亡。术者按照常规的剖腹术进行操作处理，部分手术器械如图 13-1、图 13-2和图 13-3 所示。

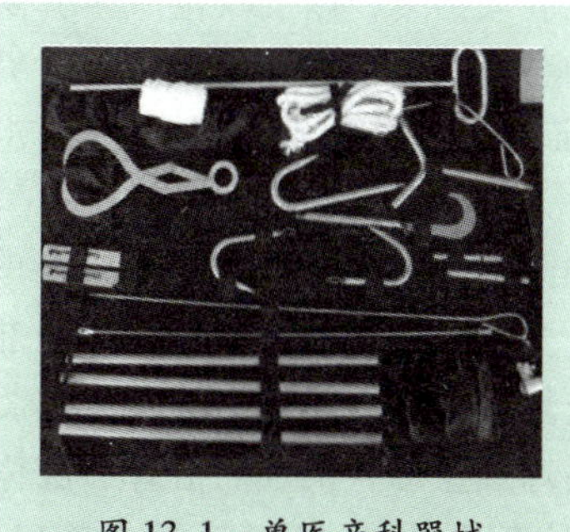

图 13-1　兽医产科器械

图 13-2　兽医手术器械一

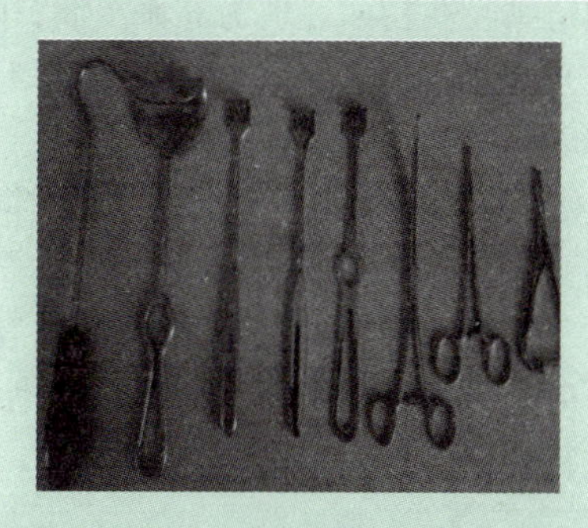

图 13-3　兽医手术器械二

⚠【注意】 临床诊断子宫捻转时，应与疝痛、胃肠炎等疾病加以区分，根据病牛子宫的捻转程度，采取准确的治疗方法。对于捻转程度比较严重的病例，必须进行手术，手术康复过程中，避免补给等渗溶液，否则会加剧子宫水肿。

### 3. 阴道脱出

阴道脱出是指牛阴道壁肌肉松弛而形成皱襞并发生套叠，一部分或整个阴道壁从阴门翻转脱出。该病多发于母牛妊娠末期，部分牛的阴道脱出会自行恢复。

【病因】 导致阴道脱出的主要原因是阴道周围组织松弛。当母牛

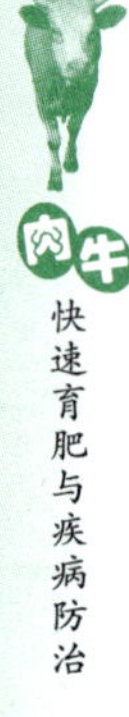



运动量不足，营养不均衡导致过度肥胖或消瘦，以及雌性激素分泌过多或产后卵巢发生囊肿等原因，均会引起阴道肌肉组织松弛。另外，伴随有强烈努责或腹压增高症状者，更容易引起母牛的阴道脱出。

【临床症状和病理变化】阴道脱出临床上常表现为阴道部分脱出或全部脱出。对于部分脱出症状，主要发生于产前，阴道壁形成部分褶皱，从阴门脱出，一般会自行恢复。若病情加重会导致全部脱出，全部脱出主要是在阴门外形成足球或篮球大的囊状腔体，腔体内包含部分膀胱体和子宫壁。膀胱翻出后可见膀胱壁上有输尿管口，部分尿液沉积。

部分脱出的阴道黏膜在初期表现为充血浸润，随着病情的加重，黏膜色泽变暗，表现为水肿、瘀血，最后发展为坏死性糜烂并伴发出血性炎症，外部粪尿等的污染会加重病情。

【防治措施】对于阴道部分脱出，加强日常的饲养管理，均衡饲料营养，适当地提高母牛妊娠期的运动量，提高子宫肌肉活力，一般会自行恢复。对于阴道全部脱出，首先要做好消炎除菌工作，防止继发感染，必要时行阴门圆枕缝合。对于顽固性脱出或病情严重者，可通过手术进行阴道的整复和固定。

> ⚠【注意】 对于顽固性阴道脱出，采用保守治疗方法很难达到预期的效果，需要进行手术固定。在临床诊断时，应与阴道肿瘤性疾病加以区分。

## 三 分娩期疾病

### 1. 子宫颈狭窄

子宫颈狭窄通常是由于母牛先天性子宫颈开张不全而导致胎儿不能正常分娩的发育性疾病。根据临床表现常分为子宫颈扩张不全和子宫颈不能扩张。

【病因】对于子宫颈扩张不全，主要发生于早产母牛。牛的子宫颈比较长，肌肉层发达且坚实，分娩时结缔组织及肌肉的浆液性浸润和松弛需要较长时间。当分娩过早时，卵泡素分泌不足，子宫颈软化程度不够，导致其扩张不全。另外，子宫颈前部若胎水过多或子宫捻转，常伴发该病的发生。

导致子宫颈不能扩张的原因有多种，先天性子宫颈发育障碍、子宫癌、子宫结缔组织增生等均会引起该病。母牛分娩上一胎时，若子宫颈受损严重，则会导致子宫颈周边组织收缩增生，也会引起子宫颈不能扩张。

**【临床症状和病理变化】** 临床上常见母牛分娩症状无异常，表现为正常的阵缩、努责等，但无胎水和胎膜的排出。对于子宫颈扩张不全，产道和直肠检查常表现为子宫颈口狭小，开张不全，仅能伸入拳头大小，周边组织无其他病理变化。有时检查可见子宫颈表现为粗细不均匀，粗大部分较结实，通常为子宫颈不能扩张的临床症状，母牛努责强烈时会导致阴道的脱出。

**【防治措施】** 实际操作中应根据母牛子宫颈开张程度、胎膜破裂与否等临床表现进行对应的助产牵引术或剖腹。助产时，工作人员可将手指伸入子宫颈内部，缓缓地开张手指，感觉胎牛的胎向。若头部前置，则用产科绳绑缚系部；若臀部前置，则用产科绳绑缚后肢。接下来于产道内灌注润滑液，用力缓缓地将胎牛拉出。在向外拉的过程中，很容易引起子宫颈损伤，要把握好外拉力度。当子宫颈闭锁或硬结，行牵引术无效时，需要进行剖腹产或截胎术。手术复原后，术部很容易引起结缔组织增生，再次配种很难受孕，不建议再留作种用，可做淘汰处理。

### 2. 了宫破裂

子宫破裂常发生在母牛分娩过程中，由于术者操作失误或母牛机体内部原因导致的子宫浅层或全层破裂。

**【病因】** 当母牛难产时，在进行牵引术过程中，由于操作上的失误，易引起子宫的破裂。当胎位异常或胎牛畸形引起母牛难产时，术者不规范的牵引再加上母牛强烈的阵缩，极易导致子宫开裂。另外，当由于子宫捻转或子宫颈开张不全等原因所引起难产时，催产素的不恰当使用会加剧母牛子宫的阵缩，更易促发子宫破裂。

**【临床症状和病理变化】** 临床上当母牛子宫严重破裂时，会导致大量血液从子宫内流出，导致母牛急性贫血或休克，血液一部分流

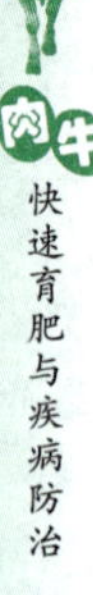



入腹腔，一部分从阴门流出，随着病程发展，母牛继发子宫内膜炎、腹膜炎等急性炎症，严重者可迅速导致死亡。子宫发生浅层破裂时，临床症状较轻，经适当的处理会逐渐复原。一般发生过子宫破裂的母牛，常伴发子宫内膜炎、周围炎等后遗症，给生产带来很大损失。

【防治措施】临床上一旦发生该病，应立即采取相应措施进行治疗，对于急性病例如不及时处理，很容易导致母牛死亡。当发生子宫全破裂时，行剖腹术取出胎儿和胎衣，再做后期处理；若浅层破裂，将抗生素或磺胺类药物直接放置子宫内抗菌消炎，若流血可使用浸有0.1%肾上腺素或止血剂的纱布于裂口处填塞，会起到很好的止血效果。

对于急性大出血病例，要及时输血补液，辅助添加类固醇激素、抗生素等药物消炎止痛，防止失血过多引起休克或死亡。

## 四 产后疾病

在母牛进行分娩或产犊时，生殖器官发生相应变化，当正常产犊或通过手术进行取胎时，会引起产道或子宫内部不同程度的损伤，再加上子宫内恶露滞留或胎衣不下等原因，很容易引起病原微生物的入侵繁殖，导致母牛产后感染。导致感染的常见病原微生物有大肠杆菌、链球菌、溶血性葡萄球菌、化脓性棒状杆菌、梭状芽孢杆菌等，可引起生殖器官的各种急慢性炎症，临床上常见的病症有子宫内膜炎、阴门及阴道炎、产后败血症和脓毒血症等。

### 1. 阴门炎及阴道炎

【病因】正常情况下，母牛阴门闭合，阴道腔封闭，阴门和阴道形成一定的自我防卫，外界微生物很难入侵。当母牛雌激素分泌时，阴道黏膜处大量糖原发生糖酵解，产生乳酸，使得阴道保持弱酸性，抑制各种病原菌的繁殖。当阴门及阴道发生损伤时，特别是产犊行牵引术过力时，很容易导致黏膜破损，阴门及阴道的自我防卫能力降低，细菌随即入侵繁殖，导致阴门炎及阴道炎的发生。

【临床症状】根据黏膜损伤程度的不同，表现出的临床症状也不相同。当黏膜表层发生损伤，无明显全身症状，可见阴门处流出黏液性分泌物，积聚于外阴及尾根形成干痂，阴道黏膜红肿并黏附脓性分泌物。

当黏膜发生深层损伤时，病牛临床症状明显，食欲和泌乳量下降，体温升高，努责拱背，频繁做排尿动作，阴门内流出腥臭的暗红色液体。阴道检查可见黏膜肿胀充血，部分黏膜发生溃疡性坏死，表现为急性阴门炎及阴道炎。

【防治措施】针对临床症状轻微的病例，可用0.1%高锰酸钾或生理盐水等溶液对阴道进行冲洗，起到抗菌消炎的作用。病情严重者，选用1%明矾或鞣酸溶液进行冲洗，注入防腐抑菌剂消炎止痛，连用数天，同时辅以抗生素全身治疗。当病牛努责严重时，可于阴道行硬膜外腔麻醉，减轻疼痛。

### 2. 子宫内膜炎

【病因】牛子宫内膜炎通常是由于外部病原菌感染而引起子宫内膜的急性炎症性疾病。该病常在母牛分娩时或产后几天内发生，如治疗不及时，很容易继发其他繁殖障碍性疾病。在母牛分娩过程中，很容易引起病原菌的入侵，病原菌在子宫及阴道内繁殖，引起子宫内部急性或慢性炎症。当胎衣不下、生产弛缓、产后败血症等发生时，很容易引起子宫炎症。

【临床症状】病牛初期表现为体温升高，精神不振，反刍停止，食欲和泌乳量逐渐下降，有时可见阴门处排出暗红色脓性黏液。当病原菌在子宫内繁殖产生的毒素被牛体吸收后，可引起牛明显的全身症状，感染严重者会导致死亡。

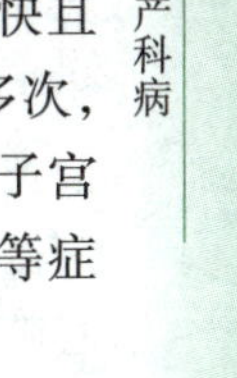



【防治措施】治疗子宫内膜炎的首要原则是抗菌消炎，尽早清除子宫腔的内容物，恢复子宫收缩功能。首先清洗阴门污秽杂物，胎衣不下者可以去除外漏的部分，严禁术者将手伸入阴道或子宫内，以防感染扩散导致病情加重；针对该病的抗菌消炎可采用广谱抗生素进行全身治疗，也可将抗菌药直接注入子宫内，吸收作用更快且更直接；选用刺激性小的温热的消毒液冲洗子宫，重复冲洗多次，排出子宫腔渗出物，另外可选用催产素、前列腺素等药物促进子宫收缩，加速渗出物的外排；当病牛表现出疼痛不安、强烈努责等症状时，可行硬膜外腔麻醉术缓解疼痛。

### 3. 产后败血症和脓毒血症

【病因】牛产后败血症和脓毒血症是由牛产后局部性炎症感染扩

散至全身性感染的疾病。牛产后败血症的特点是感染细菌侵入血液并产生毒素物质。牛脓毒血症是牛体静脉形成血栓，血栓受感染化脓并软化，随血液流入其他组织器官，继而产生化脓性病灶。发生该病通常是由于分娩时产道创伤而引起的感染，另外胎衣不下、化脓性乳腺炎及严重的子宫内膜炎、阴门及阴道炎、宫颈炎等疾病也会促发该病发生。

引起该病的病原菌常见的有葡萄球菌、溶血性链球菌、梭状芽孢杆菌和化脓性棒状杆菌等。母牛分娩时产道内膜受到创伤，病原菌趁机侵入，快速在体内分解繁殖，导致败血症和脓毒血症的发生。

**【临床症状】**临床上牛常表现为亚急性，如治疗及时一般会痊愈。

牛产后败血症初期，病牛体温升高，精神不振，食欲下降，眼结膜充血，反刍停止，常呈稽留热。有时病牛伴发腹膜炎，腹泻便血，粪便腥臭，牛体脱水且日渐消瘦。病程后期，眼结膜发绀，有出血点，体温下降，有阵发性痉挛。病牛从阴道内流出红褐色恶臭黏液，阴道检查较敏感，表现为疼痛不安，黏膜干燥红肿。

牛产后脓毒血症常突然发生，病初体温升高，伴发急性化脓性炎症，化脓性病灶形成后体温下降，当病灶发生转移时，体温又上升，整个病程牛体温呈弛张热。随着病情发展，病牛四肢关节、部分内脏、乳房等部位发生脓肿，伴发各种对应性临床症状。

**【防治措施】**由于该病发病急，病症明显，故需要早发现早治疗，通常是消灭侵染的病原微生物并提高牛体免疫力。

病灶处理过程中，对于生殖道感染产生的病灶，禁止子宫冲洗，尽量减少对阴道及子宫的外部刺激，避免继发严重感染，可肌内注射前列腺素或催产素等药物促使内部脓性分泌物排出。该病常引起病牛全身性感染，可通过选用抗生素或磺胺类药物进行全身性抑菌消炎。对于产后败血症，可静脉注射钙制剂进行辅助治疗，改善血液循环，在注射过程中，一定要准确把握滴注速度，防止过快导致心脏承受力不足，而引起休克或死亡。

临床上可通过促进血液循环提高牛体免疫力，静脉注射10%葡萄糖溶液500毫升，添加维生素C和5%碳酸氢钠溶液改善电解质平衡。

### 4. 生产瘫痪

生产瘫痪是一种突发于母牛分娩前后的严重影响生产的代谢性疾病。病牛表现为意识丧失、全身无力、四肢瘫痪等症状，多发于营养状况良好、生产3～6胎的高产母牛，初产牛很少发生该病。

**【病因】** 引发生产瘫痪的原因多与母牛分娩前后血钙浓度的降低和大脑皮质过度兴奋而导致缺氧有关。母牛分娩后，血钙浓度急剧下降，导致母牛正常生理功能发生紊乱，继而表现为全身性生产瘫痪。

血钙浓度的降低与机体的多种因素有关。首先，分娩前后的母牛体内的大量血钙进入初乳，从肠道吸收钙的能力下降，自身钙浓度不能满足正常生理需求，再加上血镁浓度的降低，导致动员骨钙能力下降，极易引发生产瘫痪；另外，分娩时母牛大脑皮层过度兴奋，接着转为抑制状态，导致脑部暂时性贫血，甲状旁腺机能受损，激素分泌不足，血钙浓度发生失衡，再加上胎儿自身发育的需要及产后大量泌乳，血钙流失严重，不能满足母牛正常的生理需求。

**【临床症状】** 生产瘫痪在临床上常分为典型性生产瘫痪和非典型性生产瘫痪。其中，典型性生产瘫痪多发于产后12～72小时，发病急，病情严重；非典型性生产瘫痪多发于分娩前后很久，病程缓慢，临床症状不明显。

典型性生产瘫痪常发生于母牛产后12～72小时，发病初期表现为精神不振、食欲下降、泌乳量减少，步态不稳，肌肉阵发性震颤。随着病情的发展，病牛瘫痪倒地，驱赶不起，头颈失衡，四肢屈曲腹下，全身无力，不久意识丧失，对外界刺激无反应。后期病牛体温下降，心跳速度减弱，四肢冰冷，若处理不及时，很容易导致死亡。

临床上比较多发的是非典型性病例，多在分娩前后很久发生，临床症状不明显，表现为轻微的体温下降，食欲减退，四肢步态不协调，治疗及时一般会慢慢康复。

**【防治措施】** 治疗该病严格遵循"早发现，早治疗"的原则，日常应加强牛舍的饲养管理，根据母牛的分娩期适时调节饲料营养水平。采取静脉注射钙制剂、乳房送风等措施，均会起到很好的防

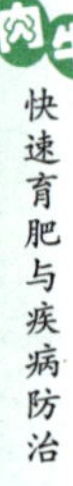



治效果。

临床上常见的钙制剂为葡萄糖酸钙溶液。静脉注射10%葡萄糖酸钙溶液1500毫升，每天2次。注意把握静脉注射速度，钙制剂对心脏影响较大，过快会引起休克或死亡。还可以选用10%葡萄糖溶液2000毫升外加10%氯化钙注射液200毫升进行静脉注射，均可以很好地调节血钙浓度。

当钙制剂作用不明显时，常选用临床上多见的乳房送风法。通过注入空气刺激乳房神经末梢，提高大脑兴奋性，还可以增强乳房内压力，降低乳房血流量，提高机体血容量，维持血钙平衡。首先使病牛侧卧，对乳房及周围皮肤充分消毒，挤净乳房内的乳汁，向乳头管内注入含青霉素、链霉素的生理盐水30~40毫升，用乳房送风器对四个乳房分别送风，直至乳腺基部清晰，轻敲呈鼓音为止。送风不足则起不到治疗效果，送风过量会导致乳房腺泡破裂，引起气肿等副作用。用纱布包扎乳头，以防空气溢出。驱赶牛适当活动，经1~2小时后放气，一般病牛会逐渐恢复正常。另外，通过向母牛乳房内注入新鲜牛奶也会起到很好的调节作用。

### 5. 子宫脱出

子宫脱出是一种临床上常见的以子宫全部从阴门处翻出且不能自行复位为主要特征的产科疾病，往往是由于牛产仔时用力过大、营养不良、劳役不当等原因造成的，常发生在产后数小时至一天之内。该病的发病率较低，但导致的后果较严重。

【病因】引起母牛子宫脱出的原因比较复杂，常见的有以下几种：

1）日常饲养管理不当，日粮营养不均衡。母牛产后引起的低血钙症状导致子宫迟缓，更易促发该病发生。

2）母牛在妊娠期间，雌激素水平逐渐上升，引起骨盆内部的韧带和支持组织松弛。

3）在产犊过程中发生难产时，母牛努责过强，或者行人工助产时，拉出胎儿用力过猛、过快，会突然降低子宫内压，相应地增加了腹压，易发病。

4）胎衣持久不下，在进行徒手剥离时牵拉过猛，或者部分胎衣持久不下时，强烈刺激母牛外生殖道，引起母牛强烈努责，易诱发该病；当同时伴发母牛卧地不起、产后瘫痪等临床症状时，更易导致子宫脱出。

**【临床症状】** 发生该病时，子宫外翻至阴门外，上面附有部分未脱落的胎衣，悬挂在母牛的跗关节处，黏膜表面布满深红色肉阜，因重力作用导致子宫损伤撕裂出血。初期，病牛无明显的全身症状，随着病情的发展，子宫瘀血水肿，黏膜呈紫红色胶冻状，体温下降，全身努责，心跳、呼吸加快。当脱出的子宫外附着有粪污时，会导致病情加重（见彩图 30）。

**【防治措施】** 对于该病的防治，平时应加强母牛群的饲养管理，合理调节营养，特别是妊娠期间营养的均衡。早发现、早治疗，按照正确的操作方法进行子宫整复。

在病症初期，病牛子宫部分或全部脱出时，肿胀不严重，用 0.1% 高锰酸钾溶液彻底冲洗脱出的子宫和外阴周围，除去坏死组织等异物。术者紧握拳头，将脱出的子宫顶回引道内部，采用酒精固定法或阴门固定器进行固定，经 2 ~5 天除去固定物（见彩图 31、彩图 32）。当子宫脱出时间较长且水肿较明显时，需要先用 30% 明矾水冲洗，清洁完毕后，用针多点刺破肿胀处，排出水肿液，再行整复。当脱出部分发生大面积坏死或严重肿胀时，难以整复至正常位置，则需要进行子宫切除术。

子宫整复后，可向子宫内投放 400 万 ~800 万单位的青霉素，同时肌内注射 800 万单位青霉素，每天 2 次，连用 4 ~6 天；肌内注射破伤风类毒素，以防感染破伤风；中药“八珍散”对于整复后的康复有很好的促进作用，取当归、白芍、熟地、党参、川芎、白术、茯苓和甘草各 30 克，研末混匀，加水煎服，1 天 1 次，连用 2 ~3 天，有补虚损、养气血、调营卫之功效。

在整复手术结束后，要对母牛精心护理，多饲易消化、青绿多汁饲料，采取少吃多餐的方法，减轻腹内压，防止子宫再次脱垂。

## 五 乳房疾病

### 1. 乳腺炎

乳腺炎是指奶牛的乳腺组织受到各种病原微生物感染及物理、

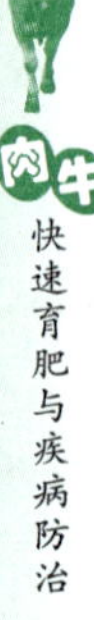



化学等外界因素的刺激而引起的严重影响奶牛繁殖性能的一种炎症性疾病。临床上常表现为隐性乳腺炎和临床型乳腺炎。乳腺炎严重影响奶牛业的发展，因该病所产生的母牛淘汰率达20%以上，对养殖业造成严重的经济损失。

【病因】该病的发生与流行与牛场的日常管理水平息息相关。病原微生物的感染常常起主要作用。引起该病的常见病原微生物包括大肠杆菌、金黄色葡萄球菌、链球菌、化脓性棒状杆菌、真菌和病毒等。其中，链球菌主要是无乳链球菌，金黄色葡萄球菌多发于哺乳高峰期。

牛场管理不规范及母牛营养不均衡很容易引发该病。挤奶工人的操作不规范，再加上周边卫生条件差，给病原菌的滋生提供了很好的外部条件。牛体瘦弱多病及乳房外伤等原因，会导致母牛免疫力下降，抵抗外界病原菌的侵袭能力减弱。

【临床症状及诊断】

**（1）临床型乳腺炎** 临床型乳腺炎主要是乳房间质或实质的炎症性病变，主要以乳汁变性及乳房肿胀、热痛为特征。急性型病例主要表现为病牛突然发病，体温升高，呈稽留热，乳房肿大，颜色发暗变紫，疼痛明显，泌乳量急剧下降，可挤出稀薄带血样絮状乳汁，四肢无力，喜卧并逐渐消瘦。一般根据母牛的乳房形状及乳汁变化即可做出临床诊断。

**（2）隐性乳腺炎** 隐性乳腺炎的临床症状不明显，一般很容易被忽略。病牛的乳房及乳汁用肉眼观察不出明显异常，一般需要进行实验室诊断。诊断出的乳汁呈碱性，内含乳块及絮状物等，常用的方法有CMT检验法、过氧化氢玻片法、乳汁体细胞计数法等。

【防治措施】乳腺炎通常是由外界环境、病原微生物和牛的体况三者共同作用所引起的。奶牛自身的免疫力与日常饲料营养水平密切相关，避免因日粮营养不均衡导致的瘤胃酸中毒及微量元素的缺乏；健全挤奶操作程序，加强挤奶厅的管理，创造干净卫生的挤奶环境，充分杜绝病原微生物的入侵；保持运动场和卧床的干净卫生，做好日常的消毒管理工作。

针对该病应及时发现，及时采取相应措施。在临床上，常采用

抗菌药物进行该病的防治，比较常见的有青霉素、四环素、头孢类、氟喹诺酮类等药物，通过肌肉、静脉或乳房等途径注射，适当地配合盐酸普鲁卡因进行封闭治疗，一般会起到很好的治疗作用。为防止抗生素耐药性的出现，在药物应用时应严格按照规定的剂量、疗程进行治疗，可采用具有协同作用的两种以上抗生素进行治疗，如卡那霉素和头孢氨苄配合使用，往往会有很好的防治效果。条件允许的情况下，可首先进行药敏试验或细菌学试验检测，再选取相应的抗生素进行治疗，以降低母体的耐药性。另外，干奶期向乳房内注入长效抗菌药物会对该病起到很好的预防作用。

**【注意】** 对于初期发生的乳房性疾病，避免采用冷敷，特别是化脓性乳腺炎。对于后期发生的出血性乳腺炎，禁止热敷。当向乳房内注射药物时，一定要做好消毒工作，否则会加重病情。另外，适当地控制母牛的饮水量，减少青绿饲料的饲喂。

### 2. 酒精阳性乳

酒精阳性乳通常是指乳汁酸度处在 11 ~ 18°T，与等体积 70% 酒精反应呈絮状混浊或颗粒状沉淀的新鲜牛乳。该乳汁与正常乳汁相比，乳酸及钙、镁含量较高，钠含量较低，蛋白质组分中的酪蛋白含量增高且不稳定。

**【病因】** 母牛日常饲料营养不均衡是引起该病的主要原因。临床上常见有母牛在空怀期营养不良而在妊娠期又营养严重过剩的现象，导致营养极度不均衡，很容易引起肝功能紊乱，常引起酒精阳性乳的发生。另外，矿物质的过剩或不足，会引起钙、磷的代谢性紊乱，当乳汁中钙含量过高时，分泌的乳汁常呈酒精的阳性反应。

外界气温忽冷忽热、牛舍环境阴暗潮湿及挤奶操作不规范等外部因素及母牛自身潜在性疾病的刺激，会引起母牛机体内分泌功能发生紊乱，泌乳功能受到影响，都会促发酒精阳性乳的产生。

**【防治措施】** 日常应加强牛群的饲养管理，合理调整日粮结构，均衡营养。饲养环境保持干燥清洁，做好防暑降温工作，尽量减少外界环境的应激作用。

针对该病的治疗，可首先治疗原发病再对症用药：

1）肌内注射2%甲硫基脲嘧啶和维生素$B_1$混合液或口服碘化钾溶液，进而调节母牛乳腺机能。

2）肌内注射维生素C溶液以改善乳腺毛细血管的通透性，逐渐恢复乳腺的正常功能。

3）可通过向乳房内注入0.1%柠檬酸钠溶液或1%小苏打溶液来改善乳房内部的功能，加速乳腺机能的恢复。

4）采用中药疗法，取黄连、黄檗、连翘、茵陈、甘草、栀子各25克，知母20克，贝母15克，研末并用开水冲调，一次灌服，每天1剂，连服3～4剂。

**【注意】** 酒精阳性乳在母牛的首个泌乳月和干乳前2个月发生的概率比较高。分娩期，母牛体质较差，特别是干乳期前2个月，经过漫长的泌乳期后，胎儿逐渐增大，牛体负荷逐渐增加，这段时期母牛对外界应激非常敏感，诱发酒精阳性乳的概率增加。

# 第十四章 肉牛的营养代谢性疾病

## 一 酮病

牛酮病又称作酮尿病或酮血病，是牛体内脂肪及碳水化合物的代谢紊乱而引起酮体浓度增高的一种全身功能性失调的疾病。临床上常以消化功能紊乱、泌乳量下降、呼出带酮味气体等为特征，间或发生神经症状。根据母牛的具体临床表现，该病分为消化型、神经型、瘫痪型等各种类型。

【病因】分娩母牛泌乳时，日常的饲料采食量不能满足泌乳的正常需求，此时需要动用自身的蛋白质和脂肪来弥补能量的负平衡。在蛋白质和脂肪转化为能量时会产生过多的乙酸、丙酸、丁酸等酮体物质，从而引起酮病的发生。当饲料中缺乏维生素 $B_{12}$、烟酸及微量元素钴时，也会诱发酮病。另外，由瘤胃臌气、胃肠卡他性炎症、乳腺炎等一系列疾病所引起的母牛采食量下降，也会因摄取营养不足而发病。

【临床症状】引发酮病的母牛一般食欲不振，泌乳量下降，牛体逐渐消瘦。根据不同的类型，此病表现出相对应的临床症状。

**（1）消化型** 在临床上消化型酮病较多见，病牛精神不振、厌食、反应迟钝，呼出的气体内夹杂有酸臭的烂苹果味，后期排浅黄色水样粪便。

**（2）神经型** 病牛常表现为以兴奋狂躁、步态不稳、目光凶视、肌肉震颤等神经症状为主要特征，有时兴奋和沉郁交替发生，同时

也具有消化型的一般临床症状。

**(3) 瘫痪型** 瘫痪型在临床表现中较少发生，多发于母牛产后数天，病牛表现出类似生产瘫痪的临床症状，精神不振，四肢后期瘫痪，泌乳量急剧下降。

**【防治措施】** 日常应加强牛群的饲养管理，按照饲养要求合理调整饲料营养，提高碳水化合物含量高的饲料量，降低高脂肪饲料的饲养量，充分补充所需微量元素。根据病情需要，适当地应用药物治疗：

1）静脉注射50%葡萄糖溶液1000毫升，适量添加胰岛素以促进葡萄糖的快速吸收，每日3次。

2）丙酸钠200克分2次加水灌服，或者使用甘油200克加水灌服，每日2次。

3）临床上还可注射糖皮质激素进行辅助治疗，常用激素包括氢化可的松、地塞米松、醋酸可的松等。

4）为缓解牛体的酸中毒，可静脉注射50%碳酸氢钠溶液250~1000毫升进行中和。

**【注意】** 临床诊断时，酮病应与糖尿病、创伤性网胃炎和心包炎、脂肪肝等引起牛长期消瘦的疾病加以区分，制订相应的治疗方案。防止该病最关键的因素就是要加强牛场日常的饲养管理。

## 二 佝偻病

佝偻病是指快速发育的犊牛由于钙、磷及维生素D的不足所引起的骨质发育不良的代谢性疾病。临床上常因成骨细胞钙化不全而导致消化功能紊乱、发育迟缓、骨骼变形、运动失调等症状。

**【病因】** 导致佝偻病的发生主要包括先天性和后天性两种因素。先天性佝偻病主要是由于母牛妊娠期间钙、磷及维生素D的严重供给不足，不能保证骨骼正常生长的需求，从而影响胎牛的发育。引发后天性佝偻病的原因有多种，哺乳期间母乳的维生素D缺乏会引起犊牛钙、磷的代谢性紊乱，从而引发疾病；犊牛断奶后所喂饲料中维生素D含量低，钙与磷的比例失衡，再加上牛舍环境阴暗潮湿，日照时间不足等各种原因，都会引起该病发生。

**【临床症状】** 发病犊牛精神沉郁，食欲下降，四肢不稳，喜卧嗜睡。病牛最明显的特征是骨骼发育变形，犊牛牙齿生长不规则，脊柱弯曲，长骨呈弧形生长。通过 X 射线检查，可观察到长骨末端呈毛刷状，骨质疏松，骨密度降低。

**【防治措施】** 日常应加强对妊娠母牛和犊牛的饲养管理，添加维生素 D 及钙含量高的饲料；增加牛平时的运动量，适时地多晒太阳，可促进维生素及钙的消化吸收。

对于发病的牛体，可肌内注射骨化醇 80 万单位或维生素 $D_2$ 胶性钙注射液 3 ~ 10 毫升；内服鱼肝油 5 ~ 15 毫升或乳酸钙 5 克，当有腹泻症状时，应停止使用鱼肝油；当病情较严重时，可静脉注射适量葡萄糖酸钙溶液或氯化钙溶液。

> ⚠ **【注意】** 单纯性补充钙的效果不是特别理想，应辅以添加适量的维生素 D，可提高治疗效果。防治该病的关键是调节好日粮中钙与磷的比例，提供必需的维生素 D。

## 三 骨软病

牛骨软病是指成年牛由于饲料中钙、磷含量不足或比例不合理而发生的一种骨质进行性脱钙性疾病。该病主要发生于成年牛群，是一种慢性型矿物质代谢性疾病。临床上主要以异嗜癖、跛行、消化机能紊乱和骨骼变形等为主要特征。

**【病因】** 产生该病的主要原因是饲料或饮水中钙、磷含量不足或比例失衡及维生素 D 的缺乏。正常成年牛体内骨骼的钙与磷的比例约为 2:1，故所饲的日常饲料中钙与磷的比例应与基本生理需求相一致。

牛体胃肠消化机能发生紊乱、甲状旁腺激素分泌过多、运动及日照时间不足等原因也会引起该病的发生。胃肠消化紊乱会导致体内营养物质不能正常利用，即使钙与磷充足，也不能被很好地吸收；甲状旁腺激素的主要功能是调节牛体钙、磷的代谢，维持血钙与血磷的平衡，分泌过多会导致代谢紊乱。

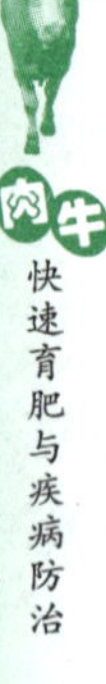



**【临床症状】** 引发该病的成年牛在发病初期常表现为精神不振、异嗜癖、消化不良，喜舔舐粪尿、垫草等。随后步态不稳，发生运动障碍，四肢关节肿胀，骨骼变形，常卧地不起。后期病牛逐渐消瘦，骨质发生软化，常继发胃肠炎、瘤胃臌气等其他症状，有时可见病牛产生腐蹄病。通过 X 射线检查，可见骨密质下降，关节变形萎缩。

**【防治措施】** 日常应加强对牛群的饲养管理，均衡饲料营养，适当补充骨粉、麦芽、矿物质等营养物质，提高牛群的运动量及日照时间。该病常呈慢性经过，对于症状较轻的病牛，一般通过日常调理及适当治疗，均会慢慢恢复正常。根据发病的具体临床表现，采取相应的防治措施：

1）对于高磷低钙型，应主要以补钙为主，静脉注射 10% 葡萄糖酸钙 200～500 毫升，或者 10% 氯化钙 100～200 毫升，每天 1 次，连用 2～6 天，同时补饲骨粉、维生素 D 等。

2）对于高钙低磷型，应以补磷为主，静脉注射 20% 磷酸二氢钠 200～500 毫升，或者 3% 次磷酸钙溶液 500～1000 毫升，每天 1 次，连用 4～7 天，同时内服乳酸钙、骨粉等。

3）采用中药疗法：取蚕粪、苍术、鸡蛋壳、乌贼骨各 300 克，研为末，每天取 50～100 克混入饲料，分 2 次饲喂，连用 5～7 天。取杜仲、骨碎补、当归、白术、陈皮、厚朴、茴香、五灵脂各 30 克，水煎，一次性灌服。

> ⚠ **【注意】** 临床诊断时，遵循“早诊断，早治疗”的原则。早期检查时，可触摸牛尾尖最后一段尾骨，正常牛常表现为饱满、坚实，触摸软骨表现为空虚、柔软。根据病情不同，尾椎骨由后向前逐渐被吸收。

## 四 维生素 A 缺乏症

牛维生素 A 缺乏症主要是由于牛饲料中缺乏胡萝卜素等而导致维生素 A 不足所引起的疾病。临床上主要表现为犊牛发育迟缓，皮肤、呼吸道及生殖道等黏膜部位的上皮组织发生角化变性，症状严重者可继发其他感染。

【病因】由于长期饲喂单一、营养不均衡的饲料，缺乏胡萝卜素等青绿饲料，导致维生素 A 含量不能满足牛正常的生理需求；犊牛的哺乳量不足或断奶过早等原因，导致牛体内维生素 A 含量降低；病牛感染的其他一些胃肠性或肝脏性疾病，引起体内各器官产生功能性障碍，进而影响维生素 A 在体内的吸收代谢；日常管理不规范，饲养环境较差等其他一些外部原因也会引发维生素 A 的不足。

【临床症状】若母牛在妊娠期间维生素 A 缺乏，可导致所产犊牛体质虚弱，易患腹泻、肺炎及其他一些先天性缺损；犊牛日常营养缺乏维生素 A，早期会引发夜盲症等视觉障碍，发育迟缓，消化紊乱，随着病情发展，会导致角膜炎和结膜炎，消化道、呼吸道及生殖道黏膜部位的上皮组织发生角质化变性，病情加重可致双目失明。成年牛缺乏维生素 A，会影响机体的正常发育，精神萎靡，日渐消瘦，公牛可导致尿结石。

【防治措施】加强日常饲养管理，均衡饲料营养，饲喂适量胡萝卜素含量高的青绿饲料，饲料加工过程中根据牛发育程度添加适量的维生素 A。对于发病牛，可采取以下措施进行：

1）肌内注射 20 万～50 万国际单位的维生素 A 注射液。

2）肌内注射 50 万国际单位的维生素 A 和 5 万国际单位的维生素 $D_3$ 混合液。

3）灌服鱼肝油 100～150 毫升，每天 1 次。

⚠【注意】 饲喂的青绿饲料要及时收割，迅速干燥，保持饲料的青绿色。另外，谷物类饲料避免存放时间过长。适当地提高牛群的活动量，勤晒太阳。

## 五 硒及维生素 E 缺乏症

硒及维生素 E 缺乏症又称作白肌病、缺硒病，是指牛由于缺乏硒、维生素 E 而造成骨骼肌、心肌及肝组织坏死性病变的代谢性疾病。硒与维生素 E 的缺乏在病理、临床症状及防治等方面有密切关联，故将两者合称为硒及维生素 E 缺乏症，该病常发于犊牛。

【病因】硒对于牛来说是一种必需的微量元素。母牛在妊娠期间

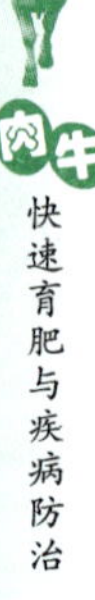



若饲料养分不足，缺乏足量的硒及维生素E等元素，会导致乳汁内硒及维生素E含量不足，很容易引起犊牛的缺硒病。研究表明，植物性饲料含硒量与土壤含硒量密切相关，当两者低于一定值时，会引起牛发病。低硒性土壤是引发该病的根本性原因，低硒土壤通过饲料而使牛发病。另外，维生素E及不饱和脂肪酸含量也会对该病产生影响。

**【临床症状】** 该病急性病例常突然发生，未经治疗即死亡。犊牛一般于3~7周龄发病，常表现为白肌病。病初精神沉郁，食欲下降，身体僵直，接着伴随腹泻、四肢麻痹，随着病情的发展，病牛日渐消瘦，无力吃奶，呼吸加快，如抢救不及时，很容易引发肺水肿和心脏衰弱而死亡。母牛产后胎衣不下也与妊娠期间缺硒有关。病死牛心肌剖检，可见心肌群呈变性型白色条纹。

**【防治措施】** 日常应加强牛群饲养管理，合理搭配营养。低硒区饲养的牛群要及时补硒，购自低硒区生产的饲料也应及时调节饲料的硒含量。临床上常选用硒饲料添加剂来平衡营养。常见的豆科牧草和谷类作物中有较高含量的维生素E，在哺乳期饲喂高含量维生素E饲料，可对产奶量有很好的提高。对于发病牛，可采取以下治疗措施：

1）肌内注射0.1%亚硒酸钠溶液5~20毫升，间隔两周后重复用药一次。

2）补硒的同时，肌内注射100毫克维生素E和0.1~0.2毫克维生素$B_1$，每天1次，连用3天，会起到很好的调节效果。

3）对于呼吸症状比较明显的病牛，可肌内注射3%盐酸麻黄素注射液5~10毫升，病程加重者，可辅以注射0.1~0.5克的安钠咖。

4）可以将亚硒酸钠通过饮水或拌入饲料进行饲喂，疗效均较显著。

5）中药疗法：取党参、黄芪各45克，麦芽、侧柏叶、牛蒡子、苍术各20克，当归10克，研为细末，取开水冲调，一次性灌服。

**【注意】** 临床鉴别诊断时，应与其他严重影响正常生长发育的疾病加以区分。硒的补充要严格控制剂量，一般只需要一天补充一次。

# 第十五章 肉牛常见的中毒病

## 一 硝酸盐及亚硝酸盐中毒

硝酸盐及亚硝酸盐中毒是指牛通过采食富含硝酸盐及亚硝酸盐的饲料而引起血液中血红蛋白转变为高铁血红蛋白的一种中毒性疾病。临床上常表现为呼吸困难、可视黏膜发绀等缺氧性综合征。

【病因】硝酸盐通常不产生中毒症状，但通过牛瘤胃内细菌的还原，可转变为有强毒性的亚硝酸盐，亚硝酸盐与血液中的血红蛋白结合，转变为丧失携氧能力的高铁血红蛋白，从而导致组织缺氧。日常生产中，通常将牛粪尿施做肥用，这会导致土壤中硝酸盐的含量增加，生长在土壤里的饲草或饲料均含较多的硝酸盐，当这些草料储存或调制不当并被牛采食后，常会因亚硝酸盐过多而引发中毒。

【临床症状】该病常发生于牛采食高含量亚硝酸盐饲草的1~4小时，因牛的采食量和自身健康状况不同而表现出病情不同的临床症状。急性病例表现为烦躁不安、呼吸困难、肌肉震颤等，继而因呼吸高度困难而死亡；慢性病例的牛表现为精神萎靡、食欲下降、心跳加快，触诊耳、鼻及四肢发凉，后期表现为眼结膜发绀、腹痛呻吟、喜卧无力等症状。

【防治措施】日常生产中，对于青绿多汁的饲料要摊开存放，避免堆放发酵，特别是炎热天气更应加强饲草的管理。严禁饲喂发霉腐烂的青绿饲料，准确把握青草的饲喂量，搭配其他干草饲喂。对于发病牛群，可采取以下综合防治措施进行治疗：

1）选取1%亚甲蓝液（取亚甲蓝1克，溶于100毫升5%葡萄

糖溶液或生理盐水中)，按照每千克体重 10 毫克的量进行静脉注射。

2）5% 甲苯胺蓝，按照每千克体重 5 毫克的量进行静脉或肌内注射，其疗效较亚甲蓝液更快。

3）为保护内脏及增强心肌的收缩力，可静脉注射 5% 维生素 C 50～100 毫升和 50% 葡萄糖溶液 500 毫升。

4）因缺氧出现休克症状时，可直接吸氧或肌内注射尼可刹米 20 毫升进行急救。

> ⚠【注意】 对于接近收割的青绿饲料，严禁再喷洒硝酸盐类化肥和农药，改善青绿饲料的堆放过程。治疗时，严格控制亚甲蓝液的浓度与剂量，低浓度亚甲蓝液可充分发挥还原作用，将高铁血红蛋白转为低铁血红蛋白，而高浓度亚甲蓝液会起相反的作用，将氧合血红蛋白转为变性蛋白，加重病情。

## 二 尿素中毒

尿素中毒是指尿素的饲喂方法不当或采食量过多而引起牛的中毒性疾病。病牛常表现为呼吸困难、兴奋不安及消化功能紊乱等临床症状。

【病因】尿素成本比较低，在日常生产中，常作为蛋白质类饲料添加剂，当饲喂量过大或饲喂方法不当时，会在牛体内产生大量的氨，在瘤胃微生物不能及时加以利用的情况下，很容易流经血液及内脏器官，血氨浓度急剧升高，导致神经系统受损而引发氨中毒。一些含氮量高的非蛋白氮化合物，如硫酸铵、硝酸铵等，牛误食后也会引发氨中毒。

【临床症状】病牛常在采食后一个小时内发作，病初烦躁不安、呼吸急促、体温升高、食欲下降、口鼻有泡沫，呼气有氨臭味，随着病情的发展，病牛瞳孔扩大、卧地不起、后肢麻痹，病症严重者常会于数小时内死亡。

【防治措施】应做好尿素日常的储存与使用工作，防止误食或饲养方法不当。对于发病牛，采取的原则是抑制瘤胃内酶的活力，阻止尿素分解，中和体内的氨。

1）选用醋酸液 2～3 升，补加糖分 500 克，一并灌服。

2）静脉注射 10% 硫代硫酸钠溶液 100～150 毫升进行解毒。

3）根据临床表现，适当地静脉注射高渗葡萄糖溶液、10%葡萄糖酸钙溶液等，或者灌服水合氯醛，从而抑制痉挛。

> ⚠【注意】该病发病急，病情重，常常因来不及抢救而导致牛的死亡。在日常生产中，要加强牛场的饲养管理，从源头杜绝该病的发生。

## 三 棉籽饼中毒

牛棉籽饼中毒通常是指长期过量饲喂棉酚含量高的棉籽饼而引发的中毒性疾病。棉酚是棉籽饼内的有毒物质，常会引起牛呼吸困难、酸中毒、肝炎、胃肠炎等临床症状。犊牛较成年牛对棉酚的易感性更强。

**【病因】**棉酚作为棉籽饼的主要有毒成分，被消化道吸收后很容易引起牛的胃肠炎；犊牛由于瘤胃功能尚未发育完全，对棉酚易感性强；当饲料营养不均衡，维生素A不足时，会提高牛体对棉酚的敏感性。

**【临床症状】**根据牛对棉酚的中毒程度，表现出相应的临床症状。急性病例主要以瘤胃积食为主，初期病牛食欲不振，可视黏膜发绀，肌肉发颤，后期表现为严重的胃肠炎，腹泻脱水，消瘦严重，如不及时治疗，很容易引起死亡；慢性病例通常表现为维生素A缺乏的症状，牛体采食量下降，呼吸不畅，日渐消瘦，继发增生性肝炎，引发尿石症及夜盲症等。

**【防治措施】**注意日常的营养搭配，根据牛的体况及品种调节好棉籽饼的饲喂量，增加饲料的多样化，避免单一化，注意维生素及钙质的补充。

对于有临床症状的病牛，立即停喂加有棉籽饼的饲料，灌服0.1%高锰酸钾溶液500~2000毫升或硫酸镁500~1500克；静脉注射10%安钠咖10~20毫升和50%葡萄糖溶液1000~2000毫升，均对中毒症状起到很好的缓解作用。

> ⚠【注意】棉籽饼中毒应与维生素A缺乏、前胃迟缓等其他疾病进行区别诊断。日粮搭配过程中，一定要调节好棉籽饼的饲喂量。根据病情的严重程度，制订相应的治疗方案，对症治疗。

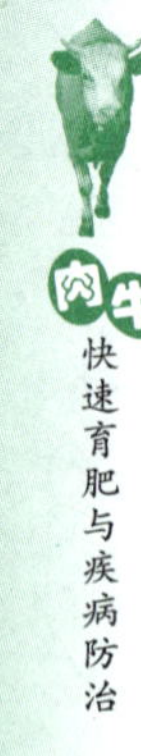



## 四 有机磷农药中毒

有机磷农药中毒通常是由于牛采食喷有有机磷农药的青绿饲草或体表驱虫导致用药过量或过敏而产生的一种中毒性疾病。病牛通常表现为流涎、腹泻等症状。有机磷农药在农业生产中是一种常见的杀虫药，对牛体表的蚊、蝇等吸血性昆虫也有很好的驱杀作用，使用不当或过量，很容易污染水源及周边环境，可通过牛的消化道、皮肤等途径进入体内而引发中毒。

**【临床症状】** 牛中度中毒常表现为精神不振、食欲下降、呼吸加快、兴奋乱撞，口鼻流涎并夹杂有泡沫，后期日渐消瘦，腹泻严重，拉混有血丝的恶臭粪便。有机磷通过血液循环散布于全身各处，当重度中毒时，可引发牛体肌肉震颤、心跳加快、呼吸困难，后期全身肌肉僵直，往往因心血管中枢衰竭或呼吸麻痹而死亡。

**【防治措施】** 规范有机磷农药的使用管理制度，严禁饲喂农药污染过的饲料或清水，按照规定剂量使用牛体杀虫剂。对于临床症状比较明显的牛，首先选用阿托品和解磷定进行解毒，再辅以其他方法进行对症治疗。

1）皮下或肌内注射1%阿托品2～5毫升，间隔1～2小时重复用药，直至症状减轻。

2）病症严重者可配合解磷定使用，按照每千克体重10～50毫克量，将解磷定稀释为2%～5%溶液，静脉缓慢注射。

3）当病牛表现出呼吸困难时，肌内注射25%尼可刹米5～15毫升，效果明显。

4）中药疗法：黄芪、大黄各200克，白芍、甘草、防风、麻仁各100克，芒硝50克，加水煎服；滑石、甘草各200克，绿豆150克，明矾100克，研为细末，取开水冲调，一次灌服。

> **【注意】** 妊娠母牛尽量避免使用阿托品，该药是一种抗胆碱药物，可加快胎牛的心跳速度，并且犊牛对该药物的毒性反应比较敏感。当病牛临床症状减轻或消失时，应立即停止使用该药。

## 五 霉变饲料中毒

日常生产中，经常会遇到牛因采食霉变的饲料而发病。特别是规模化养殖场，由于存栏量大，相对来说饲料的储存量也大，往往由于管理、环境等原因导致部分饲料发霉变质。病牛常表现出胃肠炎、流产及神经性症状等。饲料发生霉变由霉变真菌引起，常见的霉变毒素是黄曲霉毒素，玉米、棉籽饼、豆粕等作物常受到该毒素的污染而霉变。

**【临床症状】**通常根据牛采食霉变饲料的量及时间而表现出不同程度的临床症状，一般多呈慢性经过。发病初期表现为精神不振、视力减弱、食欲下降、反刍减弱。犊牛常产生神经症状，步态不稳，肌肉震颤；母牛感染引发阴道炎，常因严重脱水而导致流产。后期表现为急性胃肠炎，严重腹泻，拉血样腥臭粪便。随着病程延长，病牛四肢及胸部出现水肿，严重者可导致死亡。

**【防治措施】**针对该病首先要加强日常对饲料的管理力度，防止霉变发生，饲料存放要通风干燥；定期检查仓库储存的饲料，及时处理霉变饲料，严禁喂牛。当发现有临床症状时，应立即停喂现有饲料并进行详细检查，更换新鲜饲料，并选取相应的药物对症治疗：

1）选用硫酸镁、硫酸钠或液状石蜡直接加水灌服，病情严重者，静脉注射10%安钠咖10～20毫升和10%葡萄糖溶液1000～2000毫升，辅以注射维生素C溶液，均会获得很好的疗效。

2）当病牛精神极度萎靡时，可肌内注射25%尼可刹米10～30毫升或10%樟脑磺酸钠注射液20～30毫升。

3）当病牛水肿较明显时，可静脉注射20%甘露醇200～500毫升。

4）中药疗法：甘草、防风各50克，绿豆400克，白糖200克，研为细末，开水冲调，一并灌服；绿豆500克，食盐20克，加足量水熬汤，分多次灌服，每天2次，连用1～3天。

## 六 甘薯黑斑病中毒

牛甘薯黑斑病中毒又称作牛霉烂甘薯中毒、牛喘病等，通常是由于牛采食发霉腐烂的甘薯而引发的中毒性疾病。甘薯收获时，若表皮发生破损，再加上储存不当等原因，会导致黑斑病的致病真菌入侵，导致甘薯发黑腐烂，当牛采食发霉腐烂的甘薯后，常会导致

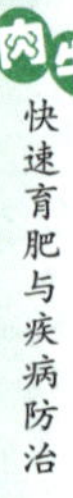



呼吸困难、皮下气肿等中毒症状。

**【临床症状】**该病常突然发生，发病初期病牛精神不振，食欲下降，反刍减弱或停止，心跳加快，口鼻流涎，部分肌肉发生阵颤，粪便干硬。随着病情的发展，病牛呼吸急促，气喘严重，呈拉风箱状，可视黏膜发绀。听诊肺部有啰音，叩诊胸部呈鼓音，头、颈及背部皮下气肿，触诊有捻发音。当病情加重，病牛运步不稳，常因肺部急剧缺氧而窒息死亡。

**【防治措施】**针对该病，重在加强日常的饲养管理。对于发病牛，应坚持排毒解毒、保肝强心、改善呼吸困难的防治原则，主要治疗措施如下：

1）灌服大剂量的0.1%高锰酸钾溶液进行洗胃，取人工盐100～200克、硫酸镁200～1000克，配制成10%溶液，一并灌服，加速毒物排出。

2）静脉注射10%安钠咖20毫升、5%葡萄糖生理盐水2000～5000毫升、25%葡萄糖溶液1000～3000毫升，改善呼吸症状。

3）呼吸严重困难者可采取静脉放血，再补加安钠咖和葡萄糖溶液。

4）静脉注射10%硫代硫酸钠100～300毫升或5%碳酸氢钠200～500毫升，可起到很好的缓冲调节作用。

5）中药疗法：白矾、白芷、贝母、郁金、黄连、大黄、龙胆、甘草各30克，加水煎服；绿豆500克，甘草、白糖100克，加水熬汤，一次灌服，每天2次，连用1～3天；生萝卜4000克，榨汁，加白糖500克，分多次灌服，每天3次。

> **【注意】** 加强对甘薯的储存保管力度，收获时挑选出破损发病的甘薯，严禁将染有黑斑病的甘薯喂牛。一旦出现临床症状，应立即停止饲喂，更换优质饲料。

# 附　　录

## 附录 A　肉牛饲养标准（NY/T 815—2004）

### 一　使用指标及其计算方法

《肉牛饲养标准》使用日干物质进食量、总能、消化能、净能、肉牛能量单位、小肠可消化粗蛋白质、饲料瘤胃非降解蛋白质、饲料瘤胃降解蛋白质、瘤胃有效降解粗蛋白质、饲料瘤胃微生物蛋白质等术语和指标，具体规定和计算简述如下：

#### 1. 日干物质进食量（DMI）

日干物质进食量是指动物 24 小时内对所给饲料干物质的进食量，单位为“千克/天”。

#### 2. 能量指标计算

**（1）总能**（GE）　饲料总能为单位（千克）饲料在测热仪中完全氧化燃烧后所产生的热量。

$$GE = 239.5 \times CP + 397.5 \times EE + 200.4 \times CF + 168.6 \times NFE$$

式中，CE 为饲料总能，单位为千焦/千克；CP、EE、CF、NFE 分别为饲料中粗蛋白质含量、粗脂肪含量、粗纤维含量、无氮浸出物含量，以百分数（%）表示。

**（2）消化能**（DE）　消化能为饲料总能扣除粪能损失后的差值。

$$DE = GE \times 能量消化率$$

$$能量消化率 = 91.6694 - 91.3359 \times ADF-OM$$

$$能量消化率 = 94.2808 - 61.5370 \times NDF-OM$$

式中，DE、GE 分别为饲料消化能、总能，单位为千焦/千克；ADF-OM、NDF-OM 分别为饲料有机物中酸性洗涤纤维含量、中性洗涤纤维含量，以百分数（%）表示。

**（3）净能**（NE）　饲料净能为从动物食入饲料消化能中扣除尿能和被进食饲料在体内消化代谢过程中的体增热（HI）后的能量，

也就是进食饲料能量在体内的沉积量。主要包括：

1）维持净能（NEm）。维持净能是根据饲料消化能乘以饲料消化能转化为维持净能的效率（$Km$）计算得到的，计算公式为

$$NEm = DE \times Km$$

$$Km = 0.187 \times (DE/GE) + 0.4579$$

式中，NEm、DE、GE 分别为饲料维持净能、饲料消化能、总能，单位为千焦/千克；$Km$ 为饲料消化能转化为维持净能的效率。

2）增重净能（NEg）。增重净能是根据饲料消化能乘以饲料消化能转化为增重净能的效率（$Kf$）计算得到的，计算公式为

$$NEg = DE \times Kf$$

$$Kf = 0.523 \times (DE/GE) + 0.00589$$

式中，NEg、DE、GE 分别为饲料增重净能、饲料消化能、总能，单位为千焦/千克；$Kf$ 为饲料消化能转化为增重净能的效率。

3）综合净能（NEmf）。综合净能是根据饲料消化能乘以饲料消化能转化为净能的综合效率（$Kmf$）计算得到的，计算公式为

$$NEmf = DE \times Kmf$$

$$Kmf = Km \times Kf \times 1.5/(Kf + 0.5 \times Km)$$

式中，NEmf、DE 分别为饲料综合净能、饲料消化能，单位为千焦/千克；$Kmf$、$Km$、$Kf$ 分别为饲料消化能转化为净能的综合效率、饲料消化能转化为维持净能的效率、饲料消化能转化为增重净能的效率；1.5 为饲养水平数值。

4）肉牛能量单位（RND）。国内肉牛饲养标准中采用相当于 1 千克中等玉米（二级饲料用玉米，干物质 88.5%、粗蛋白质 8.6%、粗纤维 2%、粗灰分 1.4%、消化能 16.4 兆焦/千克，$Kmf$ = 0.5573、$Km$ = 0.6214、$Kf$ = 0.4619，NEmf = 9.13 兆焦/千克）所含的综合净能值 8.08 兆焦为一个“肉牛能量单位”（RND）。

### 3. 蛋白质指标计算

**（1）小肠可消化粗蛋白质**（IDCP） 小肠可消化粗蛋白质是指进入到反刍家畜小肠消化道并在小肠中被消化的粗蛋白质，由饲料瘤胃非降解蛋白质（UDP）、瘤胃微生物蛋白质（MCP）及小肠内源性粗蛋白质组成，单位为克。在具体测算中，小肠内源性粗蛋白质

可忽略不计。计算公式为

$$IDCP = UDP \times Idgl + MCP \times 0.7$$

式中，IDCP 是小肠可消化粗蛋白质，单位为克；UDP 为饲料瘤胃非降解蛋白质，单位为克；MCP 是在瘤胃内微生物产生的粗蛋白质的量，单位为克；*Idgl* 是饲料瘤胃非降解蛋白质在小肠中的消化率；0.7 是瘤胃微生物蛋白质在小肠中的消化率。

国内对精饲料 *Idgl* 建议取0.65，对青粗饲料建议取0.6，对秸秆建议取0。

在计算日粮总小肠可消化粗蛋白质供给量时，瘤胃微生物蛋白质参与计算的数值取用 MN/RDN 估测的 MCP（用 MCPp 表示）和用 MCP/FOM 估测的 MCP（用 MCPf 表示）中最小的一个值。

**（2）瘤胃有效降解粗蛋白质**（ERDP） 瘤胃有效降解粗蛋白质是指饲料粗蛋白质在瘤胃中被降解的部分，单位为克。计算公式为

$$dg_t = a + b \times (1 - e^{-ct})$$

$$RDP = CP \times [a + b \times c/(c + kp)]$$

式中，$dg_t$ 为饲料粗蛋白质在瘤胃 $t$ 时间点的动态降解率，以百分数（%）表示；$a$ 为可迅速降解的可溶性粗蛋白质或非蛋白氮部分，以百分数（%）表示；$b$ 为具有一定降解速率的非可溶性可降解粗蛋白质部分，以百分数（%）表示；$c$ 为 $b$ 的单位小时降解速率；CP 为饲料粗蛋白质，单位为克；$kp$ 为瘤胃食糜向后段消化道外流速度，$kp = -0.024 + 0.179 \times (-e^{-0.287L})$，其中 $L$ 为饲养水平。

附录

**（3）饲料瘤胃微生物蛋白质**（MCP） 饲料瘤胃微生物蛋白质是指饲料在瘤胃发酵所产生的并进入小肠的微生物粗蛋白质。计算公式为

$$MCP = RDP \times MN - RDN$$

$$MN - RDN = 3.6259 - 0.8457 \times \ln RDN - FOM$$

式中，MCP 为饲料瘤胃微生物蛋白质，单位为克；RDP 为瘤胃降解粗蛋白质，单位为克；MN－RDN 为饲料瘤胃降解氮转化为微生物氮的效率；RDN－FOM 为千克饲料瘤胃可发酵有机物中饲料瘤胃降解氮的含量，单位为克/千克。

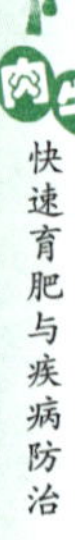



为方便计算，对单个饲料建议 MN－RDN 取中间值 0.9，RDN－FOM 取 136。

## 二 肉牛干物质进食量和营养需要量计算

### 1. 干物质采食量

**（1）生长育肥牛干物质采食量** 根据国内试验资料总结，日粮能量浓度在 8.37～10.46 兆焦/千克 DM 时，干物质采食量的参考计算公式为

$$DMI = 0.062 \times LBW^{0.75} + (1.529 + 0.0037 \times LBW) \times ADG$$

式中，DMI 为干物质采食量，单位为千克/天；LBW 为活重，单位为千克；ADG 为平均日增重，单位为千克/天。

**（2）妊娠母牛干物质采食量** 根据国内试验结果，妊娠母牛干物质采食量的参考计算公式为

$$DMI = 0.062 \times LBW^{0.75} + (0.79 + 0.05587 \times t)$$

式中，DMI 为干物质采食量，单位为千克/天；LBW 为活重，单位为千克；$t$ 为妊娠天数。

**（3）泌乳母牛干物质采食量** 根据国内试验资料总结，干物质采食量的参考计算公式为

$$DMI = 0.062 \times LBW^{0.75} + 0.45 \times FCM$$

$$FCM = 0.4 \times M + 15 \times MF$$

式中，DMI 为干物质采食量，单位为千克/天；LBW 为活重，单位为千克；FCM 为 4% 乳脂率的标准乳量，单位为千克；M 为每天产奶量，单位为千克/天；MF 为乳中脂肪含量，单位为千克。

### 2. 净能需要量

**（1）生长育肥牛净能需要量**

1）维持净能需要量。根据国内试验的平均结果，生长育肥牛在舍饲条件下维持净能的参考计算公式为

$$NEm = 322 \times LBW^{0.75}$$

式中，NEm 为维持净能，单位为千焦/天；LBW 为活重，单位为千克。

NEm 数值适合在中间温度、舍饲、有轻微活动和无应激的环境条件下应用。当气温低于 12℃时，每降低 1℃，应维持能量需要增

加1%。

2）增重净能需要量。生长育肥牛的能量沉积就是增重净能，计算公式为

$$NEg = (2092 + 25.1 \times LBW) \times ADG/(1 - 0.3 \times ADG)$$

式中，NEg为增重净能，单位为千焦/天；LBW为活重，单位为千克；ADG为平均日增重，单位为千克/天。

3）综合净能需要量。生长育肥牛的综合净能需要量的计算公式为

$$NEmf = [322 \times LBW^{0.75} + (2092 + 25.1 \times LBW) \times ADG/(1 - 0.3 \times ADG)] \times F$$

式中，NEmf为综合净能，单位是千焦/天；LBW为活重，单位为千克；ADG为平均日增重，单位为千克/天；$F$为综合净能校正系数。

**（2）生长母牛净能需要量**

1）维持净能需要量。计算公式同生长育肥牛维持净能需要量计算公式。

2）增重净能需要量。生长母牛的增重净能按照生长育肥牛增重净能的110%计算，计算公式为

$$NEg = 110\% \times (2092 + 25.1 \times LBW) \times ADG/(1 - 0.3 \times ADG)$$

式中，NEg为增重净能，单位为千焦/天；LBW为活重，单位为千克；ADG为平均日增重，单位为千克/天。

3）综合净能需要量。生长母牛的综合净能需要量，用下面公式计算：

$$NEmf = [322 \times LBW^{0.75} + 110\% \times (2092 + 25.1 \times LBW) \times ADG/(1 - 0.3 \times ADG)] \times F$$

式中，NEmf为综合净能，单位为兆焦/天；LBW为活重，单位为千克；ADG为平均日增重，单位为千克/天；$F$为综合净能校正系数。

**（3）妊娠母牛净能需要量**

1）维持净能需要量。计算公式同生长育肥牛维持净能需要量计算公式。

2）妊娠净能需要量。母牛的妊娠净能校正为维持净能的计算公式为

$$NEe = Gw \times (0.19769 \times t - 11.76122)$$

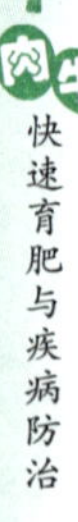


式中，NEe 为妊娠净能需要量，单位为兆焦/天；$t$ 为妊娠天数；Gw 为胎日增重，单位为千克/天。

不同妊娠天数、不同体重母牛的胎日增重计算公式为

$$Gw = 0.00879 \times t - 0.8545 \times (0.1439 + 0.0003558 \times LBW)$$

式中，LBW 为活重，单位为千克。

3）综合净能需要量。妊娠综合净能需要量计算公式为

$$NEmf = (NEm + NEe) \times 0.82$$

式中，NEmf 为妊娠综合净能需要量，单位为兆焦/天；NEm 为维持净能需要量，单位是兆焦/天；NEe 为妊娠净能需要量，单位为兆焦/天。

**（4）泌乳母牛净能需要量**

1）维持净能需要量。计算公式同生长育肥牛维持净能需要量计算公式。

2）泌乳净能需要量：泌乳净能需要量的计算公式为

$$NEL = M \times 3.138 \times FCM$$

式中，NEL 为泌乳净能需要量，单位为千焦/天；M 为每日产奶量，单位为千克/天；FCM 表示4%乳脂率的标准乳量

3）泌乳综合净能需要量。泌乳综合净能需要量的计算公式为

$$NEmf = (NEm + NEL) \times 校正系数$$

式中，NEmf 为泌乳综合净能需要量，单位为千焦/天；NEm 是维持净能需要量，单位为千焦/天；NEL 为泌乳净能需要量，单位为千焦/天。

### 3. 肉牛蛋白质需要量

**（1）小肠可消化粗蛋白质总需要量**　小肠可消化粗蛋白质需要量等于用于维持、增重、妊娠、泌乳的小肠可消化粗蛋白质的总和。

1）维持小肠可消化粗蛋白质需要量（IDCPm）。根据国内试验结果，建议肉牛维持的粗蛋白质需要量为 $5.43LBW^{0.75}$。肉牛小肠可消化粗蛋白质需要量的计算公式为

$$IDCPm = 3.69 \times LBW^{0.75}$$

式中，IDCPm 为维持小肠可消化粗蛋白质需要量，单位为千克/天；LBW 为活重，单位为千克。

2）增重小肠可消化粗蛋白质需要量（IDCPg）。肉牛增重的净

蛋白质需要量为动物体组织中每天蛋白质的沉积量，它是根据单位千克增重中蛋白质含量和每天活增重计算得到的。增重蛋白质沉积量也随着动物活重、生长阶段、性别、增重率变化而变化。以肉牛育肥上市期望体重500千克、体脂肪含量为27%作为参考，肉牛增重的小肠可消化粗蛋白需要量的计算公式为

$$NPg = ADG \times [268 - 7.026 \times (NEg/ADG)]$$

当LBW≤330时，

$$IDCPg = NPg/(0.834 - 0.0009 \times LBW)$$

当LBW>330时，

$$IDCPg = NPg/0.492$$

式中，NPg为净蛋白质需要量，单位为克/天；IDCPg为增重小肠可消化粗蛋白需要量，单位为克/天；LBW为活重，单位为千克；ADG为平均日增重，单位为千克/天；NEg为增重净能，单位为兆焦/天；0.429为增重小肠可消化粗蛋白质转化为增重净蛋白质的效率。

3）妊娠小肠可消化粗蛋白质需要量（IDCPc）。小肠可消化粗蛋白质用于妊娠肉用母牛胎儿发育的净蛋白质需要量用NPc表示，具体根据犊牛出生重量（CBW）和妊娠天数计算。其模型建立数据以海福特青年母牛妊娠子宫和胎儿测定结果为基础（Ferrell等，1967），计算公式为

$$NPc = 6.25 \times CBW \times [0.001669 - (0.00000211 \times t)] \times e^{(0.0278 - 0.0000176 \times t)t}$$

$$IDCPc = NPc/0.65$$

式中，NPc为妊娠净蛋白质需要量，单位为克/天；$t$为妊娠天数；IDCPc是妊娠小肠可消化粗蛋白质需要量，单位为克/日；0.65为妊娠小肠可消化粗蛋白质转化为妊娠净蛋白质的效率；CBW是犊牛出生重量，单位为千克。

$$CBW = 15.201 + 0.0376 \times LBW$$

式中，LBW为妊娠母牛活重，单位为千克。

4）泌乳小肠可消化粗蛋白质需要量（IDCPl）。泌乳小肠可消化粗蛋白质需要量根据牛奶中的蛋白质含量实测值计算。如粗蛋白质用于乳蛋白质的平均效率为0.6，小肠可消化粗蛋白质用于乳蛋白合成的效率为0.7，计算公式为

$$IDCPl = X/0.7$$

式中，$X$ 为每日乳蛋白质产量，单位为克/天；0.7 为小肠可消化粗蛋白质转化为产奶净蛋白质的效率。

**（2）肉牛小肠可吸收氨基酸需要量**

1）小肠理想的氨基酸模式。根据国内消化代谢试验结果，肉牛小肠理想的氨基酸模式见表 A-1。

**表 A-1 小肠可消化粗蛋白质中各种必需氨基酸的理想模式**

| 氨基酸 | 体蛋白质/(克/100 克 IDCP) | 理想模式（%） |
| --- | --- | --- |
| 赖氨酸 | 6.4 | 100 |
| 甲硫氨酸 | 2.2 | 34 |
| 精氨酸 | 3.3 | 52 |
| 组氨酸 | 2.5 | 39 |
| 亮氨酸 | 6.7 | 105 |
| 异亮氨酸 | 2.8 | 44 |
| 苯丙氨酸 | 3.5 | 55 |
| 苏氨酸 | 3.9 | 61 |
| 缬氨酸 | 4.0 | 63 |

2）小肠可吸收赖氨酸和甲硫氨酸维持需要量。根据国内消化代谢试验研究结果，在饲喂氮化稻草—玉米—棉粕型日粮条件下，生产阉牛维持的小肠表观可吸收赖氨酸和甲硫氨酸需要量分别是 0.1127 克/千克 $W^{0.75}$ 和 0.0384 克/千克 $W^{0.75}$。

## 4. 肉牛维生素的需要量

**（1）维生素 A 需要量** 肉用牛维生素 A 需要量按照每千克饲粮干物质含量计算：生长育肥牛为 2200 国际单位，相当于 5.5 毫克 β-胡萝卜素；妊娠母牛为 2800 国际单位，相当于 7 毫克 β-胡萝卜素；泌乳母牛为 3900 国际单位，相当于 9.75 毫克 β-胡萝卜素。1 毫克β-胡萝卜素相当于 400 国际单位维生素 A。

**（2）维生素 D 需要量** 肉用牛维生素 D 需要量为每千克日粮干物质 275 国际单位。1 国际单位维生素 D 的效价相当于 0.025 微克胆钙化醇。

**（3）维生素 E 需要量**　肉牛维生素 E 适宜需要量：幼龄犊牛需要量为 15～60 国际单位/千克日粮干物质；生长育肥阉牛最适合的需要量为日粮中添加 50～100 国际单位维生素 E。

## 附录 B　常见计量单位名称与符号对照表

| 量的名称 | 单位名称 | 单位符号 |
| --- | --- | --- |
| 长度 | 千米 | km |
| | 米 | m |
| | 厘米 | cm |
| | 毫米 | mm |
| 面积 | 平方千米（平方公里） | $km^2$ |
| | 平方米 | $m^2$ |
| 体积 | 立方米 | $m^3$ |
| | 升 | L |
| | 毫升 | mL |
| 质量 | 吨 | t |
| | 千克（公斤） | kg |
| | 克 | g |
| | 毫克 | mg |
| 物质的量 | 摩尔 | mol |
| 时间 | 小时 | h |
| | 分 | min |
| | 秒 | s |
| 温度 | 摄氏度 | ℃ |
| 平面角 | 度 | （°） |
| 能量，热量 | 兆焦 | MJ |
| | 千焦 | kJ |
| | 焦［耳］ | J |
| 功率 | 瓦［特］ | W |
| | 千瓦［特］ | kW |
| 电压 | 伏［特］ | V |
| 压力，压强 | 帕［斯卡］ | Pa |
| 电流 | 安［培］ | A |

# 参考文献


[1] 蔡宝祥. 家畜传染病学 [M]. 北京：中国农业出版社，1997.

[2] 陈丽，李长青，田书玲. 动物疾病治疗过程中常用药物配伍禁忌 [J]. 现代农村科技，2009 (14)：30.

[3] 陈喜斌. 饲料学 [M]. 北京：科学出版社，2003.

[4] 陈幼春. 西门塔尔牛的中国化 [M]. 北京：中国农业科学技术出版社，2007.

[5] 崔保安. 牛病防治 [M]. 郑州：中原农民出版社，2008.

[6] 崔中林，张彦明. 现代实用动物疾病防治大全 [M]. 北京：中国农业出版社，2001.

[7] 邓江玲. 高产西门塔尔牛分析 [J]. 中国奶牛，2001 (2)：34-35.

[8] 邓宗平. 动物中毒病学 [M]. 北京：中国农业出版社，2006.

[9] 丁山河，陈红颂. 湖北省家畜家禽品种志 [M]. 武汉：湖北科学技术出版社，2004.

[10] 董宽虎，沈益新. 饲草生产学 [M]. 北京：中国农业出版社，2002.

[11] 杜玛，江明锋. 中甸、九龙牦牛在体型和体态结构方面的调查比较 [J]. 四川畜牧兽医，2007 (7)：38-39.

[12] 付世新. 兽医产科学 [M]. 长春：吉林人民出版社，2008.

[13] 郭爱珍，陈焕春. 牛结核病流行特点及防控措施 [J]. 中国奶牛，2010 (11)：38.

[14] 郭定宗. 兽医内科学 [M]. 北京：高等教育出版社，2005.

[15] 金双勇，张国昌. 中国夏洛莱牛快速育肥性能测定报告 [J]. 现代畜牧兽医，2007 (11)：14-15.

[16] 赖以斌，黄峰岩. 江西畜禽品种资源志 [M]. 南昌：江西科学技术出版社，2001.

[17] 兰俊宝，王中华. 牛的生产与经营 [M]. 北京：高等教育出版社，2010.

[18] 李建国，等. 肉牛标准化生产技术 [M]. 北京：中国农业大学出版社，2003.

[19] 李英，桑润滋. 现代化肉牛产业化生产 [M]. 石家庄：河北科学技术出版社，2000.

[20] 刘继军，贾永泉. 畜牧场规划设计 [M]. 北京：中国农业出版社，2008.

[21] 陆承平．兽医微生物学［M］．3 版．北京：中国农业出版社，2001.
[22] 冀一伦．实用养牛科学［M］．北京：中国农业出版社，2001.
[23] 蒋洪茂．肉牛高效育肥饲养与管理技术［M］．北京：中国农业出版社，2003.
[24] 蒋金书．动物原虫病学［M］．北京：中国农业出版社，2000.
[25] 蒋振山．糖蜜在反刍动物饲料中的应用［J］．饲料工业，2001，22（5）：46.
[26] 毛永江，常洪，杨章平，等．青海高原牦牛遗传多样性研究［J］．家畜生态学报，2008，29（1）：25-30.
[27] 帅丽芳，等．微生态制剂对反刍动物消化系统的调控作用［J］．中国饲料，2002，9：16-17.
[28] 宋光明，常洪，毛永江，等．闽南牛遗传多样性及其系统地位的研究［J］．中国牛业科学，2006，32（5）：1-6.
[29] 孙维斌．国外引进的肉牛品种简介［J］．黄牛杂志，2002，28（3）：65-66.
[30] 王栋，朱华彬．关于皮埃蒙特肉牛引进及中国肉牛育肥的几点思考［J］．中国畜牧杂志，2007，43（13）：32-35.
[31] 王成章，王恬．饲料学［M］．北京：中国农业出版社，2002.
[32] 王建华．家畜内科学（动物医学专业专用）［M］．3 版．北京：中国农业出版社，2007.
[33] 王建钦，等．种公牛的日量配合与饲料管理技术［J］．黄牛杂志，2003，3：73.
[34] 王哲．兽医手册［M］．北京：科学出版社，2001.
[35] 汪明．兽医寄生虫学［M］．北京：中国农业出版社，2003.
[36] 魏彦明．犊牛疾病防治［M］．北京：金盾出版社，2005.
[37] 许尚忠，马云，李武峰．西门塔尔牛养殖技术与杂交利用［M］．北京：金盾出版社，2005.
[38] 许尚忠，等．肉牛高效生产实用技术［M］．北京：中国农业出版社，2002.
[39] 颜培实，李汝治．家畜环境卫生学［M］.4 版．北京：高等教育出版社，2011.
[40] 杨晓冰，陈宏，滑留帅．利木赞牛与中国西部 2 个黄牛群体杂交效果分析［J］．西北农业学报，2007，16（4）：55-58.
[41] 杨效民．我国牛胚胎工程技术研究与应用进展［J］．黄牛杂志，2003，

2：40.

[42] 宣长和．动物疾病诊断与防治彩色图谱［M］．北京：中国科学技术出版社，2006.

[43] 赵德明．养牛与牛病防治［M］．北京：中国农业大学出版社，2004.

[44] 赵西莲，等．如何生产无公害牛肉［J］．黄牛杂志，2003，6：52.

[45] 赵兴绪．兽医产科学［M］．北京：中国农业出版社，2006.

[46] 张元凯．临床兽医学［M］．北京：中国农业出版社，1997.

[47] 周元军，等．架子牛的快速育肥［J］．黄牛杂志，2003，4：61.

[48] 朱延旭．优质肉牛育肥技术［J］．辽宁畜牧兽医，2002，1：6-7.

[49] 尹忠民，赵仕峰，陈平，等．美系肉用无角短角牛引种、繁育及改良本地牛效果调查研究［J］．中国畜牧杂志，2007，43（1）：61-62.

[50] 云南省地方志编委会．云南省志　卷23　畜牧业志［M］．昆明：云南人民出版社，1999.

[51] 于庆辉．德国黄牛改良当地黄牛效果观察［J］．黑龙江动物繁殖，2003，11（4）：21.

# 书　目

| 书　名 | 定价 | 书　名 | 定价 |
|---|---|---|---|
| 高效养土鸡 | 29.80 | 高效养肉牛 | 39.80 |
| 高效养土鸡你问我答 | 29.80 | 高效养奶牛 | 22.80 |
| 果园林地生态养鸡 | 26.80 | 种草养牛 | 29.80 |
| 高效养蛋鸡 | 19.90 | 高效养淡水鱼 | 29.80 |
| 高效养优质肉鸡 | 19.90 | 高效池塘养鱼 | 29.80 |
| 果园林地生态养鸡与鸡病防治 | 20.00 | 鱼病快速诊断与防治技术 | 19.80 |
| 家庭科学养鸡与鸡病防治 | 35.00 | 鱼、泥鳅、蟹、蛙稻田综合种养一本通 | 29.80 |
| 优质鸡健康养殖技术 | 29.80 | 高效稻田养小龙虾 | 29.80 |
| 果园林地散养土鸡你问我答 | 19.80 | 高效养小龙虾 | 25.00 |
| 鸡病诊治你问我答 | 22.80 | 高效养小龙虾你问我答 | 20.00 |
| 鸡病快速诊断与防治技术 | 29.80 | 图说稻田养小龙虾关键技术 | 35.00 |
| 鸡病鉴别诊断图谱与安全用药 | 39.80 | 高效养泥鳅 | 16.80 |
| 鸡病临床诊断指南 | 39.80 | 高效养黄鳝 | 22.80 |
| 肉鸡疾病诊治彩色图谱 | 49.80 | 黄鳝高效养殖技术精解与实例 | 25.00 |
| 图说鸡病诊治 | 35.00 | 泥鳅高效养殖技术精解与实例 | 22.80 |
| 高效养鹅 | 29.80 | 高效养蟹 | 25.00 |
| 鸭鹅病快速诊断与防治技术 | 25.00 | 高效养水蛭 | 29.80 |
| 畜禽养殖污染防治新技术 | 25.00 | 高效养肉狗 | 35.00 |
| 图说高效养猪 | 39.80 | 高效养黄粉虫 | 29.80 |
| 高效养高产母猪 | 35.00 | 高效养蛇 | 29.80 |
| 高效养猪与猪病防治 | 29.80 | 高效养蜈蚣 | 16.80 |
| 快速养猪 | 35.00 | 高效养龟鳖 | 19.80 |
| 猪病快速诊断与防治技术 | 29.80 | 蝇蛆高效养殖技术精解与实例 | 15.00 |
| 猪病临床诊治彩色图谱 | 59.80 | 高效养蝇蛆你问我答 | 12.80 |
| 猪病诊治 160 问 | 25.00 | 高效养獭兔 | 25.00 |
| 猪病诊治一本通 | 25.00 | 高效养兔 | 29.80 |
| 猪场消毒防疫实用技术 | 25.00 | 兔病诊治原色图谱 | 39.80 |
| 生物发酵床养猪你问我答 | 25.00 | 高效养肉鸽 | 29.80 |
| 高效养猪你问我答 | 19.90 | 高效养蝎子 | 25.00 |
| 猪病鉴别诊断图谱与安全用药 | 39.80 | 高效养貂 | 26.80 |
| 猪病诊治你问我答 | 25.00 | 高效养貉 | 29.80 |
| 图解猪病鉴别诊断与防治 | 55.00 | 高效养豪猪 | 25.00 |
| 高效养羊 | 29.80 | 图说毛皮动物疾病诊治 | 29.80 |
| 高效养肉羊 | 35.00 | 高效养蜂 | 25.00 |
| 肉羊快速育肥与疾病防治 | 25.00 | 高效养中蜂 | 25.00 |
| 高效养肉用山羊 | 25.00 | 养蜂技术全图解 | 59.80 |
| 种草养羊 | 29.80 | 高效养蜂你问我答 | 19.90 |
| 山羊高效养殖与疾病防治 | 35.00 | 高效养山鸡 | 26.80 |
| 绒山羊高效养殖与疾病防治 | 25.00 | 高效养驴 | 29.80 |
| 羊病综合防治大全 | 35.00 | 高效养孔雀 | 29.80 |
| 羊病诊治你问我答 | 19.80 | 高效养鹿 | 35.00 |
| 羊病诊治原色图谱 | 35.00 | 高效养竹鼠 | 25.00 |
| 羊病临床诊治彩色图谱 | 59.80 | 青蛙养殖一本通 | 25.00 |
| 牛羊常见病诊治实用技术 | 29.80 | 宠物疾病鉴别诊断与防治 | 49.80 |

本书密切结合生产实际，注重科学性、实用性、系统性和先进性，重点突出，通俗易懂，全面介绍了肉牛的养殖技术。本书共分为八章，分别是肉牛的生物学特性及生长发育规律肉牛品种、杂交利用及繁殖肉牛场的建设、肉牛的饲料营养和日粮配制、肉牛饲养管理、肉牛的肥育、肉牛的疾病控制、牛场的经营管理。本书不仅适宜于肉牛场饲养管理人员和养殖户阅读，也可以作为大专院校和农村函授及培训班的辅助教材和参考书。

书号：978-7-111-48375-5

定价：29. 8

本书系统地介绍了奶牛养殖的整个过程，主要包括奶牛品种及发展现状、奶牛的选择、奶牛的饲料、奶牛的营养需要、奶牛的繁殖技术、不同阶段奶牛的饲养管理、牛场设计与污染控制、疾病防治等内容。本书内容言简意赅、通俗易懂，还设有“提示”“注意”等小栏目，便于读者理解并掌握相关的技术要点，具有很强的科学性、操作性和实用性。本书适合广大奶牛养殖户、相关技术人员使用，也可作为相关培训机构的培训教材使用。

书号：978-7-111-52787-9

定价：22. 8

本书根据目前种草养牛的实际，从种草养牛的生产特点及效益分析、牛品种的选择及牛的运输、牛场建设及环境控制技术、牧草生产及处理利用、牛的饲料和日粮配制技术、牛的繁殖技术、牛的饲养管理技术、牛疾病控制技术八个方面进行了系统的论述和介绍。本书理论密切联系实际，内容全面系统，重点突出，操作性强，可供牛场饲养人员、技术人员和管理人员使用，也可以作为大、中专学校和农村函授及培训班的辅助教材和参考书。

书号：978-7-111-56097-5

定价：29. 8